国家科学技术学术著作出版基金资助出版

聚合物基复合材料检测技术

张晓艳　编著

U0170180

中国建材工业出版社

图书在版编目（CIP）数据

聚合物基复合材料检测技术/张晓艳编著．--北京：
中国建材工业出版社，2022.6
ISBN 978-7-5160-3346-3

Ⅰ．①聚…　Ⅱ．①张…　Ⅲ．①聚合物－复合材料－检
测　Ⅳ．①TB333

中国版本图书馆 CIP 数据核字（2021）第 233476 号

聚合物基复合材料检测技术
Juhewuji Fuhe Cailiao Jiance Jishu
张晓艳　编著

出版发行：中国建材工业出版社
地　　址：北京市海淀区三里河路 11 号
邮　　编：100831
经　　销：全国各地新华书店
印　　刷：北京天恒嘉业印刷有限公司
开　　本：787mm×1092mm　　1/16
印　　张：18.25
字　　数：440 千字
版　　次：2022 年 6 月第 1 版
印　　次：2022 年 6 月第 1 次
定　　价：**158.00 元**

前　　言

　　聚合物基复合材料以其高比强度、高比模量、性能可设计、耐疲劳、抗腐蚀、结构-功能一体化等特性，在国防工业和国民经济各行业应用日益广泛，尤其在一些轻质高强的大型复杂结构方面，聚合物基复合材料具有明显的优势，促进了我国航空航天、海洋工程、轨道交通装备等行业的发展。我国复合材料研发始于1958年，首先在军工制品上成功应用，而后逐渐扩展到民用领域。20世纪60年代，玻璃纤维增强复合材料首次在飞机整流罩、襟副翼上应用。70年代中期，诞生了碳纤维增强高性能复合材料，开启了复合材料在飞机上的大规模应用，如固定翼飞机、旋翼直升机、无人机等，并且使用部位也从次承力构件向主承力构件发展；在导弹、卫星、运载火箭等航天飞行器上，无论是平台结构还是分系统，都有大量复合材料成功应用的实例；复合材料在船舶及海洋工程领域也逐步应用，如用于海军舰艇、民用游艇、钻井平台、潮汐电站等。从90年代起，国内复合材料开始在轨道交通车辆上批量应用，目前主要应用部位包括车辆车体、轨道设施、轨道列车顶盖等。随着我国复合材料技术的不断进步和制造成本的降低，复合材料在国民经济各行业应用范围更广、用量更大，应用前景更加广阔。

　　复合材料检测与评价技术是复合材料发展的重要基础之一，贯穿复合材料研究、设计、生产和服役全过程，是衡量复合材料性能和使用效果的关键手段。复合材料检测与评价是指采用物理、化学和力学等试验方法，利用仪器设备，对复合材料的组成、结构、性能、内部质量以及其他特性进行测试分析和表征。检测与评价技术体系包括力学性能测试技术、理化检测技术、失效分析技术、无损检测技术及其方法标准等。理化检测是对复合材料的物理化学特性进行测量和表征的基础技术，在产品质量控制中具有非常重要的作用；在保证材料完好状态下分析和识别内部缺陷，保障产品质量和使用安全，无损检测功不可没；复合材料结构制造工艺考核和结构设计验证是通过开展复合材料的标准试样、元组件和全尺寸结构件等的力学性能试验来完成的，所有这些力学性能数据均须依据标准力学试验方法获得。在材料研究阶段，需要检测分析材料的化学成分、微观组织结构与物理、化学和力学性能的对应关系，以掌握材料的优化改进方向。失效分析的作用在于根据失效件和使用工况（含试验条件）找到事故原因，提出针对产品结构设计、材料研发和工艺制造等环节的改进和预防措施，减少或杜绝同类事故的发生。失效分析技术所反馈的对复合材料服役性能和对复合材料研制的指导意义已被广泛认识。随着复合材料种类的增加和应用领域的不断扩大，各行各业对复合材料的检测与评价技术也提出了更高要求，检测与评价技术亟需不断发展，以适应不同种类复合材料特性以及使用工况差异给检测技术带来的挑战。

　　本书首先对工业领域应用广泛的典型树脂基体、增强纤维、夹层结构芯材、复合材料及其成型工艺的分类、特点和技术发展趋势进行了综述，随后重点介绍了复合材料树脂基体、增强纤维的表征方法。本书重点介绍了用于复合材料结构设计的拉伸、压缩、面内剪切、开孔拉伸、开孔压缩和冲击后压缩性能试验方法，用于工艺和质量评价的弯曲和层间剪切性能试验方法，还介绍了夹层结构平面拉伸、平面压缩、侧压、平面剪切、弯曲和剥离性能试验方法，蜂窝芯和泡沫芯的部分力学性能试验方法，以及复合材料力学性能数据表达方法；此外，还介绍了一些新型测试技术和方法，如非接触的数字图像相关方法（DIC）在复合材料变形测量中的应用等。复合材料无损检测方面，本书在介绍常规方法的同时，还详细介绍了国内外复杂、先进的无损检测技术。全书最后介绍了复合材料构件失效分析技术，给出了复合材料失效分析程序与方法等内容，并提供了复合材料构件典型案例分析。

本书主要研究成果和案例素材来自中国航发北京航空材料研究院检测中心的专业团队。团队具有多年从事复合材料性能表征与测试研究经验，技术领域覆盖复合材料应用基础研究、工程化应用研究以及产品测试服务全流程。团队所属检测中心是国内综合性的材料检测与评价机构，专门从事金属、非金属及复合材料性能的分析检测，各种航空材料分析测试技术的研究和推广，以及各级材料分析测试技术人才的培养。

本书由张晓艳编著。各章节编写人员：第1章由刘燕峰、邹齐编写；第2章的2.1节至2.5节由王占彬编写、2.6节由邓立伟编写；第3章由范金娟编写；第4章由王占彬编写；第5章由陈新文、张晓艳编写；第6章由王翔、张晓艳编写；第7章的7.1节至7.4节由陈新文和张晓艳编写、7.5节至7.8节由王占彬编写；第8章由杨洋编写；第9章由王海鹏、张晓艳编写；第10章由王铮编写；第11章由范金娟编写。张晓艳负责本书内容统筹以及目录框架拟定、稿件审定把关等，杨洋、陈新文负责本书编写出版中的沟通协调和统稿工作，骆佳楠协助部分统稿工作。参与本书编写的还有刘颖韬、杨党纲和王晓。本书在编写过程中得到全体编委的鼎力支持和配合，在此表示诚挚的感谢。

本书引用大量工程案例和图表，内容翔实、覆盖面广、系统科学、实用性强，本书所呈现的研究具有一定的前沿性，对于读者充分了解这一领域的专业知识、研究成果以及应用示范等有较大帮助。本书可供复合材料结构强度、材料研发、工程制造等部门和相关人员参考使用，也可作为复合材料相关专业的本科生、研究生的专业基础教材。

由于水平所限，错误和不当之处在所难免，衷心期望读者批评指正。

编者
2021 年 9 月

目　　录

1 树脂基复合材料及其制备技术

1.1 复合材料树脂基体

1.1.1 概述

树脂基体的作用是将增强材料（纤维）黏结到一起，在纤维间传递载荷，并保护对缺陷、缺口敏感的纤维，以避免自磨损和由外部引起的擦伤；基体还能保护纤维受环境潮湿的影响和化学腐蚀或氧化；并且树脂基体的化学组成和物理性能从根本上影响着复合材料的成型工艺、制造以及最终性能（包括耐热性、耐酸碱腐蚀性等）。

对于任何纤维，基体树脂都必须与其具有化学相容性，并在力学性能上有所互补，同时基体树脂需要具有较好的工艺性，以便复合材料成型制造。因此，本节着重于描述用于复合材料的树脂基体的种类、化学结构、特性以及应用。

1.1.2 环氧树脂

环氧树脂（简称 EP）是 Leo Baekeland 于 1909 年发现。在结构上，环氧树脂一般含有两个及两个以上环氧基团，其中，在所有商品化的 EP 中，双酚 A 环氧树脂（diglycidyl ether of bisphenol A，DGEBA）是最具代表性的，其结构式如图 1-1 所示。

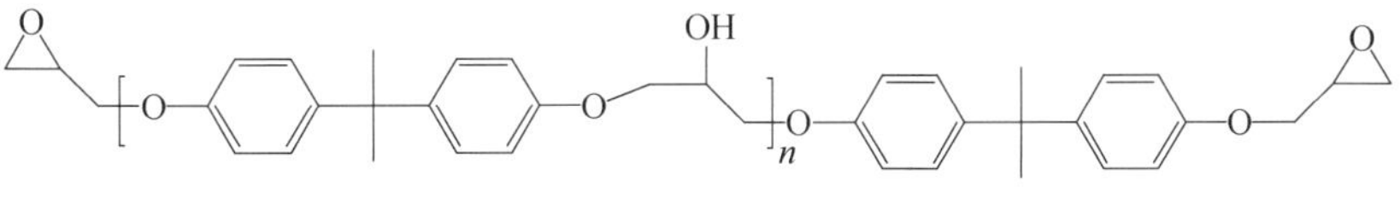

图 1-1　DGEBA 的结构式

EP 具有十分灵活的结构可设计性，易于加工成型，并且具有优良的相对于其他热固性树脂更可靠的机械性能和黏结性能。产品形态从低黏度液体到固体，固化条件可在很大范围内调节（温度、时间），固化物性能可在很大范围内调节（T_g：室温～260℃），在复合材料基体树脂、黏合剂、涂料、封装材料中得到广泛应用，是用量最大的树脂基复合材料的基体。表 1-1 所示为 EP 的基本分类及相应的特性。

表 1-1　EP 的种类及特性

名称	结构式	分类	特性	黏度 (mPa·s/25℃)	环氧值 (当量/100g)
双酚 A 型 （E51）				11000～15000	0.51～0.53
双酚 F 型 （YDF-170）		缩水甘油醚 类环氧树脂	工业生产量最大，含有醚键，耐化学腐蚀，稳定性好	2000～5000	0.56～0.63
双酚 S 型				—	0.38
乙二醇缩水 甘油醚		脂肪族环氧 树脂	无苯环、杂环结构，环氧值高，黏度低，一般用于环氧稀释剂	10～100	0.74～0.89
1，4 丁二醇 缩水甘油醚				10～100	0.74～0.83
AG80		缩水甘油胺 类环氧树脂	交联密度高，耐热性好，反应活性相对较高	3000～7000＊	0.80～0.87
AFG90				1500～2500	0.90～0.96
邻苯二甲酸 缩水甘油酯		缩水甘油 酯类	黏度较低，反应活性较高，黏结性强	700～900	0.6～0.63
六氢邻苯 二甲酸缩水 甘油酯				500	0.57～0.68
TDE-85				1000～2000	＞0.85
3，4-环氧基 环己基甲酸- 3′，4′-环氧 基环己基甲酯		脂肪族环氧 树脂	耐电弧性、耐紫外老化性、耐候性好	350～450	0.7～0.76
二环戊二烯 二环氧化物				—	1.22

＊　表示 50℃下黏度值。

1.1.3　酚醛树脂

　　酚醛树脂（简称 PF）作为人类最早开发的一类高分子材料，其发展已历经了一个多世纪。一般来说，酚醛树脂是在碱性或酸性催化条件下由酚类和醛类化合物经聚合而成的树脂类化合物的统称，常用的醛类化合物有苯酚、间苯二酚、邻苯二酚等，常用的醛类化合物为甲醛、二醛等，其典型结构式如图 1-2 所示。

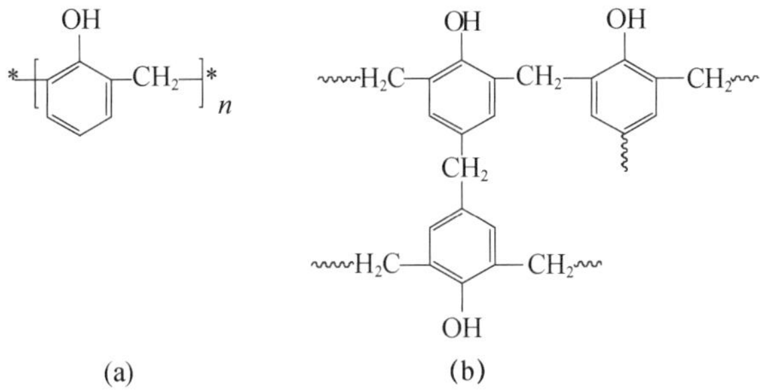

图 1-2 PF 的典型结构式

(a) 酸催化（线型）PF；(b) 碱催化（体型）PF

PF 固化后因其芳香环结构和高度交联而具有优良的耐热性，在高温 800～2500℃下酚醛树脂材料表面形成碳化层，使内部材料得到保护，具有突出的瞬时耐高温烧蚀性能，可作为瞬时耐高温和烧蚀的结构复合材料，用于航空航天方面，同时具有不燃性、低发烟率、无毒气放出和高强度保留率等特点，可作为阻燃材料应用于建筑以及汽车等领域。但是，目前来说，传统的酚醛树脂的性能已经无法满足人们的需要，因此需要对酚醛树脂根据不同需求进行改性，表 1-2 所示为 PF 的常用的改性方法及应用。

表 1-2 PF 的常用改性方法及应用

改性 PF	改性目的	应用
松香改性酚醛树脂	改善酚醛树脂与颜料润湿分散性	油墨、调和漆
醇醚化酚醛树脂	降低极性，提高在芳烃溶剂中的溶解性，并改善树脂的柔韧性	耐腐蚀漆
聚乙烯醇缩醛改性酚醛树脂	改善树脂对玻璃纤维的黏结力，增韧	玻璃纤维复合材料
聚酰胺改性酚醛树脂	提高冲击韧性、流动性	复合材料
有机硅改性酚醛树脂	提高耐热性、耐潮性	火箭、导弹等耐烧蚀材料
环氧改性酚醛树脂	增韧，降低固化收缩率	建筑、复合材料
硼改性酚醛树脂	提高耐热性、瞬间耐高温性、加工性	耐高温、耐摩擦、耐烧蚀材料

1.1.4 氰酸酯树脂

氰酸酯树脂是 20 世纪 60 年代以来开发的一类高性能树脂，在结构上含有两个或两个以上氰酸酯官能团。商品化氰酸酯的结构如图 1-3 所示，其中 Ar 是指双酚基团，包括烷基、烷氧基、S、O、N 或者其他二价分子；R 是指氢基、C_1～C_6 烷基、C_1～C_6 烷氧基、芳基、芳氧基、卤素、苯基及一取代、二取代和三取代的苯基、硝基和其他不会自聚反应的基团。

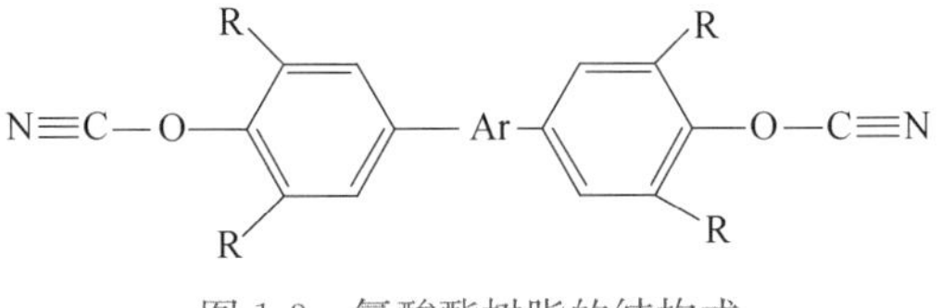

图 1-3 氰酸酯树脂的结构式

氰酸酯树脂在热和催化剂作用下会发生三环化反应，生成含有三嗪环的高交联密度网络结构的大分子，这种结构的固化氰酸酯树脂具有低介电系数（2.8～3.2）和极小的介电损耗正切值（0.002～0.008）、高玻璃化温度（240～290℃）、低收缩率、低吸湿率（<1.5%）以及优良的力学性能和黏结性能等特点。总体而言，氰酸酯树脂具有与环氧树脂相近的加工性能，具有与双马来酰亚胺树脂相当的耐高温性能，具有比聚酰亚胺更优异的介电性能，具有与酚醛树脂相当的耐燃烧性能。所以，尽管氰酸酯树脂是出现较晚的高性能树脂，但它在复合材料领域，例如高性能印刷电路板和飞机雷达罩上取得了空前的成功，具有无法替代的优越性。表 1-3 所示为氰酸酯树脂常见的单体结构及其固化物性质。

表 1-3　氰酸酯树脂单体结构及其固化物性质

单体结构	熔点（℃）	固化物 T_g（℃）	固化物吸水率（%）	固化物介电系数 D_k（正切值 D_f）
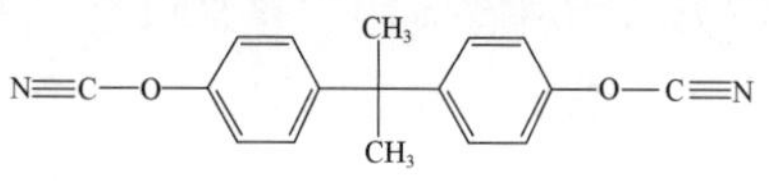	79	289	2.5	2.91（0.005）
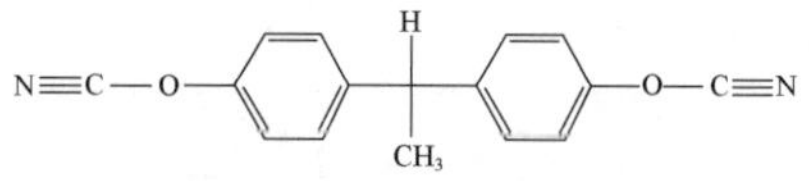	29	256	2.4	2.98（0.005）
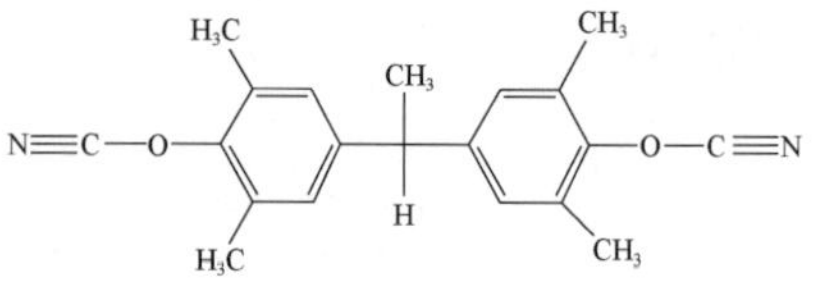	106	252	1.4	2.75（0.003）
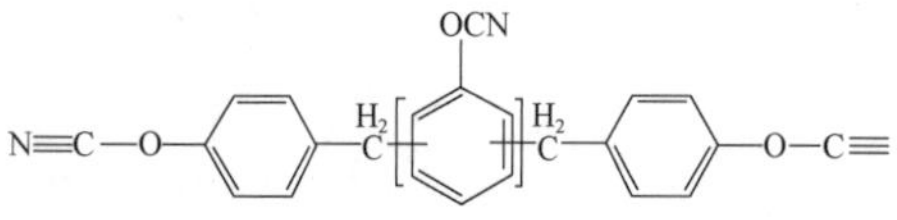	半固态	300～400	3.8	3.08（0.006）
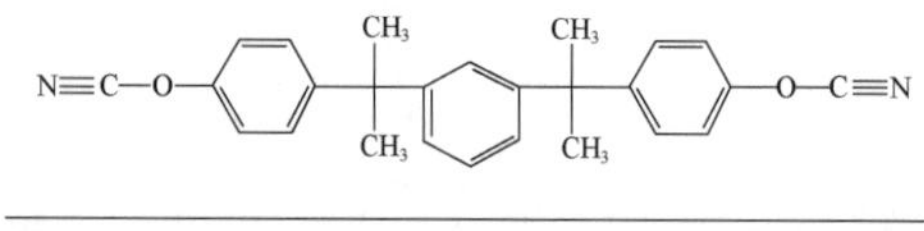	68	192	0.7	2.64（0.001）
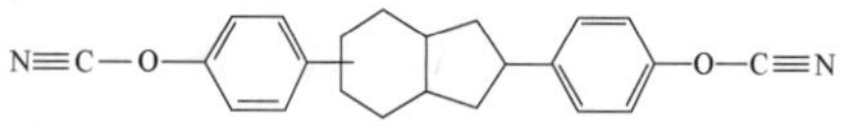	半固态	265	1.4	2.80（0.003）

1.1.5　双马来酰亚胺树脂

1948 年，美国人 Searle 首次获得双马来酰亚胺树脂（简称 BMI）合成专利。BMI 是由聚酰亚胺树脂体系派生的一类树脂体系，是以马来酰亚胺（简称 MI）为活性基团的双官能度化合物，其中 4，4'-双马来酰亚胺基二苯甲烷（BDM）最具有代表性，其结构式如图 1-4 所示。

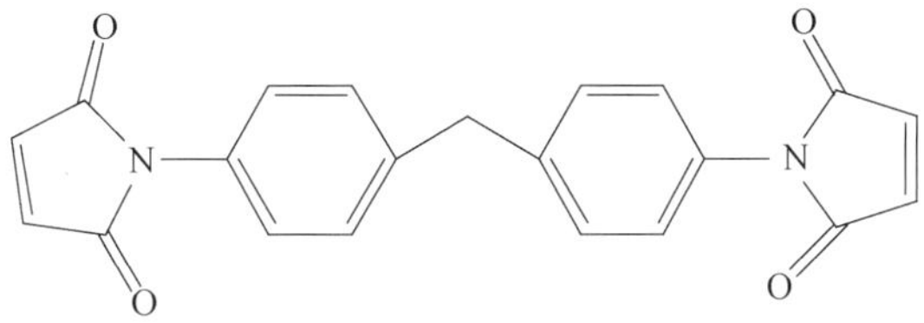

图 1-4　BDM 的结构式

　　BMI 的主链结构中含有芳环和氮杂环结构，赋予这类树脂耐高温、耐湿热、耐辐射、高绝缘、阻燃、耐摩擦等多种优异性能；另外，它具有便于加工、成型过程中不产生小分子挥发物、固化产物空隙率低、抗蠕变性能优良等优点，用它作为树脂基体制成的复合材料在航空航天、电子、汽车、机械等领域具有较为广泛的应用。表 1-4 所示为BMI 单体结构及其固化物性质。

表 1-4　BMI 单体结构和性能

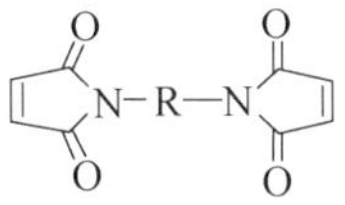

R	熔点 m_p（℃）	固化放热峰值 T_{max}（℃）	热焓值 $\triangle H$/（J/g）
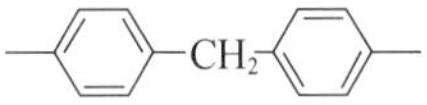	155～157	235	198
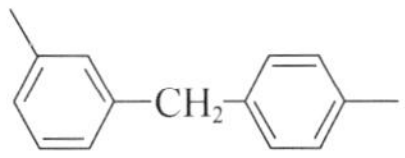	195～196	—	—
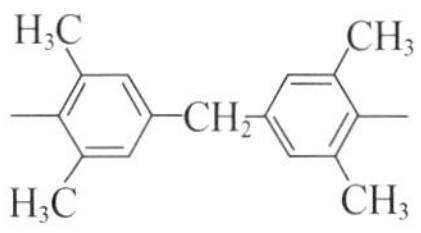	164～165	—	—
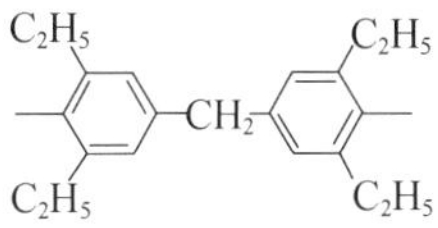	210～212	—	—
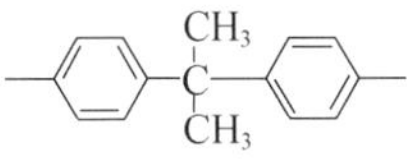	150～154	198	187
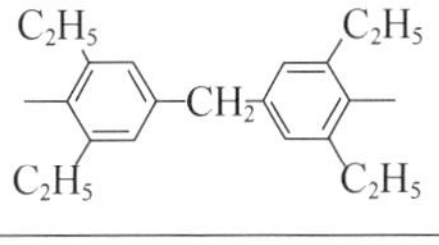	149～151	328	206
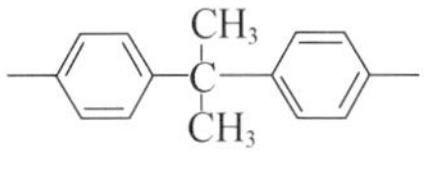	235	290	216

续表

R	熔点 m_p（℃）	固化放热峰值 T_{max}（℃）	热熔值 $\triangle H$/（J/g）
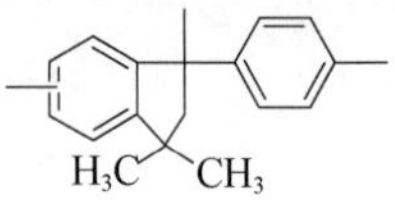	90～100	203	89
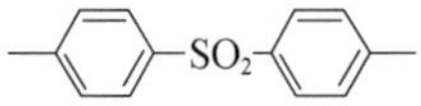	252～255	264	149
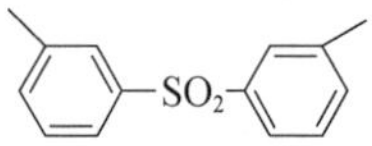	210～211	217	187
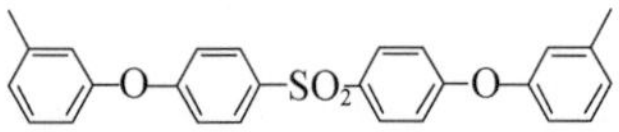	80～92	295	193.2
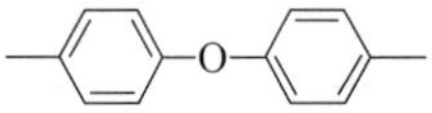	173～176	286	135
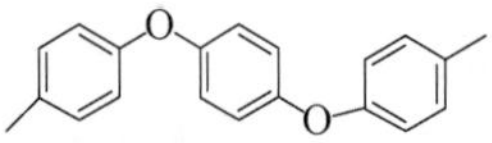	239	252	187
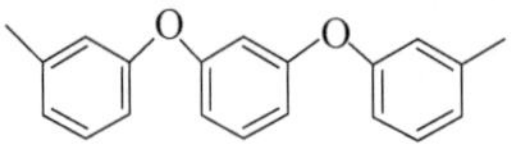	163	254	160～180
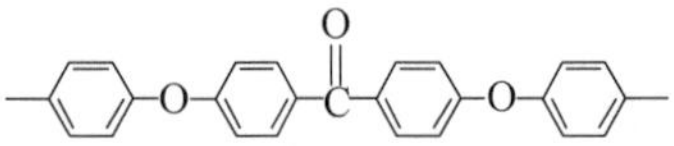	85～91	304	222
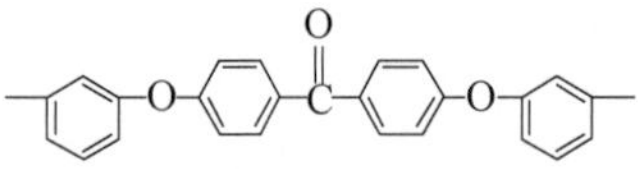	226	285	113
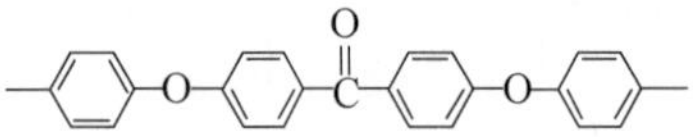	60～65	314	224

1.1.6 聚酰亚胺树脂

聚酰亚胺（简称 PI）于 20 世纪 60 年代被列入 21 世纪最有希望的工程塑料之一，其大分子主链中含有五元酰亚胺环，其中具有代表性的是美国 DuPont 公司以均苯四酸二酐（PMDA）和 4，4'-二氨基二苯醚（ODA）原料通过缩聚反应开发出的聚均苯四甲酰亚胺薄膜（Kapton，结构式如图 1-5 所示）。

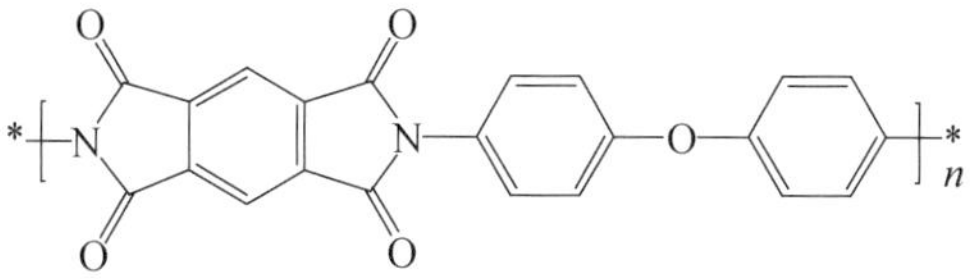

图 1-5　Kapton 的化学结构式

PI 的热稳定性高，常见的聚酰亚胺均能在高温下保持其性能的稳定，可以在 300℃条件下长期正常工作，还能在 500℃条件下短时间稳定；其机械性能好，抗拉强度都在 100MPa 以上，其中，均苯型聚酰亚胺薄膜为 170MPa 以上，而联苯型则可以达到 400MPa；聚酰亚胺的热膨胀系数低，通常介于 $2\times10^{-5}\sim3\times10^{-5}/℃$ 之间，而联苯型聚酰亚胺则可以达到 $10^{-6}/℃$；其溶解度谱宽，根据结构的不同，其溶解性能差别很大；其介电常数低，普通芳香型聚酰亚胺的相对介电常数为 3.4 左右，当在聚酰亚胺分子中引入氟原子或大型侧基后，其相对介电常数可以降到 2.5 左右。由于聚酰亚胺具有诸多的优点，因而在航空、航天、微电子、复合材料、化工等各行各业得到十分广泛的应用。无论是作为功能材料还是结构材料，聚酰亚胺的应用潜力都是巨大的。表 1-5 所示为 PI 的典型种类及相应的性质。

表 1-5　PI 的典型种类及性质

结构式	分类	性质	T_g（℃）
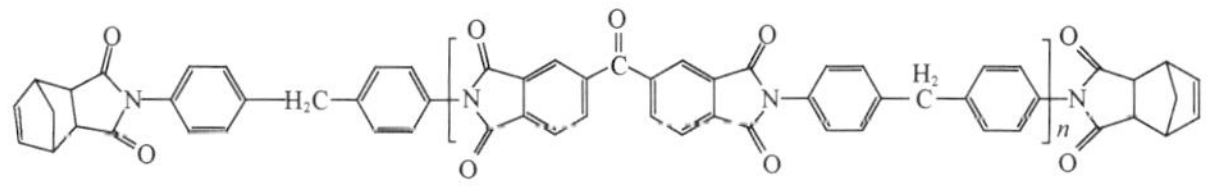	热固性 PI	不熔不溶*	348*
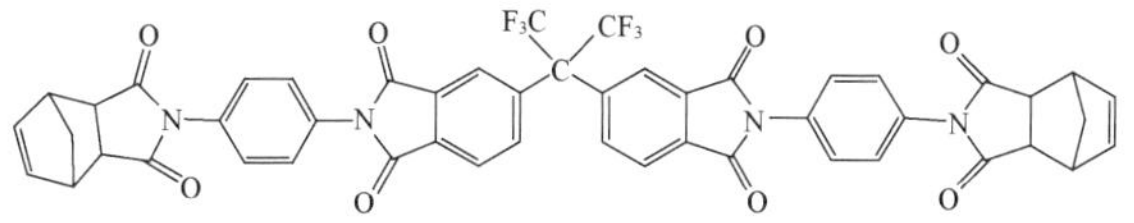	热固性 PI	不熔不溶*	370*
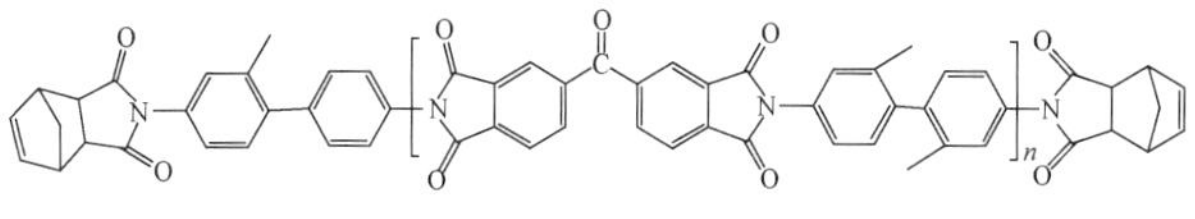	热固性 PI	不熔不溶*	>400*
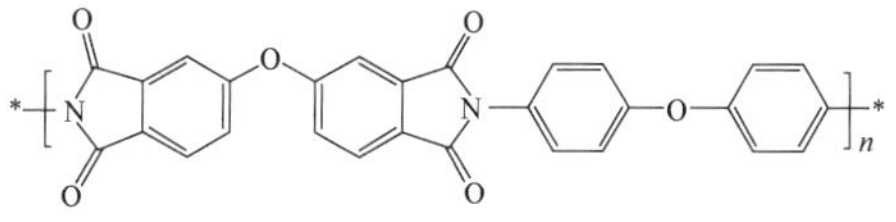	热塑性 PI	熔点 350℃、可溶	270
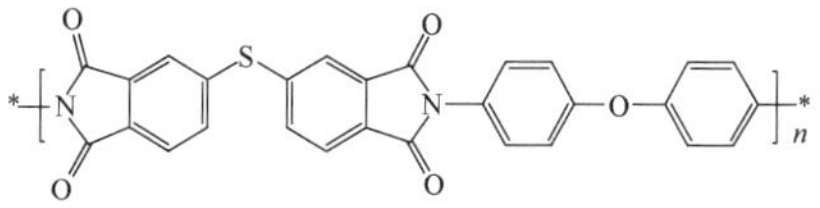	热塑性 PI	可溶	269
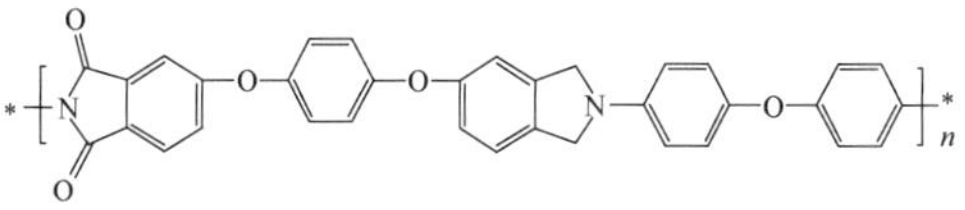	热塑性 PI	可溶	232

* 表示固化物性质。

1.1.7 聚醚酮树脂

聚醚酮树脂（简称 PEK）是高性能工程塑料的一种，主链是由醚键和酮键交替形成的高分子聚合物。其中，最典型的是聚芳醚酮，由二氟二苯甲酮与芳香族二元酚高温缩聚而成，如图 1-6 所示。

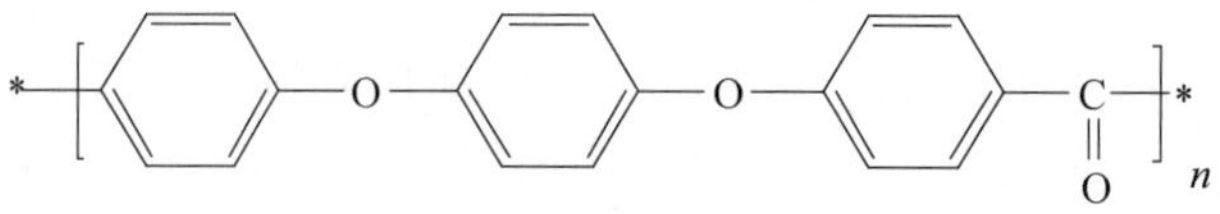

图 1-6 典型聚芳醚酮的结构式

PEK 具有较高的玻璃化转变温度和熔点，是韧性和刚性兼备并取得平衡的塑料，即具有高强度、高模量和高断裂韧性，以及优良的尺寸稳定性；特别值得一提的是，它对交变应力的优良抗疲劳性是所有塑料中最出众的，可与合金材料相媲美；另外，其具有出众的滑动特性，适合于严格要求低摩擦系数和耐磨耗等用途。因此，PEK 在航天航空、军事设备以及民用工业领域有广阔的应用前景，可用来制造压缩机阀片、高压蒸汽球阀座、轴承保持架、化学泵齿轮、滑动轴承、密封件、活塞环、滑履等机器零部件，产品质量轻、使用寿命长，还能降低机器的运转噪声。表 1-6 所示为 PEK 的典型种类及相应的性质。

表 1-6 PEK 的典型种类及性质

结构式	T_g（℃）	熔点 m_p（℃）	热形变温度（℃）
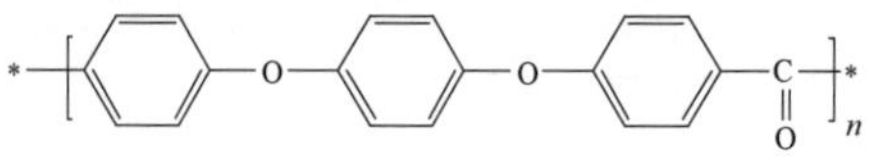	143	334	140
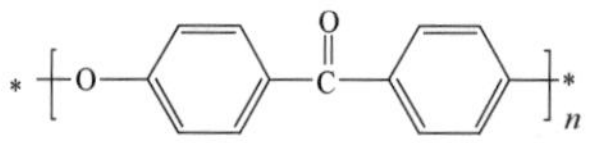	162	373	186
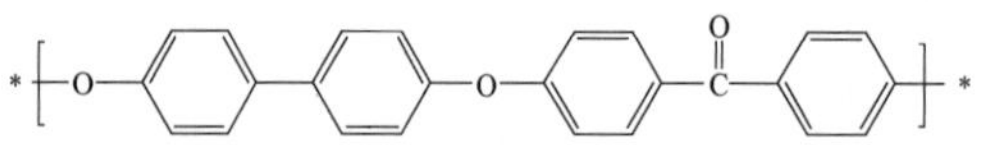	205	380	—
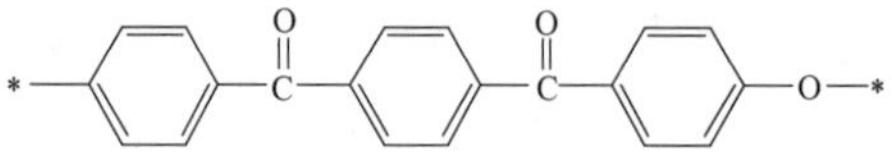	156	338	—
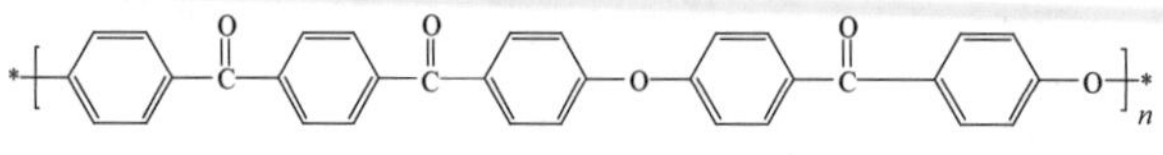	173	380	170
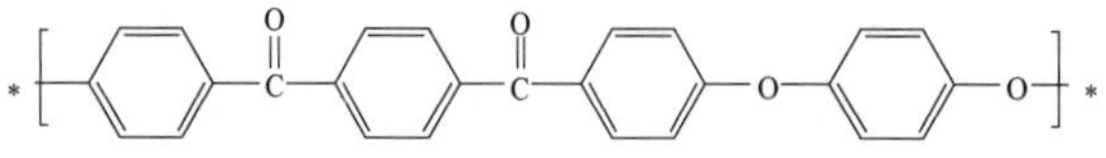	—	375	160

1.2 复合材料增强材料

1.2.1 概述

基体与增强材料（纤维）的结合使复合材料具备独特的性能，其中增强材料对强度和刚度等结构性能起着主要作用，同时它还控制着材料的体积和可设计性。增强纤维通常包括碳纤维、玻璃纤维、陶瓷纤维、有机纤维以及金属纤维，本节将着重讨论各种纤维的分类、结构性能、应用以及纤维预制体制备工艺，为复合材料增强材料选材及纤维预制体选择提供参考。

1.2.2 碳纤维

20 世纪 50 年代后期，科学家们已经开始采用人造丝碳化的方法制备碳纤维并应用于高温导弹。通常来说，碳纤维和石墨纤维可以互换使用，但二者仍有一定的区别，其中碳纤维含碳量为 93％～95％，石墨纤维的含碳量超过 95％。在没有特别强调的情况下，本书均采用碳纤维进行描述。

碳纤维是先进复合材料最常用也是最重要的增强材料，广泛应用于航空、航天、体育休闲用品等领域。碳纤维具备高强度、高模量、低密度，尤其比强度、比模量远高于钢、钛合金；耐高温、耐腐蚀、耐摩擦，具有低热膨胀性；导热性好、导电性好、抗疲劳性好，堪称材料工业的明珠。

目前，通常采用三种不同的前驱体材料制造碳纤维：人造丝、聚丙烯腈（PAN），以及沥青（包括各向同性沥青和液晶沥青）。一般来说，PAN 前驱体能够提供较高强度的碳纤维，而沥青能够提供较高模量的碳纤维。人造丝基纤维的价格比较低廉，但性能也较低。另外，PAN 的碳化产率大约是 50％，而沥青的碳化产率高达 90％。表 1-7 所示为三种不同前驱体制备的碳纤维的性能。

表 1-7　三种不同前驱体制备的碳纤维的基本性能比较

种类	拉伸模量（GPa）	拉伸强度（MPa）	密度（g/cm³）	纤维直径（μm）
PAN 碳纤维	210～350	2400～6900	1.75～1.90	4～8
沥青碳纤维	170～750	1300～3100	1.90～2.15	8～11
人造丝碳纤维	41	1034	1.6	8～9

日本碳纤维协会按照力学性能将碳纤维分为 5 个等级，见表 1-8。

表 1-8　碳纤维等级划分

碳纤维等级		力学性能		典型牌号
		拉伸强度（MPa）	拉伸模量（GPa）	
低弹性模量碳纤维	LM 型	<3000	<200	
标准弹性模量碳纤维	SM 型	>2500	200～280	T300，T700
中等弹性模量碳纤维	IM 型	>4500	280～350	T800

碳纤维等级		力学性能		典型牌号
		拉伸强度（MPa）	拉伸模量（GPa）	
高弹性模量碳纤维	HM 型	—	350～600	M40JB，M50JB
超高弹性模量碳纤维	UHM 型	—	＞600	UM63，UM68

1.2.3 玻璃纤维

相比于其他纤维，玻璃纤维是使用最广的纤维。由于其成本低、质量轻、强度高，具有非金属材料的特性，因而在航空航天、建筑、汽车等领域获得了广泛应用。

玻璃纤维最常见的两个等级是 E 玻璃纤维和 S 玻璃纤维，其典型化学成分见表 1-9。其中 E 玻璃纤维的比强度高，耐疲劳性好，介电性能优异，耐化学、耐腐蚀以及耐环境的性能好；S 玻璃纤维是更高强、高模量玻璃纤维，拉伸强度和弹性模量较 E 玻璃纤维高 20％～30％，高温下强度保持率高，疲劳强度高，并且具有更强的耐酸碱性，但成本相对也较更高。因此，E 玻璃纤维多应用于电子电气以及次承力结构，S 玻璃纤维应用于高强度结构。表 1-10 所示为 E 玻璃纤维和 S 玻璃纤维的性能。

表 1-9 E 玻璃纤维和 S 玻璃纤维的典型化学成分

成分	E 玻璃纤维（wt％）	S 玻璃纤维（wt％）
二氧化硅（SiO_2）	52～56	65
氧化铝（Al_2O_3）	12～16	25
氧化硼（B_2O_3）	5～10	
氧化钙（CaO）	16～25	
氧化镁（MgO）	0～5	10
氧化锂（Li_2O）		
氧化钾（K_2O）	0.0～0.2	
氧化钠（Na_2O）	0～2	
氧化钛（TiO_2）	0～1.5	
氧化铈（CeO_2）		
氧化锆（Zr_2O_2）		
氧化铍（BeO）		
氧化铁（Fe_2O_3）	0.0～0.8	
氟（F_2）	0.0～0.1	
二氧化硫（SO_2）		
碱性氧化物	0.5～1.5	
氟化钙（CaF）	0.0～0.8	
表面处理剂/胶黏剂	0.5/3.0	

表 1-10 E 玻璃纤维和 S 玻璃纤维的性能

性能	E 玻璃纤维 wt%	S 玻璃纤维 wt%
密度（g/cm³）	2.59	2.46
拉伸强度（MPa）	3450	4600
弹性模量（GPa）	72.5~75.5	87
断裂伸长率（%）	3~4	5.4
热膨胀系数/（×10⁻⁷/℃）	56	28
比热/（cal/g·℃）	0.192	0.176
介电常数（10kHz，24℃）	6.13	5.21
损耗因子（10kHz，24℃）	0.0039	0.0068
耐酸性（10%HCl，80℃，96h 质量损失）	1.1	42
耐酸性（水泥饱和水溶液，80℃，96h 质量损失）	0.8	10.5

1.2.4 碳化硅纤维

碳化硅纤维（SiC 纤维）是 20 世纪 50 年代初期采用化学气相沉积法（CVD）开发的一种超级耐火纤维，能在 980℃以上的高温下保持良好的强度。SiC 纤维是一种陶瓷材料，其拉伸强度可达 4400MPa，拉伸模量可达 294GPa，模量比碳纤维低，比玻璃纤维高；并且导电率低、耐腐蚀性好、抗氧化性好；与金属基体结合，纤维浸润性好；预热塑性基体具有相容性，因而一般用作金属复合材料、陶瓷复合材料以及聚酰亚胺复合材料的增强材料，主要应用于热屏蔽材料、耐高温输送带、飞机刹车片等。表 1-11 所示为 CVD 法生产的 SiC 纤维的性能。

表 1-11 SiC 纤维典型性能

性能	Hi-Nicalon	NicalonNL-200
密度/（g/cm³）	2.74	2.55
拉伸强度（MPa）	2800	3000
拉伸模量（GPa）	270	220
断裂伸长率（%）	1.0	1.4
纤维直径（μm）	14	14
丝束数/（根/束）	500	500
纤度（tex）	200	210
电阻率/（Ω·cm）	1.4	10³~10⁴
原子比（C/Si）	1.39	1.31

1.2.5 玄武岩纤维

玄武岩纤维（CBF）最初由苏联于 20 世纪 50 年代开发，是一种无机纤维，其是以天然的火山喷出岩作为原料，在 1450~1500℃熔融后制成，其典型化学组成见表 1-12。由于制备 CBF 的原料来自天然矿石，因此其很低的原料成本和充足的原料来源都成为其开发应用中的优势。并且，CBF 具有力学性能高、应用温度范围广、能在 $-270\sim$ 700℃工作、导热率低、耐酸耐碱、抗紫外线性能强、抗辐射等优点，因而能被大量使用在海洋及化工防腐蚀构件、飞行器制造、汽车轻量化构件、保温过滤材料、体育用品等领域。表 1-13 所示为 CBF 的基本性能。

表 1-12 CBF 典型化学组成

化学成分	SiO_2	Al_2O_3	Fe_xO_y	CaO	MgO	TiO_2	Na_2O K_2O	其他化合物
wt%	51.6~59.3	14.6~18.3	9.0~14.0	5.9~9.4	3.0~5.3	0.8~2.3	3.6~5.2	0.09~0.1

表 1-13 CBF 的基本性能

纤维	密度 (g/cm³)	拉伸强度 (MPa)	拉伸模量 (GPa)	断裂伸长率 (%)	软化点 (℃)	导热系数 [W/(m·K)]
CBF	2.65~3.00	3000~4840	79.3~93.1	3.15	960	0.03~0.038

1.2.6 芳纶纤维

20 世纪 70 年代初期，杜邦公司推出 Kevlar 芳纶纤维，化学结构式如图 1-7 所示。它是一种高比强比模的有机纤维；并且具有极高的韧性和能量吸收性，防弹能力强，广泛地应用于防弹背心制作中；密度低，在最近研制的先进复合材料中密度最低，在飞机部件、直升飞机、宇宙飞行器和导弹上应用，减重效果十分明显；耐冲击性、振动阻尼和损伤容限好，能广泛用于游艇、皮艇、帆船和汽艇的船体；热稳定性好，耐火而不熔，能应用于防火服；电绝缘性和透波性优良，能用于印刷电路板和电力传输带。但是芳纶纤维吸湿性较强，压缩强度低，在需要高压缩强度的地方，可将芳纶纤维和碳纤维混合使用。表 1-14 是 Kevlar 芳纶纤维的品种和主要性能。

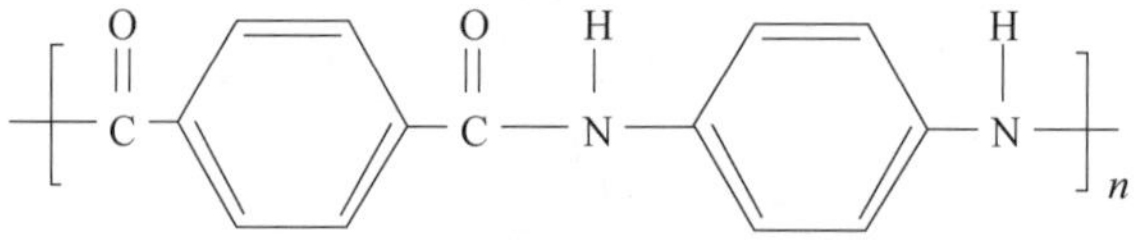

图 1-7 Kevlar 芳纶纤维的化学结构式

表 1-14 Kevlar 芳纶纤维的品种和主要性能

性能	Kevlar-29	Kevlar-49	Kevlar-119	Kevlar-129	Kevlar-149
特征	标准型	高模型	高耐久型	高强型	超高模型
密度 (g/cm³)	1.43	1.45	1.44	1.45	1.47
拉伸强度 (MPa)	2900	2900	3100	3400	2300
拉伸模量 (GPa)	70	135	55	99	143
断裂伸长率 (%)	3.6	2.8	4.4	3.3	1.5
比拉伸强度 (10^6 m)	0.22	0.22	0.23	0.26	0.18
比拉伸模量 (10^6 m)	5.3	9.1	4.1	7.6	10.7
纤维直径 (μm)	12	12	12	12	12
最高工作温度 (℃)	250	250	250	250	250
饱和吸湿率 (%) (22℃, 65RH)	—	4.3	—	—	1.2

1.2.7 聚酰亚胺纤维

1968 年杜邦公司发表了聚酰亚胺纤维（PI 纤维）的专利。20 世纪 80 年代中期，奥地利的 Lenzing A G 公司正式推广商品化的 PI 纤维，即 P84 纤维（化学结构式如图 1-8 所示），其拥有优异的耐热性和耐辐照性，可以应用在高温过滤和防火服方面。另外，PI 纤维是一种高性能芳杂环有机纤维，具有优异的力学、耐高低温性（$-260 \sim 350\,℃$）、耐辐照、阻燃、耐腐蚀、绝缘等性能，由于这些优异的性能，PI 纤维能应用于航空航天装备、先进轨道交通装备、微电子产业等领域。

为了发展国防科技工业，我国也积极开展了聚酰亚胺纤维的研究，其中北京化工大学与江苏先诺新材料科技有限公司合作，在江苏常州建立了国内外首条年产 30 吨规模的高强高模 PI 纤维生产线，表 1-15 所示为先诺新材料科技有限公司生产的 PI 纤维牌号及基本性能。

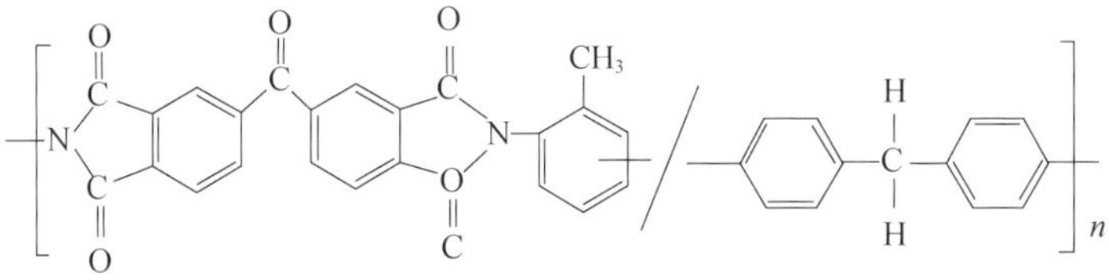

图 1-8　　P84 纤维的化学结构式

表 1-15　先诺新材料科技有限公司生产的 PI 纤维的主要性能

性能指标	S30	S30M	S35	S35M	S40M
拉伸强度（MPa）	2500～3000	2500～3000	3000～3500	3000～3500	3500～4000
拉伸模量（GPa）	80～100	100～120	100～120	120～140	140～160
断裂伸长率（%）	2.5～4.0	2.0～3.5	2.5～4.5	2.0～3.5	2.0～3.5
玻璃化转变温度（℃）	320～360	320～360	320～380	320～380	320～400
分解温度（℃）	550～600	550～600	550～600	550～600	550～600
含油率（%）	<2.0	<2.0	<2.50	<2.0	<2.0
成包回潮率（%）	<1.5	<1.5	<1.5	<1.5	<1.5
线密度（dtex） （1K，2K，3K）	550、1100、1600	550、1100、1600	550、1100、1600	550、1100、1600	550、1100、1600
极限氧指数（%）	42	42	42	42	42

1.2.8 聚苯并噁唑纤维

聚苯并噁唑纤维（PBO 纤维，化学结构式如图 1-9 所示）是 20 世纪 80 年代美国为发展航空航天而开发的复合材料增强材料。国内于 90 年代中后期才开始初步发展，90 年代末，日本东洋纺公开展出了其开发的高性能 PBO 纤维，国内一些相关高校科研机构借此机会展开对 PBO 纤维技术的更进一步研究。

PBO 纤维最突出的性能是高强度和高模量，是迄今为止有机纤维中强度和模量最高的纤维；并且 PBO 纤维的热分解温度也很高，可达 650℃；具有优良的抗蠕变、耐化学药品、耐磨性能、阻尼性能；吸湿率低，不超过 2.0%，吸湿和脱湿时纤维尺寸稳定性好，因而被誉为 21 世纪超级纤维。表 1-16 所示为 PBO 纤维的主要性能。目前，PBO 纤维依靠其优异的性能应用于航空航天复合材料、高温防护材料、高强绳索及高性能帆布、抗冲击防弹材料、运动器材等领域。

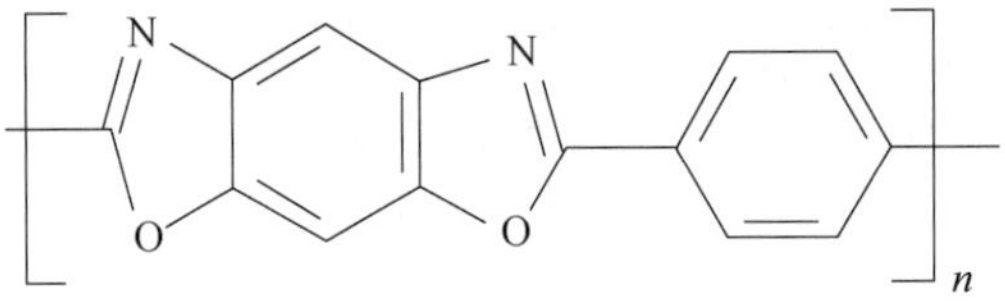

图 1-9　PBO 纤维化学结构式

表 1-16　PBO 纤维的性能

性能	Sylon AS	Sylon HM	PBO-M5	PBO
生产公司	东洋纺	东洋纺	阿克苏	杜邦
密度（g/cm^3）	1.54	1.56	1.70	1.57
拉伸强度（MPa）	5800	5800	—	3400
拉伸模量（GPa）	180	280	330	406
断裂伸长率（%）	3.5	2.5	1.2	—
极限氧指数	68	68	75	—
热膨胀系数（$\times 10^{-6}$/℃）	—	—6	—	—
热分解温度（℃）	650	650	—	650
最高工作温度（℃）	350	350	—	350
饱和吸湿率（%）	2.0	0.6	—	—

1.2.9　超高分子量聚乙烯纤维

超高分子量聚乙烯纤维（UHMWPE）于 20 世纪 50 年代中期首次人工合成，并于 1985 年由美国 Alliedgnal 开始商品化生产，命名 Spectra 纤维。UHMWPE 纤维是一种线性聚合物，一般分子量在 $3\times10^6\sim6\times10^6$，并且分子链取向度极高，结晶度为 95%～99%。UHMWPE 纤维具有高的比强度和比模量；优异的抗冲击性能、阻尼性能、耐磨、自润滑性能；耐环境性能好，可耐水、耐湿、耐化学介质、耐紫外光、抗霉菌；电绝缘性好、介电常数低；低温性能好，在－150℃以下没有脆点。因而，UHMWPE 纤维常用于防弹材料、雷达天线罩、抗割裂的织物、高耐磨材料。但是，其耐热性能低，熔点为 144～152℃，抗蠕变性能较差。表 1-17 所示为 UHMWPE 纤维的性能。

表 1-17　UHMWPE 纤维的性能

性能	Spectra 900	Spectra 1000
密度（g/cm^3）	0.97	0.97
拉伸强度（MPa）	2580	3000

性能	Spectra 900	Spectra 1000
拉伸模量（GPa）	120	171
断裂伸长率（%）	3.5	2.7
比拉伸强度（10^6 m）	0.272	0.315
比拉伸模量（10^6 m）	12.3	18.1
纤维直径（μm）	38	27
介电常数	2.2	2.2
介电损耗角正切	0.0002	0.0002

1.2.10 纤维预制体

复合材料虽具备轻质高强的优点，但其结构也存在一定的问题，对冲击十分地敏感。由于纤维是在两个方向排列，所以在厚度方向上强度很低，当复合材料受到冲击，例如鸟撞时，会导致纤维层间分层，这种损伤会引起材料强度的剧烈下降。

多年来，科学家们为提高纤维层间性能，结合纺织工业进行大量研究，形成了一系列新型的制造核心技术。这些制造技术大致可以归纳为缝合、三维机织、三维编织及针织四种。采用这些纺织技术能够高度自动化地生产出具有三维结构的纤维预制体。由于三维纤维结构的特性，厚度方向强度急剧提高，减少分层，从而大幅度提高结构的抗冲击性能。表 1-18 所示为先进纺织制造技术说明及纤维预制体特征。

表 1-18　先进纺织制造技术说明及纤维预制体特征

纺织工艺	预制体特征	纤维取向	生产率和装配
缝合	多个结构可组合成复杂的预制体	取决于基本预制体	高生产率；组合时间短
三维机织	平整型织物，整体加筋，整体夹层结构和简单的轮廓	面内纤维一般限制在 0° 和 90°，无法制造出其他纤维方向的织物	高生产率；组合时间长
三维编织	开放和闭合的轮廓平整型织物	编织纤维方向可以是 0°、±45°或其他角度，但不可能编织出 90°方向的织物	中等生产率；组合时间长
针织	平整型织物和非常复杂的预制体	高度成圈的纤维形成网格结构	中等生产率；组合时间短

1.3　复合材料芯材

1.3.1　概述

目前，在航空、风力发电机叶片、体育运动器材、船舶制造、列车机车等领域大量使用了夹层结构，以减轻质量，而在夹层结构中，使用低密度夹芯材料增加层合板的厚度，从而达到提高材料刚度的目的。这样，在质量增加很少的前提下，大幅度地提高结构的刚度。

与传统材料相比，夹层结构复合材料的主要特点如下：（1）发挥复合效应的优越性。夹层结构复合材料是由各组分材料经过复合工艺形成的，但它并不是由几种材料简单地复合，而是按复合效应形成新的性能，这种复合效应是夹层结构复合材料仅有的。例如当夹芯板承受弯曲载荷时，上蒙皮被拉伸，下蒙皮被压缩，芯子传递剪切力。由于轻质夹芯的高度比面板高出几倍，剖面的惯性矩随之 4 次方增大，且面板有夹芯支持不易失稳。（2）可设计性。可用作夹芯结构的材料很多，设计时可以根据夹层结构的力学性、功能性要求而定。如撞击、保温、隔声、吸振、防弹、隐身等。（3）质量轻、刚性大。夹层结构面板很薄，与实心相比要轻得多，且刚性大，减重效果极为明显，是一种高效的结构材料。

夹层结构复合材料主要由上、下面板和芯层材料制备而成，芯层材料包括聚合物泡沫材料和蜂窝芯。

1.3.2　芳纶纸蜂窝

蜂窝材料是一种类似蜜蜂蜂巢的结构。理论上说，任何薄层片状材料都可以制备得到蜂窝，目前，已经有 500 多种不同材料和形状的蜂窝材料。蜂窝材料的加工方法主要有两种：拉伸法制造工艺和瓦楞纸法制造工艺。不同的材料可以有不同的加工方法，同一种材料也可采用不同的加工方法。

20 世纪 60 年代，随着碳纤维和玻璃纤维增强复合材料在航空、航天工业的快速应用，早期的金属铝蜂窝，作为夹层结构芯层，出现了其与复合材料面板热膨胀系数不匹配和电腐蚀等一些问题，因此，怎样制备比强度和比模量优异的非金属蜂窝芯成为当时非常迫切研究的课题。1967 年，美国杜邦公司利用其芳纶纤维的制备优势，首先研发出商品名为 Nomex 的间位芳纶纸，其材料分子结构如图 1-10（a）所示，并将其用于电气绝缘领域。美国 Hexcel 公司迅速与其合作，成功制备出 Nomex 纸蜂窝芯，并得到广泛的应用。Hexcel 公司又用杜邦公司商品名为 Kevlar 的对位芳纶纸［其材料分子结构如图 1-10（b）所示］制备得到 Kevlar 纸蜂窝芯，其抗压强度、L 与 W 向剪切强度和模量都较 Nomex 纸蜂窝芯得到大大提高。我国的科研工作者也在芳纶纸蜂窝芯的制备上做了大量的研究，20 世纪 90 年代中期，已经通过使用杜邦的 Nomex 纸和 Kevlar 纸，制备得到稳定的商品化蜂窝产品；同时也开展了基于国产化间位芳纶纸（芳纶 1313）和国产化间位芳纶纸（芳纶 1414）蜂窝芯的研制，并制备得到稳定的产品。表 1-19 所示为国内外间位和对位芳纶纸蜂窝芯的力学性能。

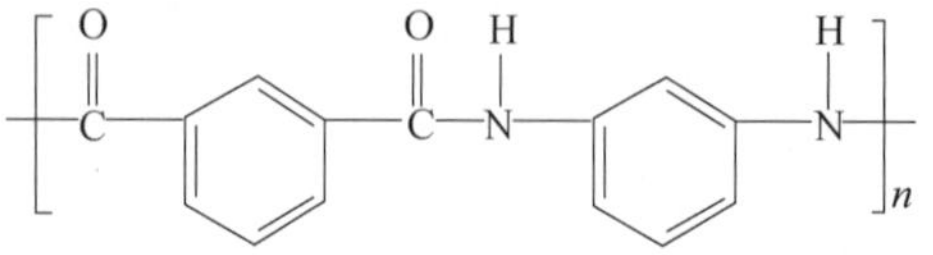

(a) 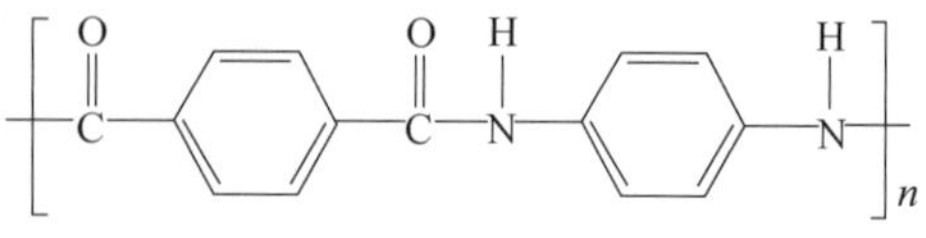　　　　　　　　　　　　　　(b)

图 1-10　间位芳纶（聚间苯二甲酰间苯二胺）和对位芳纶（聚对苯二甲酰对苯二胺）的分子式

表 1-19 国内外间位和对位芳纶纸蜂窝芯的力学性能

材料及规格	孔格内径（mm）	体密度（kg/m³）	压缩性能		剪切性能			
			非稳态强度（MPa）	稳态模量（MPa）	L向强度（MPa）	L向模量（MPa）	W向强度（MPa）	W向模量（MPa）
Nomex	1.83	48	1.90	3.08	1.4	53	0.75	25
	2.75	32	0.83	2.40	0.7	32	0.42	18
国内间位芳纶纸	1.83	48	1.90		1.4	53	0.75	26
	2.75	32	0.84		0.7	32	0.43	18
Kevlar	1.83	48	2.60	3.35	2.2	140	0.95	43
	2.75	32	1.02	2.57	0.9	55	0.82	58
国内对位芳纶纸	1.83	48	2.10		1.6	100	1.02	50
	2.75	32	1.02		0.8	70	0.42	31

1.3.3 铝蜂窝

铝蜂窝是一种强度/质量比较高的结构材料，同时价格也比较便宜。根据不同的设计和制作工艺，孔隙有不同的几何形状，通常是六角形。第二次世界大战期间，德国海军首先研制出铝蜂窝芯，将其应用在不同的领域。随后铝合金及大幅宽铝箔的轧制，使蜂窝芯材提高到一个新的水平，铝蜂窝芯的拉伸、压缩、剪切强度等得到了很大提高，初期在飞机材料领域得到了广泛的应用，目前主要大量应用在对重量要求不高的轨道交通、建筑领域和装饰材料领域。表 1-20 所示为 Plascore 公司由 5052 型号铝箔制备而成铝蜂窝的一些规格产品的力学性能。

表 1-20 Plascore 公司制备部分规格铝蜂窝产品的力学性能

加工方式	孔格内径（mm）	体密度（kg/m³）	压缩性能			剪切性能			
			非稳态强度（MPa）	稳态强度（MPa）	稳态模量（MPa）	L向强度（MPa）	L向模量（MPa）	W向强度（MPa）	W向模量（MPa）
Expansion	3.18	50	1.96	2.07	517	1.45	310	0.90	152
		72	3.79	3.93	1034	2.34	483	1.52	214
		192	18.62	20.00	6205	13.38	1448	9.86	538
	4.76	50	2.00	2.31	517	1.45	310	0.86	152
		70	3.58	3.79	1000	2.28	469	1.48	207
	6.35	69	3.45	3.72	965	2.21	455	1.38	205
Corrugated	3.18	192	15.86	16.55	3861	—	—	—	—
		354	35.16	35.85	6688	—	—	—	—
	6.35	168	14.48	15.17	3310	—	—	—	—

铝蜂窝夹芯材料在一定的质量条件下可以做得很薄。然而，这种薄壁可能会导致蜂窝的表面尤其是在蜂窝孔隙较大的情况下，发生局部的稳定破坏。除此以外，铝蜂窝和碳纤维同时使用，由于这两种材料都不是绝缘材料，会发生接触腐蚀。对蜂窝材料做接

触腐蚀内部检查的成本很高,通过敲击可以初步检查蜂窝材料的质量和损坏情况。铝蜂窝材料还有一个缺陷就是没有"力学记忆"。夹芯层板受到冲击以后,蜂窝的变形是不可恢复的,然而,复合材料面材具备一定的弹性,在冲击荷载过后,会恢复到原来的位置,这将导致在局部区域,面材和芯材脱离,夹层结构的力学性能降低。

1.3.4 玻璃纤维蜂窝

纤维织物蜂窝芯可以用以上两种方法制备而成,力学性能优异,但是工业化制备较为困难,只有国外 Plascore 公司有产品,表 1-21 所示为其部分产品的力学性能。塑料蜂窝芯采用注塑成型或圆管热胶结的方法制备而成,Plascore 公司已经把多种聚合物制备成蜂窝材料,如聚醚酰亚胺和聚碳酸酯等,表 1-22 所示为部分塑料蜂窝芯的力学性能。在波音 747 客机上,采用了一种更加新颖的蜂窝夹层结构材料做地板,其面板是碳纤维增强塑料,芯材是尼龙制成的蜂窝芯。

表 1-21　Plascore 公司纤维织物蜂窝芯的力学性能

材料及规格	孔格内径 (mm)	体密度 (kg/m³)	压缩性能			剪切性能			
			非稳态强度 (MPa)	稳态强度 (MPa)	稳态模量 (MPa)	L 向强度 (MPa)	L 向模量 (MPa)	W 向强度 (MPa)	W 向模量 (MPa)
玻璃纤维织物 (0°/90°) 浸渍酚醛树脂	4.76	64	3.52	4.07	393	2.14	90	1.10	48
		128	15.86	17.38	1793	6.79	331	4.31	193
	6.35	72	4.03	4.41	483	2.45	103	1.38	55
玻璃纤维织物 (±45°) 浸渍酚醛树脂	3.18	32	1.03	1.17	117	0.79	103	0.41	35
		48	2.55	2.83	158	1.34	131	0.66	48
		64	3.45	3.86	317	2.17	172	1.03	83
		128	10.86	12.07	889	4.00	338	2.34	165
Kevlar 纤维织物 (±45°) 浸渍环氧树脂	6.35	34	0.76	0.84	172	0.41	17	0.25	7.6
碳纤维织物 (±45°) 浸渍环氧树脂	4.76	128	13.55	15.06	896	6.83	1276	4.14	483
	6.35	80	5.90	6.55	586	4.07	648	2.41	276

表 1-22　Plascore 公司塑料蜂窝芯的力学性能

材料及规格	孔格内径 (mm)	体密度 (kg/m³)	压缩性能		剪切性能	
			非稳态强度 (MPa)	非稳态模量 (MPa)	强度 (MPa)	模量 (MPa)
PEI	3.18	64	3.10	241	0.69	34
		160	10.00	869	4.27	123
	6.35	96	6.34	455	1.79	62
PC	3.18	64	1.21	172	0.48	17
	0.35	96	3.45	310	1.31	34

1.3.5 聚甲基丙烯酰亚胺泡沫

聚甲基丙烯酰亚胺（PMI）泡沫通过加热甲基丙烯酸/甲基丙烯腈共聚板，发泡制造。在发泡共聚板的过程中，共聚物转变成聚甲基丙烯酰亚胺。PMI 泡沫是一种交联型硬质结构型泡沫材料，具有 100％ 的闭孔结构，其均匀交联的孔壁结构可赋予其突出的结构稳定性和优异的力学性能。其主分子链为 C—C 链，分子侧链含有酰亚胺结构的泡沫塑料，可由多种方法制造。

该泡沫塑料是目前强度和刚度最高的耐热泡沫塑料（180～240℃），能够满足中高温、高压固化和预浸料工艺要求。与各种类型树脂之间具有良好的兼容性，适合作为高性能夹层结构中的芯层材料使用，可以取代蜂窝结构，而且各向同性，容易经过机械加工成为各种形状复杂的截面形状，并且不含氟利昂，属于环保型材料，防火性能达到 FAR 25.853 和 AITM 等有关标准，代表着高性能聚合物结构泡沫塑料的最新发展领域。目前 PMI 泡沫已被广泛地应用在航天、航空、军工、船舶、汽车、铁路机车制造、雷达、天线等领域。

PMI 泡沫具有下列性能：（1）100％ 的闭孔结构，且各向同性；（2）耐热性能好，热变形温度为 180～240℃；（3）优异的力学性能，比强度高、比模量高，在各种泡沫中是最高的；（4）面接触，具有很好的压缩蠕变性能；（5）可高温热压罐成型（180～230℃、0.5～0.7MPa），还可熔融注射成型，实现泡沫夹层与预浸料的一次性共固化；（6）良好的防火性能，无毒、低烟；（7）优良的介电性能：介电常数 1.05～1.13，损耗角正切在（1～18）×10^{-3}。在 2～26GHz 的频率范围内，其介电常数和介电损耗的变化小，表现出很好的宽频稳定性，使之非常适于雷达及天线罩的制造；（8）具有优良的二次加工性能，可通过加热形成不同曲面形状的制品。表 1-23 中有国产中科恒泰 Cascell® 系列和国外德固赛 Rohacell® 系列部分产品的热和力学性能。

表 1-23 国内外部分 PMI 泡沫的热和力学性能

名称	测试方法	Cascell® 50 WH	Rohacell® 51 WF	Cascell® 75 WH	Rohacell® 71 WF	Cascell® 110 WH	Rohacell® 110 WF
密度/（kg/m³）	ISO 845	50	52	75	75	110	110
压缩强度（MPa）	ISO 844	0.88	0.8	1.75	1.7	3.55	3.6
拉伸强度（MPa）	ASTM D638	1.65	1.6	2.25	2.2	3.60	3.7
弹性模量（MPa）	ASTM D638	79	75	108	105	185	180
断裂伸长率（％）	ASTM D638	2.6	3	2.8	3	2.8	3
弯曲强度（MPa）	ASTM D790	1.70	1.6	2.90	2.9	5.10	5.2
剪切强度（MPa）	ASTM C273	0.8	0.8	1.3	1.3	2.4	2.4
剪切模量（MPa）	ASTM C273	30	24	50	42	85	70
热变形温度（℃）	DIN 53424	≥200	205	≥200	200	≥200	200

1.3.6 聚酰亚胺泡沫

聚酰亚胺泡沫塑料于 20 世纪 70 年代首先由 NASA Langley 研究中心开发，至今已有 40 多年的发展历史。聚酰亚胺泡沫塑料的主要制备方法有两种：（1）以芳香二酐和芳香异氰酸酯为主要原料的一步制备技术；（2）以聚酯铵盐为中间体的二步制备技术。聚酰亚胺泡沫有热塑性的软质泡沫，也有热固性的硬质泡沫，根据不同的使用性能要求，应用在不同的领域。

NASA 与 Unitika 公司用两步法制备的泡沫材料商品名为 TEEK®，表 1-24 所示为 TEEK® 泡沫的化学结构，表 1-25 所示为 TEEK® 泡沫的主要性能。

表 1-24　TEEK® 泡沫的化学结构

商品名	化学结构	泡沫类型
TEEK-H		TEEK-HH（82kg/m³） TEEK-HL（32kg/m³）
TEEK-L		TEEK-L8（128kg/m³） TEEK-LH（82kg/m³） TEEK-LL（32kg/m³） TEEK-L5（8kg/m³）
TEEK-C		TEEK-CL（32kg/m³）

表 1-25　TEEK® 泡沫的主要性能

性能		TEEK-HH	TEEK-HL	TEEK-LL	TEEK-CL
密度/（kg/m³）		82	32	32	32
拉伸强度（MPa）		1.69	0.28	0.26	0.09
压缩强度（10%压缩率）（MPa）		0.84	0.19	0.30	0.098
压缩模量（MPa）		6.13	3.89	11.03	0.7
极限氧指数（%）		51	42	49	46
垂直燃烧性能	燃烧长度（cm）	0	1	0	—
	滴落物	无	无	无	无
热失重温度	10%	518	267	516	528
	50%	5241	522	524	535
	100%	580	578	561	630
玻璃化转变温度（℃）		237	237	281	321
热导率 [mW/（m·K）]		30.01	29.87	29.17	—
闭孔率（%）		19.4	2.5	5.3	—

1.3.7　聚氨酯泡沫

聚氨酯全称聚氨基甲酸酯（简称 PU）是由二异氰酸酯与带有 2 个以上羟基的化合

物反应生成的高分子化合物的总称，其主链上含有许多重复的氨基甲酸酯基团，分子式（$C_{10}H_8N_2O_2 \cdot C_6H_{14}O_3$）$n$，由于是聚合物，所以 n 值是不固定的。氨基甲酸酯基团如图 1-11 所示。

聚氨酯泡沫塑料由异氰酸酯和羟基化合物聚合发泡制成，具有多孔性的特征，因而具有相对密度小、比强度高的特性。按照软硬程度不同，可分为软质泡沫塑料和硬质泡沫塑料。软质泡沫塑料和硬质泡沫塑料按不同标准的区分方法见表 1-26。硬质泡沫为闭孔结构，软质泡沫为开孔结构；软质泡沫又分为结皮和不结皮两种。按所用的多元醇品种可分为聚酯型、聚醚型、蓖麻油型等；按发泡方法可分为块状、模塑和喷涂等类型。

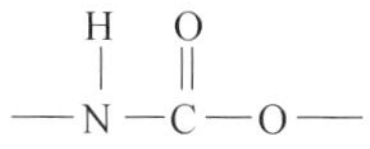

H O
| ||
—N—C—O—

图 1-11　氨基甲酸酯基团

表 1-26　软质泡沫塑料和硬质泡沫塑料的区分方法

区分标准	类型	
	软质泡沫	硬质泡沫
物理意义	基体聚合物处于晶体熔点之上；无定形聚合物则处于其玻璃化温度以上	结晶状态或无定形状态存在，都处于玻璃化温度以下
国家标准	富有柔韧性、压缩硬度很小、应力解除后能恢复原状、残余变形小的泡沫塑料	无柔性、压缩硬度大、应力达到一定值产生变形、解除应力不能恢复原状的泡沫塑料
美国材料试验协会标准	在 18～29℃ 下，时间 5s 内，绕直径 2.5cm 的圆棒一周不断裂	在 18～29℃ 下，时间 5s 内，绕直径 2.5cm 的圆棒一周断裂
ISO 标准	压缩变形 50% 后释压，厚度减少不超过 2%	压缩变形 50% 后释压，厚度减少超过 10%；介于 2%～10% 者为半硬质泡沫塑料
弹性模量	在 23℃、相对湿度 50% 条件下，弹性模量小于 68.6MPa	在 23℃、相对湿度 50% 条件下，弹性模量大于 686MPa；介于 68.6～686MPa 之间为半硬质泡沫塑料

高密度聚氨酯泡沫密度能达到 200～900kg/m³，一般的在 30～45kg/m³，泡沫密度比较容易控制。聚氨酯泡沫具有极佳的弹性、柔软性、伸长率和压缩强度；化学稳定性好，耐许多溶剂和油类；耐磨性优良，比天然海绵大 20 倍；同时具有优良的加工性、绝热性、黏合性等性能，是一种性能优良的缓冲材料，但价格较高。不同密度聚氨酯的平压性能见表 1-27，硬质聚氨酯泡沫塑料的力学性能随密度的增加而提高。

表 1-27　不同密度聚氨酯的平压性能

密度（kg/m³）	抗压性能	
	强度（MPa）	模量（GPa）
150	1.80	0.0455
180	1.82	0.0403
200	1.96	0.0607
220	2.97	0.0729

1.3.8　聚氯乙烯泡沫

聚氯乙烯（简称PVC）是氯乙烯单体在过氧化物、偶氮化合物等引发剂，或在光热作用下按自由基聚合反应机理聚合而成的线性聚合物，其中的氯乙烯单体大部分以头-尾结构相连；它是使用一个氯原子取代聚乙烯中的一个氢原子的高分子材料，是含有少量结晶结构的无定形聚合物。聚氯乙烯的结构式如图1-12所示。

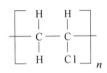

图1-12　聚氯乙烯的结构式

聚氯乙烯泡沫板的化学成分主要是聚氯乙烯，简称PVC发泡板，又称为雪弗板和安迪板，密度为 $0.35 \sim 0.9 \mathrm{g/cm^3}$。它具有防水、阻燃、耐酸碱、防蛀、质轻、保温、隔声、减震的特性；和木材同等加工，但加工性能远远优于木材，是木材、铝材、复合板材的理想替代品；结皮板表面非常光滑，硬度高，不容易有划痕。

泡沫材料的力学性能主要由基体聚合物的性质、聚合物的体积比或者泡沫材料的密度和泡体结构的几何性质决定。发泡的倍数越大，也就是泡沫材料的密度越低，泡沫材料的弹性模量与原来的材料相比就会降低。随着密度的降低即发泡倍数的增加，聚氯乙烯的拉应力、压应力和剪切应力都有所下降。聚氯乙烯泡沫的成分除了含有原料树脂以外，还含有小量加工助剂（引发剂、稳定剂、发泡剂），如偶氮二甲酰胺（AC），或大量改性助剂（增塑剂、交联剂、填充剂等），如碳酸钙等。聚氯乙烯泡沫的密度和材料力学性能见表1-28。

表1-28　聚氯乙烯泡沫的密度与材料力学性能对照表

密度（g/cm³）	拉伸强度（MPa）	拉伸模量（MPa）	断裂伸长率（%）	邵氏硬度（C）
0.126	2.27	0.86	199	29.8
0.218	2.53	0.72	260	32.8
0.289	3.12	1.03	268	37.6
0.453	3.80	1.22	312	49.0
0.850	6.73	1.29	453	69.4

1.4　复合材料成型技术

1.4.1　概述

复合材料成型工艺的选择主要是基于所加工复合材料构件的供货周期、成本要求、性能要求、内/外部质量要求，同时也包括生产方的技术能力和设备能力。图1-13所示为复合材料构件制备过程流程图，通过选择合适的加工工艺，制备满足要求的复合材料构件，并形成相应的工艺规程。

复合材料的成型工艺可分为以下两类：（1）以预浸树脂的纤维或织物为原材料的成型工艺，包括模压工艺（compressing process）、热压罐工艺（autoclave process）、非热压罐工艺（out-of-autoclave process）、自动铺丝/铺带工艺（automated fiber placement/ tape layer process，AFP/ATL）、注射工艺（injection molding）等；（2）以干纤维或织物为原材料的成型工艺，包括树脂转移模塑工艺（resin transfer molding process，RTM）、真空辅助树脂注射工艺（vacuum assistant resin infusion process，VARI）、手糊工艺（hand lay-up process）、纤维缠绕成型工艺（filament winding process）等。复合材料拉挤成型工艺（pultrusion process）既可以是以干纤维或织物为原材料，也可以以预浸树脂的纤维或织物为原材料。表 1-29 所示为几种复合材料的成型工艺及特点。

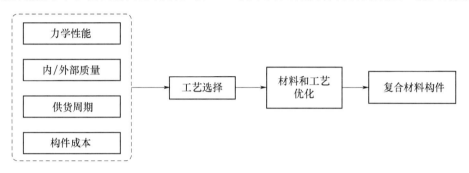

图 1-13　复合材料构件制备过程典型流程图

表 1-29　几种复合材料的成型工艺及特点

工艺名称	原材料	设备及工艺特点
模压工艺	（1）连续纤维预浸料； （2）团状模塑料（BMC）； （3）片状模塑料（SMC）	（1）主要设备为热压机； （2）闭合模具； （3）尺寸精度较高
热压罐工艺	连续纤维预浸料	（1）主要设备为热压罐； （2）单面模具； （3）内部质量高； （4）特别适合于大型构件
非热压罐工艺	连续纤维预浸料	（1）所用原料为非热压罐预浸料，同时真空袋固化，也能保证很好的内部质量； （2）单面模具，真空袋压力； （3）特别适合于超大型构件； （4）成本较热压罐工艺低得多
自动铺丝/铺带工艺	连续纤维预浸料丝/带	（1）主要设备自动铺丝/铺带机和热压罐； （2）特别适合于多曲率构件
注射工艺	长纤维增强热塑性材料（LFT）	（1）主要设备为注塑机； （2）闭合模具； （3）制备热塑性复合材料

续表

工艺名称	原材料	设备及工艺特点
树脂转移模塑工艺（RTM）	树脂＋纤维织物/编织物预制体	（1）主要设备为 RTM 注塑平台或高压 RTM 注塑平台； （2）闭合模具； （3）特别适合于尺于寸较小，但是较为复杂的构件
真空辅助树脂注射工艺（VARI）	树脂＋纤维织物/编织物预制体	（1）单面模具； （2）纤维体积分数较 RTM 工艺低； （3）构件尺寸较 RTM 工艺大
手糊工艺	树脂＋纤维无纺布/织物	（1）单面模具； （2）内部质量要求不高的构件
纤维缠绕成型工艺	树脂＋连续纤维	（1）多用于制备复合材料罐体/管体； （2）尤其适合于制备压力容器
拉挤成型工艺	（1）连续纤维预浸料； （2）树脂＋连续纤维无纺布/织物	（1）在线连续固化； （2）多用于制备等截面形状的复合材料管、梁等

随着树脂基复合材料及其制备技术的发展，计算机辅助软件及数字化设备已经越来越多地应用在复合材料领域，用于提高复合材料的设计和生产效率、制备精度等。如在复合材料设计阶段，运用 CATIA、ANSYS、ABAQUS、LS-DYNA 和 AUTOCAD 等软件开展复合材料构件的结构设计及强度校核等；在复合材料制造阶段，应用 FIBER-SIM/CATIA 的 CPD 模块开展复合材料构件的铺层结构设计和构件的固化变形预测等；自动下料机开展构件用于纤维织物或预浸料的裁切；激光定位设备用于复杂铺层的精确定位。

1.4.2 模压成型技术

复合材料模压成型技术是指采用压机将浸渍树脂后的纤维预制体在闭合模具中固化而成的一种工艺技术。模压成型技术示意图如图 1-14 所示。

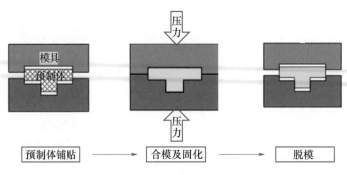

图 1-14 模压成型技术示意图

模压成型技术所采用的原材料通常有：

（1）热塑性和热固性树脂连续纤维预浸料

采用热固性树脂预浸料通常可以铺贴出复杂形状的预制体，制备出结构复杂的热固性复合材料构件；由于热塑性树脂预浸料变形能力较差，很难铺贴出形状复杂的预制体，因此只能制备一些平板类热塑性复合材料构件。

（2）块状模塑料（bulk molding compound，BMC）或片状模塑料（sheet molding compound，SMC）

块状模塑料是指将不饱和聚酯或快速固化环氧树脂与短切玻璃纤维/碳纤维混合而成的一种团状材料，片状模塑料是指将不饱和聚酯或快速固化环氧树脂与短切玻璃纤维/碳纤维毡预浸而成的一种片状材料。固化时间非常短，通常为几秒或几分钟的固化周期。

由模压成型技术制备而成的复合材料表面光洁度高、尺寸精度高，特别适合制备对成本敏感的汽车或轨道交通次承力或非承力内饰件。图 1-15 所示为以 BMC/SMC 为原材料由模压工艺制备而成的汽车内饰件，图 1-16 所示为以酚醛树脂连续玻璃纤维预浸料为原材料制备而成的蜂窝夹层结构高铁内饰件，图 1-17 所示为以环氧树脂玻璃纤维预浸料为原材料制备而成的汽车板簧及加载试验。

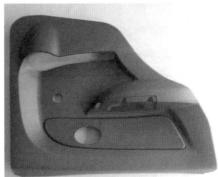

图 1-15　复合材料汽车内饰件

图 1-16　蜂窝夹层结构高铁内饰件

图 1-17　复合材料汽车板簧及加载试验

1.4.3　热压罐成型技术

热压罐成型技术是指采用热压罐将由预浸料铺贴而成的预制体在单面模具上固化而成的一种工艺技术。热压罐成型技术示意图如图 1-18 所示。

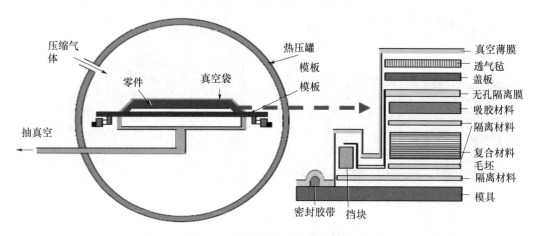

图 1-18　热压罐成型技术示意图

将纤维预浸料按铺层要求铺放于模具上，在真空状态下，经过热压罐设备升温、加压、保温、降温和卸压等程序，利用热压罐内同时提供的均匀温度和均布压力实现固化，从而可以形成表面与内部质量高、形状复杂、尺寸较大的复合材料制件。由热压罐工艺生产的复合材料制品占整个复合材料制品产量的 50% 以上，在航空航天领域的比重更是高达 80% 以上。

热压罐工艺的优点：（1）压力均匀。使用气体加压，压力通过真空袋作用到制品表面，各点法向压力相等，使制件各处在相同压力下固化成型。（2）温度均匀，可调控。罐内为循环热气流给工件加热，各处温度温差小。同时配置冷却系统，使温度可严格控制在工艺设置范围内。（3）适用范围广。模具较简单，效率高，尤其适合于大面积复杂型面的板、壳。（4）成型工艺稳定、可靠。压力、温度均匀，可调可控，使成型或交接制品质量一致、可靠。（5）孔隙率低，树脂含量可控并均匀。热压罐工艺的缺点：投资大、成本高，热压罐接轨复杂、造价高。每次使用时不仅消耗水、电、气等能源，还需要真空袋膜、密封胶条、吸胶毡、隔离布等辅助材料，使生产成本较大幅度增加。

复合材料热压罐工艺所用到的主要设备及厂房如图 1-19 所示，反应釜和树脂混合机（捏合机或搅拌机）用于预浸料用树脂的配制，胶膜机和预浸机用于预浸料的制备，净化间为预浸料的铺贴厂房，自动下料机、激光定位设备和热压罐为复合材料制备用设备。图 1-20 所示为热压罐工艺制备而成的复合材料飞机蒙皮和机身。

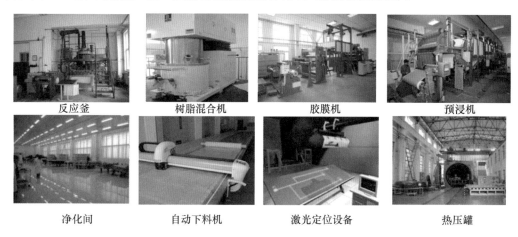

|反应釜|树脂混合机|胶膜机|预浸机|
|净化间|自动下料机|激光定位设备|热压罐|

图 1-19　热压罐工艺所用到的主要设备及厂房

图 1-20　复合材料飞机蒙皮和机身

1.4.4 树脂转移模塑成型技术

树脂转移模塑成型技术（RTM）是指将液态树脂在一定温度下注入到铺贴纤维预制体的闭合模具中固化而成的一种工艺技术。树脂转移模塑成型技术示意图如图1-21所示。

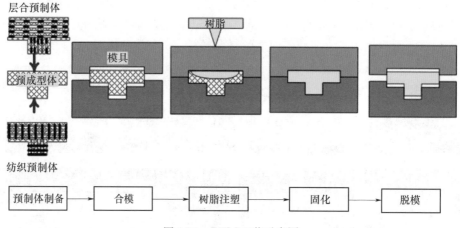

图 1-21 RTM 工艺示意图

与热压罐工艺相比，RTM工艺的优点：（1）闭合模具改善了尺寸稳定性和表面光洁度，特别适合于复杂构件的制备；（2）适于编织/纺织增强材料形式；（3）能够将多种形状结构组合作为一个零件来生产，特别适于复杂结构整体化制造；（4）能够生产接近无余量的零件，降低二次修整和装配成本。RTM工艺的缺点：（1）一般用于制备尺寸相对较小的制件；（2）内部质量合格率相对较低；（3）层合结构纤维预制体铺贴劳动量大。

图1-22所示为飞机复合材料扰流板，主要包括液态树脂在闭合模具中的流动模拟、预制体制备和复合材料构件制备。图1-23所示为LEAP发动机复合材料风扇转子叶片，主要包括3D机织结构预制体的制备、树脂注射、叶片固化及脱模和复合材料叶片产品。

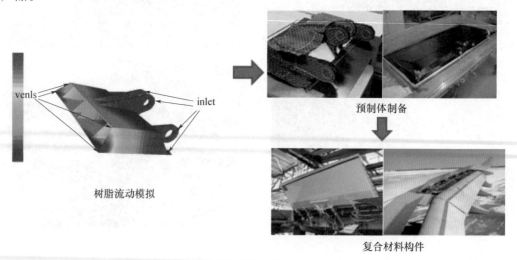

图 1-22 飞机复合材料扰流板

预制体制备设备

3D机织结构预制体

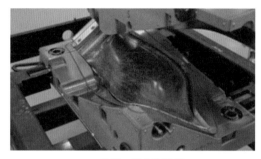

注塑、固化和脱模

复合材料叶片

图 1-23　复合材料风扇转子叶片

1.4.5　拉挤成型技术

拉挤成型工艺是指将纱架上的无捻纤维纱线、织物等，连续通过树脂浸渍，然后通过保持一定截面形状的成型模具，并使其在模内固化成型后连续出模的一种自动化复合材料生产工艺。拉挤成型工艺技术示意图如图 1-24 所示。

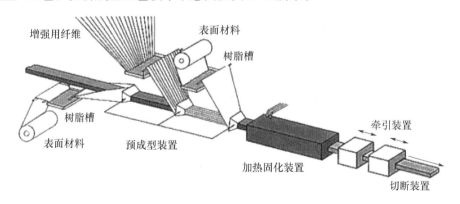

图 1-24　拉挤成型工艺技术示意图

拉挤成型工艺的优点：（1）材料利用率高。拉挤成型技术直接使用原丝、无纺布、织物或预浸料进行生产，生产过程基本不产生其他边角废料，原材料有效利用率高。（2）结构可复杂多变。任何复杂截面的直线型横截面复合材料型材，几乎都可以采用拉挤成型工艺。（3）自动化程度高。生产效率高，而且人工费用低。（4）长度无约束。制品的长度只受生产空间限制，与设备能力和工艺因素无关。拉挤成型工艺的缺点：

（1）只能用于加工不含有凹陷、凸起结构的等截面构件；（2）构件性能具有明显的方向性，且对生产工艺参数的控制必须准确无误。

拉挤成型工艺所用的主要材料体系有：（1）基体树脂：主要采用不饱和聚酯树脂和乙烯基酯树脂，其他树脂也用酚醛树脂、环氧树脂、甲基丙烯酸等树脂，除热固性树脂外，根据需要也选用热塑性树脂；（2）纤维增强材料：主要是玻璃纤维无捻粗纱，也可以采用连续纤维毡、布、带等作为增强材料，为了特殊用途制品的需要，也可选用碳纤维、芳纶纤维、聚酯纤维、维尼纶等合成纤维。

图 1-25 所示为注射工艺与拉挤工艺结合而成的复合材料汽车防撞梁成型工艺示意图，增强材料包括碳丝、无纺布和织物，并且增强材料交替分布，树脂在高压下注射到复合模腔内，并浸润增强材料，而后牵引固化后得到复合材料构件。该工艺得到的复合材料各个方向性能都很高，并且构件内部质量也能很好地保证。图 1-26 所示为由拉挤工艺制备的复合材料构件。

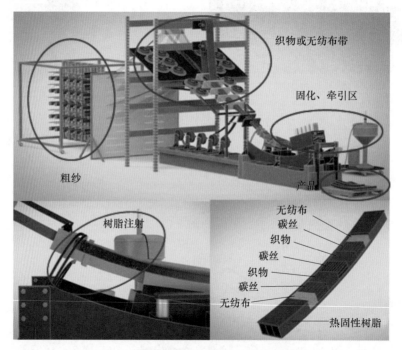

图 1-25　复合材料汽车防撞梁拉挤成型示意图

图 1-26　拉挤工艺制备的复合材料构件

1.4.6 缠绕成型技术

缠绕成型工艺是指将浸过树脂胶液的连续纤维（或织物、预浸纱或带）按照一定规律缠绕到芯模上，然后经固化、脱模而成的一种工艺技术。图 1-27 所示为复合材料缠绕成型工艺示意图。

图 1-27　复合材料缠绕成型工艺示意图

缠绕工艺主要有两种工艺方式：（1）干法缠绕：干法缠绕是采用经过预浸胶处理的预浸纱或带，在缠绕机上经加热软化至黏流态后缠绕到芯模上。由于预浸纱（或带）是专业生产，能严格控制树脂含量（精确到 2% 以内）和预浸纱质量。因此，干法缠绕能够准确地控制产品质量。干法缠绕工艺的最大特点是生产效率高，缠绕速度可达 100～200m/min，缠绕机清洁，劳动卫生条件好，产品质量高。其缺点是缠绕设备贵。（2）湿法缠绕：湿法缠绕是将纤维集束（纱或带）浸胶后，在张力控制下直接缠绕到芯模上。湿法缠绕的优点：①成本比干法缠绕低；②纤维排列平行度好。湿法缠绕的缺点：①树脂浪费大，操作环境差；②含胶量及成品质量不易控制。需要指出的是，针对力学性能和内部质量要求高的缠绕复合材料构件，通常采用干法缠绕工艺，如航空航天领域多采用干法缠绕工艺。

纤维缠绕成型的优点：（1）能够按产品的受力状况设计缠绕规律，能充分发挥纤维的强度；（2）比强度高：一般来讲，纤维缠绕压力容器与同体积、同压力的钢质容器相比，质量可减轻 40%～60%；（3）可靠性高：纤维缠绕制品易实现机械化和自动化生产，工艺条件确定后，缠出来的产品质量稳定，精确；（4）生产效率高：采用机械化或自动化生产，需要操作工人少，缠绕速度快（240m/min），故劳动生产率高；（5）成本低：在同一产品上，可合理配选若干种材料（包括树脂、纤维和内衬），使其再复合，达到最佳的技术经济效果。缠绕成型的缺点：（1）缠绕成型适应性小，不能缠任意结构形式的制品，特别是表面有凹的制品，因为缠绕时，纤维不能紧贴芯模表面而架空；（2）缠绕成型需要有缠绕机、芯模、固化加热炉、脱模机及熟练的技术工人，需要的投资大，技术要求高。因此，只有大批量生产时才能降低成本，才能获得较高的技术经济效益。

图 1-28 所示为湿法缠绕工艺制备的罐体，图 1-29 所示为干法缠绕工艺制备的 NASA 火箭复合材料燃料罐。

图 1-28　湿法缠绕工艺制备的罐体

图 1-29　干法缠绕工艺制备的 NASA 火箭复合材料燃料罐

1.5　复合材料技术发展趋势

1.5.1　高韧性复合材料技术

树脂基复合材料在飞机主承力构件中的大量应用，使复合材料的损伤容限和耐久性问题越来越引起人们的关注，其中复合材料层合板的抗冲击性能是结构件的关键性能。复合材料的低速冲击问题是指复合材料结构在制造、使用、维护过程中不可避免地受到外物的低能冲击造成飞机结构的损伤和承载能力下降的问题。低速冲击往往导致复合材料结构表面没有或只有轻微的损伤，而层板内部已产生了大量的基体裂纹和大面积的分层扩展，有时还伴有纤维断裂及纤维拔出，这些内部损伤将使层合板的力学性能严重退化，结构强度大幅下降。因此，如何提高复合材料的韧性、增强其抗冲击性能，一直是复合材料领域的研究重点。

冲击后压缩强度试验（compression after impact，CAI）是表征复合材料抗冲击韧性的重要指标之一。以环氧树脂基复合材料为例，第一代韧性环氧复合材料（中等韧性）的 CAI 在 $170\sim250$MPa（如 T300/R6376、IM7/977-3 等复合材料）；第二代韧性环氧复合材料（高韧性）的 CAI 在 $245\sim315$MPa（如 IM7/8552、IM7/M21 等复合材料）；而第三代韧性环氧树脂基复合材料（超高韧性）的 CAI 已经达到 315MPa 以上（如 T800/3900-2、IM7/M91 等复合材料）。从这里也能看出航空产业对高韧性坏氧树脂基复合材料的需求，因此，树脂基复合材料的增韧改性成为复合材料技术领域的重点研究方向之一。

要提高复合材料的抗冲击韧性，一方面是使用高强纤维，另一方面就是提高基体树脂的韧性，这是由于复合材料的韧性主要是由基体的韧性所决定的，高韧性基体可以有效提高复合材料的层间断裂韧性、减小冲击后损伤面积、提高冲击后的剩余强度。而通过橡胶弹性体、热塑性工程树脂及纳米颗粒等方法对树脂基体进行增韧改性的方案，可在一定程度上改善基体的韧性，但也不可避免地带来了缺陷，共混物的加入会引起树脂基体黏度大幅上升并进而造成成型工艺困难。同时，橡胶弹性体的加入还会造成树脂基体刚度和耐湿热性能下降。因此，通过树脂本体增韧很难同时达到高韧性与良好工艺性、耐热性能的匹配。

因此，为了不影响复合材料的成型工艺性能，并进一步提高复合材料的韧性，研究人员提出了复合材料层间增韧的概念。层间增韧在复合材料预浸料中的具体实施方式如图 1-30 所示。层间增韧通常有三种方式：颗粒增韧、薄膜增韧和纤维增韧。

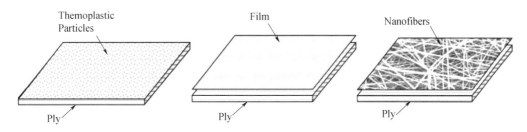

图 1-30　复合材料层间增韧实施方式

层间增韧的技术特点：热固性树脂基体具有良好的成型工艺性能（对纤维的渗透特性、黏性、铺覆性）、模量高及耐溶剂性能优异，但是其断裂韧性较差，热塑性树脂颗粒具有优异的断裂韧性，但其工艺性较差。而层间颗粒增韧技术综合利用了热固性树脂基体和热塑性树脂颗粒的优点，将具有良好工艺性能及高模量的热固性树脂基体主要集中在纤维层内，实现对纤维的浸润，并有效发挥其高刚度的特性；而具有优异断裂韧性的热塑性树脂颗粒主要富集在复合材料层间，发挥其高断裂韧性的优点，防止层合板发生分层损伤并抑制层间树脂基体开裂的过度扩展。图 1-31 所示为典型的热塑性树脂层间增韧树脂基复合材料的微观形貌，层间形成了核（热固性树脂）壳（热塑性树脂）结构。

图 1-31　层间增韧树脂基复合材料的微观形貌

日本 Toray 公司的 Odagiri、Kishi 等采用层间颗粒增韧技术成功研发出了 T800H/
3900 系列超高韧性复合材料。从表 1-30 中可以看出，由于层间引入热塑性颗粒的不同，
T800H/3910 复合材料的韧性显著提高，但原有的耐湿热性能大幅降低，而 T800H/
3900-2 复合材料在韧性大幅提高的同时保持了原有的耐湿热性能。T800H/3900-2 已通
过了波音公司的 BMS 8-276 规范，应用于波音 777 客机的尾翼中的蒙皮、桁条、翼梁以
及地板梁，这也是波音公司首次将复合材料应用于客机的主承力结构中。

表 1-30　T800H/3900 系列复合材料性能

项目	CAI（6.67J/mm）		层间断裂韧性（J/m²）		湿热压缩强度（MPa）
	损伤面积（mm²）	最大强度（MPa）	G_{IC}	G_{IIC}	
T800H/3632♯	2830	190	280	911	1310
T800H/3910	250	447	830	3100	930
T800H/3900-2	360	367	280	2500	1320

1.5.2　结构阻燃复合材料技术

目前对复合材料的阻燃性能要求，主要是针对其作为次承力或非承力内饰结构产品
使用时，由于其处于相对密闭的空间，并且与人密切接触，因此都会对其阻燃性能提出
相应的要求。当复合材料作为主承力结构产品使用时，如飞机、轨道交通工具和汽车的
主承力结构件，由于其与乘客通过阻燃内饰材料隔离，所以对其阻燃性能没有要求，但
是，当其经常用在封闭的场合时，阻燃性能要求就与内饰材料一样。如经常运行在隧道
或地下的轨道列车，EN 45545-2：2013 中对其阻燃性能就有明确的规定。

树脂基阻燃复合材料是将阻燃性能赋予树脂基复合材料中，当复合材料中的增强材
料为聚酰亚胺纤维和芳纶纤维等阻燃有机纤维或碳纤维和玻璃纤维等无机纤维时，复合
材料的阻燃性能取决于高分子材料的阻燃性；当复合材料中的增强材料为植物纤维或其
他易燃有机纤维时，复合材料的阻燃性能就取决于纤维和树脂的阻燃性，即高分子材料
的阻燃性能。总之，阻燃复合材料的研究核心就是如何提高高分子材料的阻燃性能，在
赋予阻燃性的基础上，进一步提高树脂及其复合材料的热性能、力学性能和老化性能等
其他物理和化学性能。

酚醛树脂基复合材料具有优异的阻燃性能，由于酚醛树脂固化时会释放小分子，其
复合材料层合板内部质量不能保证，因此酚醛树脂基玻璃纤维增强夹层结构通常应用在
飞机或轨道交通内饰材料领域。环氧树脂基复合材料由于其优异的加工性能，在各个领
域得到了广泛的应用。根据不同的使用条件和应用领域，对环氧树脂基复合材料进行阻
燃改性研究。目前，已有很多阻燃环氧树脂及其复合材料应用到不同的领域。

（1）CYCOM 919 阻燃环氧树脂

CYCOM 919 是 CYTEC 公司研制和生产的 120℃固化改性阻燃环氧树脂体系，由
该树脂制备得到的预浸料，适用于热压罐和模压成型工艺来制备复合材料，复合材料具
备优异的韧性和阻燃性，与蜂窝直接共固化能得到较高的剥离强度，可用于制造飞机雷
达面板、次承力结构件和内饰件。复合材料垂直燃烧性能通过美国联邦航空局测试标
准。基于 CYCOM 919 树脂制备得到的玻璃纤维、芳纶纤维和碳纤维织物增强复合材料

的力学性能见表1-31。

表1-31　基于 CYCOM 919 复合材料的力学性能

项目	7781/919	120/919	3070P/919	测试标准
增强材料	E 玻璃纤维	Kelar 49 芳纶纤维	Thornel 300 碳纤维	
织物类型	7781	120	3070P	—
树脂质量含量（%）	32	48	约 50	
拉伸强度（MPa）	470	454	999	ASTM D 3039
拉伸模量（GPa）	27	29	62	
压缩强度（MPa）	480	174	772	ASTM D 6641
压缩模量（GPa）	29	30	62	
弯曲强度（MPa）	646	—	—	ASTM D 790
弯曲模量（GPa）	28	—	—	

（2）MTM348FR 阻燃环氧树脂

MTM348FR 是 CYTEC 公司研制和生产的 120℃ 固化改性阻燃环氧树脂体系，由该树脂制备得到的预浸料，适用于热压罐和模压成型工艺来制备复合材料，与蜂窝直接共固化能得到较高的剥离强度，可用于制造轨道交通工具主承力结构件、内饰件和非承力结构件。复合材料具有极好的耐火、低烟和低毒性能，能满足欧盟 EN 45455-2：2013 中 HL2 要求。基于 MTM348FR 树脂制备得到的玻璃纤维和碳纤维织物增强复合材料的力学性能见表1-32。

表1-32　基于 MTM348FR 复合材料的力学性能

项目	GF0102/MTM348FR	CF0304/MTM348FR	测试标准
增强材料	玻璃纤维	碳纤维	
织物类型	300g/m², 8 缎纹布	199g/m², 2×2 斜纹布	—
纤维体积分数（%）	48	48	
0°拉伸强度（MPa）	446	766	ASTM D 3039
0°拉伸模量（GPa）	28.1	59.1	
90°拉伸强度（MPa）	380	—	
90°拉伸模量（GPa）	27.0	—	
0°压缩强度（MPa）	613	694	ASTM D 6641
0°压缩模量（GPa）	29.6	55.8	
90°压缩强度（MPa）	533	—	
90°压缩模量（GPa）	28.4	—	
0°弯曲强度（MPa）	831	970	ASTM D 790

1.5.3　结构导电复合材料技术

目前航空用先进复合材料主要为碳纤维树脂基复合材料，碳纤维本身电导率是铝的 1‰，基体采用的双马或环氧树脂是绝缘材料，固化后相邻铺层间的纤维完全被树脂隔离。复合材料厚度方向的电导率一般仅为 0.1S/m 数量级，热导率小于 1W/ (m·K)。在雷击的瞬时高电压（可高达 10^7 kV）、大电流（20～200kA）条件下，飞机结构复合材料将发生局部电离被击穿，碳纤维瞬时烧蚀破坏，树脂瞬时汽化并产生局部高压冲击波，造成复合材料构件的损坏。从整体来看，复合材料只是在沿纤维方向导电性较好，由于垂直纤维方向的导电率几乎为零，遭受雷击后雷电流难以及时扩散，材料急剧升温，导致树脂汽化、起火、碳纤维断裂、分层破裂等特有的损伤形式。

目前，提高复合材料飞机抗雷击能力的主要方法是提高复合材料结构的功能特性，如导电导热性能。其主要方法是通过在其表面喷涂导电金属层（如铝涂层）、表层包埋导电金属网（如铜网、铝网）并在表面涂敷含导电金属或非金属材料的油漆等。波音、安博威等飞机制造商采用 Dexmet 公司的 Microgrid 格网贴在结构表面或埋在最外层下面，使其可承受 200kA 的电流（一般雷击电流为 100kA）。波音公司在复合材料机身制造过程中加入铜网，将雷击电流引走；在某些复合材料的外部构件上采用了火焰喷铝等特殊工艺，使复合材料表面形成一层导电的金属箔以减少雷击损伤。空客采用在外蒙皮上喷涂导电的防静电漆层，在防静电漆层的上面再安装铜质导电条；机身整流罩采用凯芙拉层合板结构，在整流罩的外表面共固化一层铝网来防止雷击。

美国 Goodrich 公司开发了一种低能耗电热除冰系统（简称 LPED）用于机翼前缘除冰，如图 1-32 所示，通过在冰层和复合材料界面增加 0.14mm 厚、15.8mm 宽的金属箔带作为加热组元，测试不同温度下加热组元的厚度，获得满足适航要求所需的最低加热能量。结果显示，除冰能耗降低到 2.4kW/m²，相较于传统电热除冰功率降低约 90%，并于 2003—2004 年冬季进行了验证考核，如图 1-33 所示，经过 6 次飞行试验测试，显示附带 LPED 机翼前缘在结冰经过数次电压循环即可轻松去除薄冰，使用效果较原始机翼状态防除冰效果明显。另外，按标准雷击 1 区对机翼前缘的抗雷击效果进行了测试，测试结果显示峰值电流达到 20.9kA 以下，电雷烧损区并未损伤到飞机基体，但局部区域的介电性能受到一定损伤。

上述解决方案仅仅赋予飞机结构的表面以导电性，而厚度方向的导电率依旧很低，在高密度热源或电流作用下，其散热能力有限，极容易造成结构件的局部损伤和破坏。

图 1-32　机翼前缘 LPED 电热除冰系统及结冰风洞试验

图 1-33 机翼前缘 LPED 飞行试验

也可以在复合材料层间插入功能插层，既能提高复合材料的韧性，同时也能提高整体的导电性能。如将高分子纳米无纺布上附载导电银纳米线（AgNWs），其直径约70nm，长宽比 300～1000。AgNWs 先分散在异丙醇中制备成料浆，再将无纺布浸入这个料浆中，然后干燥，即获得表面附载有 AgNWs 的插层材料。采用这种技术制备的 AgNWs 附载无纺布的面密度约为 $1.18g/m^2$。在这种无纺布的表面，AgNWs 紧密相连，形成一个导电网络，大幅度并且同步地提升了碳纤维复合材料在横向和厚度两个方向的导电性。如图 1-34 所示。

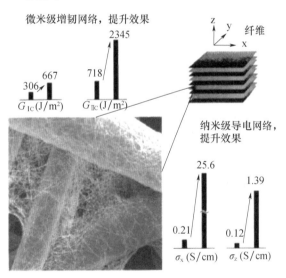

图 1-34 复合材料功能插层图

1.5.4 自动铺丝/铺带技术

复合材料低成本制造技术是目前国际复合材料技术领域的核心问题之一，而自动化成型技术是将结构设计、材料和制造连为一体的纽带和桥梁，不仅大大提高了复合材料构件的生产效率，降低了生产成本，而且通过对成型工艺参数和技术指标的精确控制，极大地提高了复合材料构件质量的可靠性和稳定性，实现了 CAD/CAM/CAE 技术在复合材料制造领域的应用和发展，并为复合材料构件制造系统的整体优化奠定了基础。

用于复合材料结构制造的先进专用工艺装备在国外迅速发展，特别是基于预浸料的复合材料自动铺放设备，包括自动铺带机和铺丝机，已在国外最先进的飞机制造中得到广泛应用。欧美少数几个国家已具有较为成熟的复合材料自动铺放设备设计制造能力，研制了立式、卧式、龙门式、集成工业机器人等各种结构形式的复合材料自动铺带机和铺丝机，在机身、机翼、进气道等飞机大型复杂复材结构制造中得到应用，为提升复合材料在军机和民机中的用量做出了重要贡献。

复合材料铺放制造技术包括铺放装备技术、铺放 CAD/CAM 技术、铺放工艺技术、预浸料制备技术、铺放质量控制、一体化协同数字化设计等一系列技术，主要是自动铺放装备技术、应用软件技术以及材料工艺技术的融合集成。其中自动铺放装备技术是整个技术的基础和核心，而铺放装备技术中最关键的是铺放头多功能集成技术和多坐标、多系统运动协同控制技术。复合材料铺放制造过程为铺放头在多坐标联动控制下，快速准确地运动到复合材料将要铺放的模具表面，并按照铺放程序的指令准确、无误、高效、自动地完成装在专用卷轴上的预浸料（带或丝束）的铺放，包括完成送料、定位、切割、加热、压紧、回收等动作，保证铺放质量满足工艺要求。

自动铺带的效率更高、更可靠，对用户更友好，如图 1-35 所示。与手工相比，先进铺带技术可降低制造成本 30%～50%，可成型超大尺寸平面或较为复杂结构复合材料构件，而且质量稳定，缩短了铺层及装配时间，工件近乎成型，切削加工及原材料耗费减少。目前最先进的第五代铺带机是带有双超声切割刀和缝隙光学探测器的十轴铺带机，铺带宽度最大可达到 300mm，生产效率可达到手工铺叠的数十倍。三菱安装的自动铺带机据称是世界上最大的复合材料铺带设备。该铺带机的尺寸为 40m 长、8m 宽。波音 787 上、下翼面蒙皮壁板的铺层速度达到 60m/min，每个壁板均为整体双曲率件。

图 1-35　自动铺带机

自动铺丝机适合于大曲率或变曲率复合材料构件的制备，如图 1-36 所示。以美国辛辛那提机器公司 Viper 纤维铺放机系统为例，最新的 Viper 6000 系统可以铺放并控制 32 个纤维束，每束宽 3.2mm，以前的机器为 24 个丝束，从而使铺层带宽从 7.6cm 增加到 10.2cm。32 个丝束能独立铺设、夹持、切割和重新开始均匀铺在凹面、凸面、曲面以及复杂曲率的表面上，丝束的铺放速度达到 30m/min，精度 ±1.3mm。沃特公司制造 B787 的 23% 的机身，如图 1-37 所示，其中包括 5.8m×7m 的 47 段及 4.3m×4.6m 的 48 段，采用了来自辛辛那提机器公司的自动铺放机 Viper 6000。制造时，将东丽的 3900 系碳/环氧无纬带铺叠在大的筒形旋转模具上，模具由互锁的芯轴组成，筒形件铺成后放在 23.2m×9.1m 的世界上体积最大的热压罐中固化。目前自动丝束铺放机已可铺放窄带及宽带丝束。

图 1-36　自动铺丝机

图 1-37　波音 787 复合材料机身

1.5.5　增材制造技术

树脂基复合材料增材制造技术即 3D 打印技术是一种新兴的复合材料加工制造方法，该方法基于金属材料 3D 打印技术发展而来，它采用层层累加的原理，每层按照特定的打印路径铺放材料，最终累加成型三维零件。

树脂基复合材料 3D 打印技术主要包括分层实体制造（LOM）工艺、立体光固化（SLA）工艺、选区激光烧结（SLS）、熔融沉积成型（FDM）等，增强材料可以为短纤维和连续纤维，树脂可以为热塑性树脂和热固性树脂。

3D 打印技术尤其适合于制备如图 1-38 所示的镂空、中空等复杂结构零部件或整体产品一次成型（或者是实现更少的零部件的装配）。

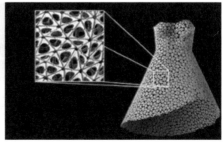

图 1-38　由 3D 打印技术制备的零件

田小光提出了基于连续纤维增强热塑性复合材料 3D 打印工艺的高性能复合材料轻质结构一体化制造方法，其工艺原理如图 1-39 所示。通过工艺参数优化可实现复合材料制件的性能可控制造，同时可利用 3D 打印纤维的有序分布。其制备的波纹构型夹层结构复合材料如图 1-40 所示。

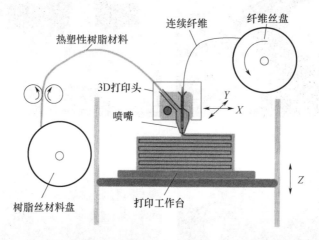

图 1-39　连续纤维增强热塑性复合材料 3D 打印工艺原理示意图

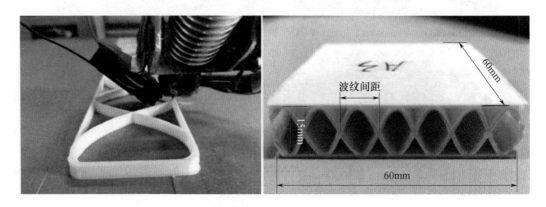

图 1-40　波纹构型夹层结构复合材料

Magma Global 和 Victrex 公司合作，使用激光烧结 3D 打印技术和 Victrex 公司的 PEEK 热塑性树脂，打印出了可在石油和天然气行业中石油的挠性 M-Pipe 管道，如图 1-41 所示。据悉，这种 3D 打印的 M-Pipe 管道能够部署到 3050 米的深度，可大大提升油气生产效率。

图 1-41　3D 打印的 M-Pipe 管道

需要指出的是，对于复合材料零件来说，针对短纤维增强树脂基复合材料的3D打印制造技术，其必须与传统的注塑成型工艺相比具备显著的特点；而针对连续纤维增强树脂基复合材料的3D打印制造技术，其必须与传统的自动铺丝/铺带工艺相比具备显著的特点。其原因为：（1）由传统工艺制备的树脂基复合材料构件，厚度方向已经为净成型，通常只是在构件四边留有工艺边（只是为了得到内部质量更加均一和稳定的复合材料构件），因此，并不能明显体现3D打印复合材料净成型的优势，甚至根据构件的形状特点，传统的工艺依然能够实现净成型；（2）在复合材料研究的历程中，复合材料光固化、电子束固化、低温固化等热固性树脂基复合材料快速成型技术已经得到了广泛的研究，并在有些领域已经得到了实际应用。

1.5.6 石墨烯复合材料技术

石墨烯是人们发现的最薄（0.34nm）、最坚硬的单层纳米材料。其独特的结构赋予其很多优异的性能。如：比表面积理论值为 $2600m^2/g$，透光率可达到97.7%，热导率约为5300W/（m·K），超高的强度，高达130GPa，是钢的100多倍，杨氏模量为1100GPa，断裂强度为125GPa，与碳纳米管相当，常温下载流子迁移率为 $15000cm^2/$（V·S），在特殊条件下迁移率甚至高达 $2.5×10^5 cm^2/$（V·S）。正是由于这些优良的性能，石墨烯可以作为理想填料加到聚合物中来提高聚合物的力学、热学、电学等性能。

石墨烯与树脂复合既可发挥石墨烯和树脂各自的优势，也可利用二者间的协同作用，从而提高复合材料的性能。石墨烯/树脂复合材料的制备方法主要分为原位聚合法、溶液共混法和熔融共混法等。原位聚合法是利用能与树脂交联固化的修饰剂来修饰石墨烯，再将其与树脂单体混合，就会在石墨烯片层上固化并与石墨烯成为一个整体；溶液共混法是先将石墨烯或改性石墨烯溶解在分散剂中，再将分散液与树脂均匀混合，由于在分散剂中石墨烯能有效控制其尺寸和形态，更易实现石墨烯均匀分散在树脂基体中；熔融共混法是将石墨烯或改性石墨烯与加热熔融的树脂共混，使树脂分子链插层到石墨烯片层之间得到相应的复合材料。

橡树岭国家实验室的研究人员利用化学气相沉积工艺制造出含有51mm×51mm、单原子厚、碳原子呈六角形排列的石墨烯的聚合物复合材料片材，有望使柔性电子迎来新时代，并改变对这种增强材料的认识及其最终应用的方式。目前大多数聚合物纳米复合材料制备的方法都是采用微小片状石墨烯或其他碳纳米材料，但很难在聚合物中均匀散开，而该研究利用更大尺寸的石墨烯片材，消除了小薄片易分散和成团的问题，并使这种复合材料在石墨烯含量较少时具有更好的导电性。该项研究利用化学气相沉积工艺制成的可导电的纳米复合材料层压板中石墨烯的含量是目前世界上最先进的样品的2%。

石墨烯这种二维材料仅一个原子厚，拥有独特的坚固程度和电学属性，但由于太纤薄，很难制成三维材料，因此，一直很难将其二维形式下的坚固强度转化到有用的三维材料内。但是，美国麻省理工学院（MIT）的科学家通过施加热和压力，将石墨烯小薄片按压在一起，制造出一种复杂稳定类似珊瑚和硅藻类生物的结构，如图1-42所示。新结构名为"螺旋二十四面体"，其表面积相对体积来说很大，但非常坚固，密度仅为铁的5%，但坚固程度为铁的10倍。

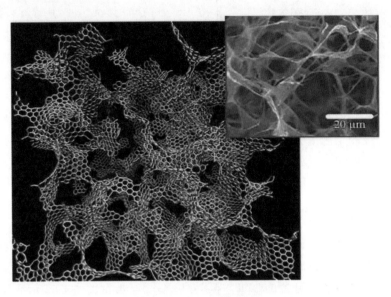

图 1-42　三维结构石墨烯

Aernnova、GrupoAntolin-Ingenieria 联合空客公司使用石墨烯制造了空中客车 A350 飞机的机翼前缘，如图 1-43 所示。Aernnova 将树脂提供给 GrupoAntolin-Ingenieria，后者将石墨烯直接添加到树脂中，并加以研磨，以产生小的石墨烯颗粒，这是一个很重要的步骤，可以很好地将石墨烯分散到树脂里，避免引入不必要的杂质，如溶剂。添加溶剂会改变树脂的黏度，而确保准确的黏度是非常重要的，这是树脂能成功转移成型的关键。添加石墨烯的树脂成型后的组件的机械性能和热性能增加，断裂速度降低，使其更薄、质量更轻。这将显著地节省燃料，随之会降低飞行成本，延长飞机的使用寿命，减少排放。

图 1-43　石墨烯复合材料 A350 飞机机翼前缘工艺件

2 树脂性能表征技术

2.1 概　　述

树脂基体是复合材料的重要组成部分，其功能主要是固定纤维，使纤维保持在规定的位置，并在复合材料承载时，起到传递载荷的作用。因此，在以聚合物为基体的复合材料中，树脂材料的特性在很大程度上影响着复合材料的整体性能，如复合材料的界面相关的力学性能（面内压缩、面内剪切、对冲击损伤的阻抗）、使用温度、使用环境、贮存寿命等取决于树脂基体的力学性能、耐热性能、耐介质性、老化性能、电/磁性能等基本特性，其铺层性、固化工艺条件及成型方法等取决于树脂基体的浸渍性、黏度、固化反应性等工艺特性。

用作纤维增强复合材料的基体部分的树脂通常分为两大类：热塑性材料和热固性材料。热塑性树脂是非反应性的固体，在适当的加工温度和压力条件下，能软化、熔融和直接浸润增强纤维束，并且在冷却时硬化成所要求的形状。热固性树脂是反应性的材料，在与增强纤维结合之前，热固性材料可以处于不同的形式（液体、固体、薄膜、粉末、粒料等），可以为未固化状态，也可以是部分反应的。在复合材料加工期间，热固性树脂不可逆地反应形成固体。热塑性材料和热固性材料均可用于增强纤维预浸料的生产，热固性材料通常更适于 RTM（树脂传递模塑）工艺。

复合材料设计人员、制造商、部分最终用户对树脂基体的性能是非常关注的，为此本章重点介绍复合材料基体树脂材料的表征方法，包括热、物理、化学、力学、燃烧性能，以及试验试件制备和试验试件的环境适应性的分析方法。

2.2　热/物理性能

树脂材料的热/物理性能将影响加工方法和确定适合于所制造复合材料的应用类型。热分析方法用于确定玻璃化转变和晶体熔融温度、热膨胀、热分解、反应热及其他在基体材料中的热反应性能。流变学方法提供与温度有关的流动行为的信息。此外，也能评估热固性树脂与固化相关的特性。可以采用其他方法来确定基体材料的形态和密度。

2.2.1　密度

单位体积材料在 t℃的质量称为 t℃时的密度。一定体积材料的质量与同温度等体积的参比物质量之比则称为相对密度，即一种物质的密度与同样条件下参比物的密度之比。

对于复合材料用树脂，密度测试的主要目的是用于树脂纤维含量配比的相关计算，表征或鉴别基体的材质结构，例如：在半晶质的热塑性基体中，特定聚合物的结晶度将改变聚合物的密度。此外，按照《纤维增强塑料空隙含量试验方法》（JC/T 287—2010）测定复合材料的近似空隙含量时，需要树脂基体的密度。

常用的密度测试方法从原理上分有三种：（1）几何法。制取具有规则形状的试样，称其质量，用测量试样尺寸的方法计算试验过的体积，试样质量除以试样的体积等于试样的密度。（2）浮力法。根据阿基米德（Archemedes）原理，物体在液体中的浮力等于其排开液体的质量，以浮力来计算试样的体积。试样在空气中的质量除以试样的体积即为试样的密度。（3）气体比重法。根据波义耳（Boyle）定律，密闭气体体积的降低与压力增加成正比，通过已知体积容器内的气压增加量测量物体的体积，试样质量除以试样的体积等于试样的密度。

1. 几何法

几何法要求试样必须为规则的几何体，如长方体或圆柱体，任意一个特征方向上的尺寸不得小于4mm，试样体积必须大于$10cm^3$，具体的试验方法及要求可参见《纤维增强塑料密度和相对密度试验方法》（GB/T 1463—2005）（尽管是复合材料的标准，但对于树脂密度的测试同样适用）。这个方法的主要优点是实用性强，它不需要考虑气泡、孔洞以及树脂的浸润性，对密度范围和测试环境也没有特定的要求，所需要的天平和游标卡尺设备是简单的和常见的。只是试样形状和尺寸测量的精度极大地限制了使用的广泛性。

2. 浮力法

目前常用的《用位移法测定塑料密度和比重（相对密度）的标准试验方法》（ASTM D792-13）和《塑料 非泡沫塑料密度的测定 第1部分：浸渍法、液体比重瓶法和滴定法》（GB/T 1033.1—2008）就是采用这种方法来测量塑料密度的。这种方法是基于将试样在空气中的质量与完全沉浸入一个已知密度的液体（多数为水）中的质量相比较。它对试样的形状、尺寸没有要求，只是选液体介质对试样是惰性的（没有吸湿、溶胀、化学反应等）。具体的操作方法有5种，其适用范围见表2-1。

表2-1　浮力法测量树脂基体的方法

种类	方法名称	试样状态	试样制备及要求	主要测试条件要求
A	浸渍法	适用于各种形状的试样，如板、棒、管、块等	试样采用浇铸或机械加工制备。试样表面清洁平整，无裂缝、气泡。浸渍液采用蒸馏水或其他不与试样作用的液体	温度：精确至±0.1℃ 质量：精确至±0.1mg
B	比重瓶法	适合于粉、粒、膜等试样	试样内部无夹杂和气泡等	温度：精确至±0.1℃ 质量：精确至±0.1mg
C	浮沉法	适合于A类试样及粒状试样	试样要求同A法	温度：精确至±0.1℃ 质量：精确至±0.1mg

种类	方法名称	试样状态	试样制备及要求	主要测试条件要求
D	密度梯度柱法	适合于 A、C 类试样	试样为片状、粒状或其他易于操作人员确定试样精确位置的几何形状和尺寸	温度：精确至±0.1℃ 质量：精确至±0.1mg
E	密度计法	适合于 A、C 类试样	试样要求同 A 法	温度：精确至±0.1℃ 质量：精确至±0.1mg

当用水作为介质时，必须煮沸除气，采用去离子水或是蒸馏水。必须注意成核的气泡，该气泡多半会出现在粗糙的表面如机械加工边缘。同时，机械加工表面通常更是多孔渗水的且不能完全浸湿。浮力法测试金属密度时，会采用将试样在无水乙醇中浸泡润湿，在水中煮沸的方式消除气泡《贵金属及其合金密度的测试方法》（GB/T 1423—1996），但对于树脂则因吸水而不适用，建议测试前使用细砂纸打磨表面和在水中加入表面活性剂的方法，来避免测试过程中产生小气泡。另外，建议试样放入烤箱干燥至平衡后才进行初始质量测试，且测试过程中尽快测量，以减少试样对水的吸收。

这类方法的主要优点是实用性和精确性（一般可以获得在±0.005g/cm³ 范围内的精度），也可用于金属、陶瓷、复合材料等密度的测试，它是到目前为止最经常使用的方法。其缺点是测试液体、测试试样环境的处理，关注附着的气泡等问题，使得测试相对较为烦琐、用时较长。

对于工厂或测试量较大的样品，可采用密度梯度法，它通过把试样漂浮在一个装有已知的变密度液体混合物的玻璃柱内，不用计算，直接获取试样的密度，《用密度梯度法测定塑料密度的试验方法》（ASTM D1505-18）和《塑料 非泡沫塑料密度的测定 第 2 部分：密度梯度柱法》（GB/T 1033.2—2010）对测试有详细的描述。只是前期需要购买装用的玻璃柱、液体、漂浮物，以及试验前的精度校准，投入相对较大。

3. 气体比重法

气体比重法理论上是一种用于测量所有类型固体体积的方法，它通过放入试样测量气体比重瓶内气体体积变化的方法，测定已知表观质量试样的体积。其中体积变化可通过滑动活塞直接获得，它包括粉末及开孔和闭孔材料。具体的试验方法及要求参见《固体硬沥青密度的标准试验方法（氦比重瓶比重测定法）》（ASTM D4892-14）或《塑料 非泡沫塑料密度的测定 第 3 部分：气体比重瓶法》（GB/T 1033.3—2010）。这种测试方法与浮力法相比，在相同的时间内具有更高的效率和更易于使用。另外，使用气体介质可以确保可往复地渗透入表面小孔。用液体介质时，测试人员无法知道试样表面有多少孔洞还未被填充。

此方法中只有试样体积对试验容器体积之比接近 30％或更高时，才能获得高精度的测试结果，但在插入测量容器时，试样可能受形状限制装不进去或填入量难以大于容器体积的 30％。这个问题可通过切割、粉碎等方式来解决，其实是最适用于粉末、粒料的测试。

2.2.2 挥发分含量

挥发分含量指的是在试验温度条件下挥发的溶剂、树脂成分及其他组分所占的比例，即在规定温度下可挥发部分的含量。树脂中可挥发的部分可在材料固化或成型过程中逸出，形成气泡或空穴。挥发分控制不当会影响预浸料的操作以及最终层压板的质量，因此，挥发分含量一般是作为质量控制检验进行的。尤其是预浸料制备、使用湿法铺贴工艺以及 RTM 工艺，对挥发分的要求与控制相对更为严格。

测定样品的原始质量 m_1，在规定的温度条件下烘干至规定的时间，干燥冷却至室温，测量样品的质量 m_2，$(m_1-m_2)/m_1\times100\%$ 即为挥发分的含量。具体的时间和温度则与所测材料的成分有关，其原则是时间和温度的选择要使挥发分完全消失，而树脂基体不能挥发或降解，一般采用普通烘箱，对容易发生固化反应或降解的可采用真空烘箱，以降低烘干温度。目前常用的试验方法标准主要是针对预浸料的（详见 4.2.5 节），对树脂同样适用。

另外可使用热重分析（TGA）来代替烘箱烘干的方法。热重分析是一种仪器测量方法，是在程序控制温度下，在设定气氛下测量样品的质量随温度或时间变化的一种技术。质量的变化可采用 TGA 设备内的高灵敏度的天平来记录，从而获取挥发分的含量。此外，在加热过程中产生的气相组分可通过联用技术如 TGA-MS、TGA-FTIR 进行逸出气体分析，操作方法可参考 ASTM E 1131-10e1 "用热解质量分析法进行组分分析"。

2.2.3 黏度

由于聚合物液体与小分子液体相比最明显的区别是聚合物具有黏弹性，而聚合物成型加工绝大多数是在未固化或者熔融等液体状态下进行的，其非牛顿黏弹性通常直接支配树脂的工艺特性。因此，无论是热固性树脂还是热塑性树脂，它们的工艺特性主要取决于树脂基体的流变行为。而表征树脂流变性能的参数是黏度。对于复合材料制造单位，黏度是其关注的重要参数之一。通常表征树脂黏度的主要方法有剪切黏度、拉伸黏度计。其中最为常用的是用测量恒定剪切条件下与温度有关黏度的方法来获得有关流动特性的信息。这些方法包括旋转黏度计、毛细管黏度计。

1. 毛细管黏度计法

毛细管黏度计又称毛细管挤出流变仪，是目前最通用、最为适合测定聚合物熔体剪切黏度的方法。它采用活塞或加压的方法，迫使料筒中的聚合物熔体或树脂通过毛细管挤出，目前有 ASTM D3835-08 "用毛细管流变仪测定热塑性塑料的流变性能的方法"。其优点是：

（1）它是一种最接近高聚物熔体加工条件的测试方法，因为高聚物的成形加工大多包括一个在压力下挤出的过程，并且流动的几何形状与挤塑、注塑时的实际条件相似，剪切速率为 $10\sim10^6/s$，剪切应力为 $10^4\sim10^6\,N/m^2$。

（2）毛细管挤出流变仪的装料比较容易。由于大多数高聚物熔体都非常黏稠，甚至在高温时也很难装料，所以这一优点很重要。

（3）除了可以测量黏度外，还可以观察挤出胀大和熔体的不稳定流动（包括熔体破裂）等熔体的弹性现象，测定加工过程中可能发生的密度和熔体结构的变化。

（4）测试的温度和剪切速率也容易调节。

毛细管挤出流变仪的缺点是：

（1）剪切速率不均一，在沿毛细管的径向会有所变化。

（2）在低剪切速率下，会有试样的自重流出，因此它不适合测定低剪切速率条件和低黏度试样的黏度。

（3）熔体在挤压了流动的同时也得到了动能，这部分能量消耗必须予以改正（动能改正），特别是在毛细管的长径比 L/R 不大时。

在工业部门，高聚物熔体流动性的好坏常常采用一个类似于毛细管挤出流变仪的熔体指数测定仪来做相对比较。熔体指数（MI）是指在固定载荷下，在固定直径、固定长度的毛细管中，10min 内挤出的高聚物的质量（g）。因此，熔体指数实际上是在给定剪切应力下的流度（黏度的倒数 $1/\eta$）。由于规定的载荷为 2.16kg，剪切应力为 $10^4 N/m^2$，所以熔体指数测定仪的剪切速率为 $10^{-2} \sim 10/s$。

不同的用途和不同的加工方法，对高聚物熔体黏度或熔体指数的要求也不同。注塑要求熔体易流动，即熔体指数要较高，挤塑用的高聚物熔体指数要较低，吹塑中空容器则介于两者之间。举例来说，压塑是一项速率很低的加工工艺，在这种条件下尼龙 66 的黏度最低，因此比低密度聚乙烯更容易模塑，然而在吹塑中，熔体必须造成稳定，以使型坯的垂伸减为最小，这时，具有较高黏度的聚乙烯就更好一些。简单挤塑工艺的剪切速率通常为 $10 \sim 100/s$，在此范围里尼龙最容易加工，但成形稳定性最差，而聚丙烯酸类最难加工。再说注塑，它的剪切速率非常高，超过 $10^3/s$，尼龙和聚丙烯酸就最容易生产。聚丙烯在剪切速率大于 2000/s 时最容易模塑。

2. 椎板黏度计法

椎板黏度计是一块平圆板与一个线性同心锥做相对旋转，熔体充填在平板和椎体之间。它的主要优点是熔体中的剪切速率均一，试样用量少，因此特别适合实验室的少量样品测定，也可避免熔体在高剪切速率下的发热，试样装填也很方便。仪器经改装还能测定法向应力。但椎板黏度计也只限于相对低的剪切速率，在剪切速率较高时，高聚物熔体中有产生次级流动的倾向，同时熔体还可能从仪器中溢出。此外，椎板的间距要求比较精确，所以使用椎板黏度计要求有熟练的试验技巧。

3. 同轴圆筒黏度计法

在这类仪器中，熔体被装填到两个圆筒的环形间隙内，由于高聚物熔体黏度很高，装料显得比较困难，因此这类黏度计适用于低黏度高聚物熔体的黏度测定，当同轴圆筒的间隙很小时，熔体中剪切速率接近均一，这对受剪切速率影响很大的高聚物熔体来说是很重要的一个优点。剪切速率为 $10 \sim 10^3/s$，比实际加工过程中遇到的剪切速率小。此外，这种转动黏度计还会因熔体弹性表现出的法向应力而有爬杆现象。

4. 落球黏度计法

在实验室不具备上述各种黏度计时，有时可用小球在高聚物熔体的自由落下通过固定距离（如 20cm）所需时间来测定熔体黏度。试验可在一个长试管（直径为 21 ～ 22mm）中进行，加热载体可用盐浴，小球直径为 3.175mm，但有时可用市售自行车用的小钢球或密度梯度管用的玻璃小球。

5. 转矩流变仪

转矩流变仪是基于测力计原理测定转矩的流变仪。由于它与实际生产设备结构类似，特别适宜于生产配方和工艺条件的优选。

刚加入高聚物时，自由旋转的转子下降，而当粒料表面开始熔融聚集时，转矩再次升高，在热的作用下，粒料的内核慢慢熔融，转矩随之下降，在粒料完全熔融后，高聚物粒料成为易于流动的流体，转矩达到稳定，经过一段时间后，在热和力的作用下，随交联或降解的发生，转矩或升高或降低。显然，转矩的大小反映物料的本质及其表观黏度的大小。

2.2.4　固化度（或称转化率）

因为固化反应一般都是放热反应，放热的多少与树脂类型、固化剂种类与用量有关，但是对于一个配方固定的树脂体系，固化反应热是一定的，因此固化度 α 可以用下式计算：

$$\alpha = \frac{H_T - H_R}{H_T} \times 100$$

式中　H_T——树脂体系进行完全固化时所放出的总热量，J/g；

　　　H_R——固化后剩余的热量，J/g。

对于热固性的聚合物，固化程度是一个很重要的性能指标。测定固化程度的方法有好几种，比如，化学法——用化学滴定法滴定其未反应的基团；光谱法——采用红外光谱等测定其未反应的官能团；示差扫描量热法（DSC）——测量其参与反应热等。

这些方法中以 DSC 法最为简便。由于固化反应为放热反应，因此可根据 DSC 曲线上的固化反应放热峰的面积来估算聚合物的固化程度。即对新配制的树脂进行加热固化，测试其固化反应热（即树脂体系进行完全固化时所放出的总热量 H_T），然后对待测试样进行加热，测试其固化反应热（即固化后剩余的热量 H_R）。其具体的测试步骤详见《复合材料树脂基体固化度的差示扫描量热法（DSC）试验方法》HB 7614—1998。但需注意的是，放热总量与仪器的测试精度、升温速率有关，因此测试时的新配试样与待测试样的升温速率要保持一致，通常为 10℃/min。另外，为保证新配试样能够充分固化，要求同一个新配试样连续做两次 DSC 扫描，将两次测出的固化反应热之和作为该试样的总反应热。

2.2.5　玻璃化转变

聚合物基的玻璃化转变是指从玻璃态向高弹态的转变（温度从低到高）或从高弹态向玻璃态转变（温度从高到低）。玻璃化转变是聚合物特征温度之一，作为征热塑性塑料的最高使用温度和橡胶的最低使用温度。在玻璃化转变期间，由于聚合物链的长距离分子流动性的起始或冻结，导致基体刚度的改变达到二至三个数量级。出现玻璃化转变的温度是与聚合物链的分子结构和交联密度相关的，但是该温度也同样取决于用于测量的加热或冷却速率，如果使用动态力学技术，也取决于试验频率。除了刚度的变化之外，在材料的热容量和热膨胀系数方面的变化也标志了玻璃化转变，从而，至少存在某些二阶热力学转变的表征。

玻璃化转变通常是用玻璃化转变温度（T_g）来表征的，但由于这种转变常常出现在很宽的温度范围内，采用单一温度来对它进行表征可能引起一些混淆。必须详细说明用以获得 T_g 的试验技术，尤其是所用的温度扫描速率和频率。也必须清楚地阐明依据数据来计算 T_g 值的方法。报告的 T_g 值可以是反映玻璃化转变的开始或中点温度，这取决于数值处理的方法。

1. 膨胀计法

根据玻璃化转变的"等自由体积"理论，对于所有聚合物材料，它们在玻璃化转变温度时的自由体积分数约等于 2.5%，T_g 以下自由体积缩小，T_g 以上自由体积增加，即聚合物在玻璃化转变温度前后体积会发生突变。因此可通过测量升温过程中聚合物的体积膨胀量来获取玻璃化转变的温度。

在膨胀计内装入适量聚合物试样，通过抽真空的方法在负压下把对受测聚合物没有溶解作用的惰性液体（如乙二醇）充入膨胀计内，然后在油浴中以一定的升温速率对膨胀计进行加热，记录乙二醇柱高度随温度的变化，其高度随温度变化曲线的拐点即为玻璃化转变的温度。

2. 差示扫描量热法

差示扫描量热法（DSC）（图 2-1）是热分析技术中最广泛使用的一种方法。它是在差热分析（DTA）基础上发展起来的技术，通过对试样因热效应而发生的能量变化进行及时补偿，使试样与参照物之间的温度始终保持相同，无温差、无热传递，热损失小，检测信号大，灵敏度和精度大有提高，能快速提供被研究物质的热稳定性、热分解产物、热变化过程的焓变、各种类型的相变点、玻璃化温度、软化点、比热容和高聚物的表征及结构性能等。聚合物 DSC 测试玻璃化转变温度的 ASTM 标准是 ASTM D3418-08，对应的国内标准为 GB/T 19466.2—2004。

对于聚合物由于微量水、残留溶剂等杂质的存在，以及复杂的历史效应影响，DSC曲线在第一次升温扫描中有几个峰，而在第二次升温扫描时只有一个峰的现象，对聚合物来说是典型的。第二次升温扫描通常是随着一个准确、迅速、均匀的冷却过程后进行的。第一次升温扫描获得的信息可以说明聚合物经受的预热过程（如加工和试样制备）。因此，分析聚合物时，建议分三步进行 DCS 操作：第一次升温，然后降温和第二次升温。用上述步骤进行测试，记录试样皿中聚合物的初始质量及第二次升温前后的质量，可有助于识别各个不同的峰。要想得到不受热历史影响的样品材料的热性能信息，应使用第二次扫描的结果。

3. 动态力学分析（DMA）法

动态力学分析（DMA）是最通用和优先选择的表征有机基复合材料玻璃化转变的方法。所有这些 DMA 技术得出随温度而变的动态储能、衰减模量、衰减正切（$\tan\delta$）或对数衰减率（Λ）的曲线图。$\tan\delta$ 和 Λ 正比于衰减模量（E'' 或 G''）和储能模量（E' 或 G'）之比，它们反映了在每一加载周期中消散的能量，并在玻璃化转变期间出现峰值。可以按几种不同的方式由 DMA 数据来确定 T_g 值，这可能是在 T_g 值报道上存在差别的原因。如图 2-2 所示，T_g 值的确定可以基于储能模量曲线转变的起点或中点，或是 $\tan\delta$ 最大，或损耗模量最大处的温度。显而易见，对于同一组 DMA 数据，这些用于计

算 T_g 值的方法可能得出有明显差异的数值。正如上面所讨论的,所用的温度扫描速率和频率也将影响其结果。

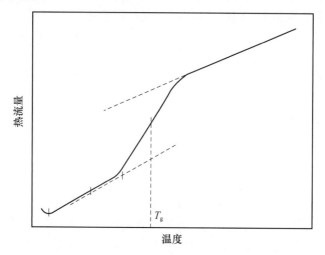

图 2-1　差示扫描量热法（DSC）

ASTM D 4065 对于塑料的 DMA 是适用的,该标准覆盖了强迫和共振两方面的技术,这个标准描述的试验技术与用于纤维增强塑料中的技术是相同的。此外,欧洲标准 SACMA 方法（SRM 18R-94）推荐在定向的纤维-树脂复合材料中用 DMA 技术测量 T_g 值。SACMA SRM 18R-94 规定在 1Hz、每分钟 5℃加热速率下进行强迫振动的测量,以及根据动态存储模量曲线图计算起始的 T_g 值。如果要从 T_g 值计算相容材料的使用极限（MOL）,应该制定有关试验变量的规范以及温度安全裕度;否则,由于增加或降低加热速率或频率,可能改变所测量的 T_g 值。

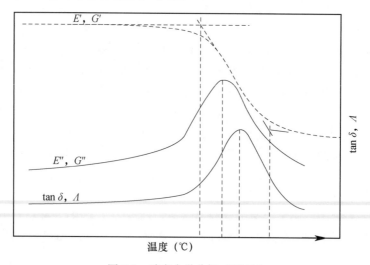

图 2-2　动态力学分析（DMA）

2.2.6　软化点温度

软化点是物质软化的温度,主要是指无定形聚合物开始变软时的温度。它不仅与高聚物的结构有关，而且与其分子量的大小有关。软化点的测定有很强的使用性，但没有很明确的物理意义。对于非晶聚合物，软化点接近玻璃化转变温度，当晶态聚合物分子量较大时，则接近熔点温度。软化点的测定方法有很多。测定方法不同，其结果往往不一致。较常用的有马丁耐热温度测定、负载热变形温度、维卡软化温度等。

对于负载热变形温度，通常采用三点弯曲加载的方式，它的测定可按照《塑料 负荷变形温度的测定 第 1 部分：通用试验方法》（GB/T 1634.1—2019）进行，试样一般为 120mm×15mm×d（d 是试样厚度，3～13mm），每组 2 个试样。试验时将装好试样的支架放入油浴中，施加 1.82MPa 的弯曲应力，从室温开始以（12±1）℃/6min 升温速率加热，当试样中间弯曲变形量达到规定要求时，记录温度，即为所测的负载热变形温度。

维卡软化温度是特定载荷和均匀升温条件下，热塑性塑料被横截面面积为 1mm² 的平头压针头压入 1mm 时的温度。它的测定可按照《热塑性塑料维卡软化温度（VST）的测定》（GB/T 1633—2000）或《塑料维卡软化温度（Vicat）的测定》（ASTM D1525-17el）进行，试样厚度为 3～6.5mm（不足 3mm 时可以采用数量不多于 3 块的试样叠加），宽和长（或直径）均不能小于 10mm。负荷（1～10）N±0.2N 或（2～50）N±1.0N。加载速率（50±5）℃/h 或（120±10）℃/h。试验时将装好试样的支架放入油浴中，施加载荷，从至少低于材料软化点 50℃ 的温度开始升温加热，当压针压入试样 1mm 时，记录温度，即为所测的维卡软化温度。

试验结果表明，试样厚度 3～10mm 对软化点试验结果影响不大，但升温速率增大时，软化点通常会明显增加。

2.2.7 热分解温度

聚合物分解温度是指聚合物在受热时大分子链开始裂解或某些基团从大分子中分解出来时的温度。它是鉴定聚合物耐热性的指标之一，一般高于聚合物的加工温度，个别聚合物如聚氯乙烯很接近加工温度，加工时需加入抑制分解的稳定剂。通常采用热失重法测定。

热重分析法（TGA）是在程序控温下，测量物质的质量与温度关系的一种技术。现代热重分析仪一般由 4 部分组成，分别是电子天平、加热炉、程序控温系统和数据处理系统（微计算机）。通常，TGA 谱图是由试样的质量残余率 Y（%）对温度 T 的曲线（称为微商热重法，DTG）组成。

开始时，由于试样残余小分子物质的热解吸，试样有少量的质量损失，经过一段时间的加热后，试样开始出现大量的质量损失，然后，随着温度的继续升高，试样进一步分解。树脂典型的热分解曲线见图 2-3，图中 A 代表起始分解温度，B 代表外延起始温度，C 代表外延终止温度，D 代表终止温度，E 代表分解 5% 的温度，F 代表分解 10% 的温度，G 代表分解 50% 的温度。

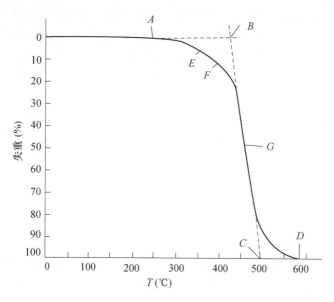

图 2-3　树脂典型的热分解曲线

2.2.8　比热

比热是指单位质量材料在单位温度变化时材料内能的改变量。实际上，在常压或常焓下的比热 C_p，是被测定的量，在标准国际单位制中以 J/（kg·K）表示。目前用于测定聚合物比热的方法主要是基于示差扫描热量仪（DSC）。该试验一般应用于热稳定固体且正常工作范围为−100～600℃，可以覆盖的温度范围取决于所采用的仪表及试件托架。

采用 DSC 试验方法测试时，通常把空铝盘放入试件和标准托架，一般用像氮气和氩气这样的惰性气体作为包围的气层。在较低的温度下记录一条等温基线，然后在关注的范围上按程序通过加热来使温度增加。在较高的温度下记录另一条等温基线，如图 2-4 所示，对应于每一个给定的试件盒的试件质量 M，此试验方法被重复地进行，并且记录吸收能量与时间的变化规律。详细的测试方法可参照 ASTM E1269-05 用示差扫描量热仪测定比热的试验方法。

DSC 方法的显著特点为测试时间短及试样量少，仅为毫克级。由于采用如此小量的试样，就要求试样必须均匀且有代表性。从大尺寸的试样上裁取小试样时，可以通过测量若干取自不同部位的试样进行测试并且将所得结果取平均值，以解决代表性的问题。

2.2.9　热膨胀系数

物体因温度改变而发生的膨胀现象称为"热膨胀"，通常是指外压强不变的情况下，大多数物质在温度升高时，其体积增大，温度降低时，体积缩小。热膨胀系数为表征物体受热时，其长度、面积、体积变化的程度而引入的物理量。它是线膨胀系数、面膨胀系数和体膨胀系数的总称。目前常用线膨胀系数、体膨胀系数。

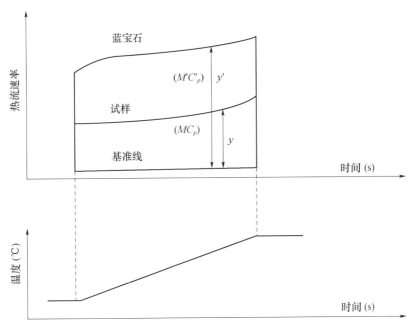

图 2-4　利用比率法测定比热

热膨胀系数的测量方法主要有两类：相对比较法和绝对比较法。按测量原理又可分为：电测量法、光测量法和位移测量法。电测量法将膨胀或收缩引起的物理量变化通过敏感元件转换成电信号，包括电容膨胀计、调压变压膨胀计等。其优点是精确度较高；缺点是信号易受干扰，装置相对比较复杂，性能好的调压变压器较昂贵。光测量法有光学杠杆式膨胀计、绝对干涉计测量仪、X 射线测量仪等，其精度高、稳定性好，但是装置价格偏高，对样品的平面度要求高。位移测量法包括应变片法和位移传感器法等，前者使用应变片作为感受元件，测量结果具有延滞性，需要对应变片的灵敏系数进行温度修正，若测温点与应变点不重合则会引起试验误差；后者试验要求高却精度偏低，测量范围小，要对引伸计进行低温标定。

1. 体膨胀系数

体膨胀系数 β 为温度升高 1℃时试样体积 V 膨胀（或收缩）的相对量，通常用体积膨胀计来测量。在膨胀计内装入适量聚合物试样，通过抽真空的方法在负压下把对受测聚合物没有溶解作用的惰性液体（如乙二醇）充入膨胀计内，然后在油浴中以一定的升温速率对膨胀计进行加热，记录乙二醇柱高度随温度的变化。体积变化量除以温度变化量即为该试样的体膨胀系数 β。

$$\beta（T）=\frac{\Delta L}{L}=\frac{L_T-L_{293}}{L_{293}}$$

式中　L_T——材料在任意温度 T 下的长度值；

　　　L_{293}——国际上普遍采用的温度为 293K 时的基准长度。

2. 线膨胀系数

线膨胀系数 α 为温度升高 1℃时，沿试样某一方向相对伸长 L（或收缩）的相对量 dL，对树脂而言为各向同性材料，所以可以用线膨胀系数代替体膨胀系数。具体的测量方法可见 ASTM D696-08 —30～30℃的塑料线性热膨胀系数的试验方法，也可参考 HB 5367.8—1986 碳石墨密封材料热膨胀系数试验方法。

$$\alpha\ (T)\ =\frac{1}{L}\ \frac{\mathrm{d}L\ (T)}{\mathrm{d}T}$$

值得注意的是，树脂的线膨胀系数是由温度变化而引起的尺寸变化，因此测量时应精确控制温度，并保证试样平整，无裂纹等缺陷；同时测量前必须进行干燥处理，以消除吸湿膨胀导致的误差。

2.2.10 吸湿量

对于未固化的树脂，在成形工艺过程中，潮湿可能延迟固化、产生挥发分或引起其他不需要的反应，这取决于树脂体系。对于受影响的树脂体系，需要控制及测量吸湿量。

对于未固化树脂的吸湿量或含水量，一般采用基于费歇尔滴定法的自动湿度计来测定多数树脂种类的吸湿量。把一个小样本，通常为 5g 的液态树脂，放进含费歇尔试剂以及溶剂（一般为甲醇）的测定池中。在两个电极之间通电流，在与水和费歇尔试剂的定量系列反应中产生碘。具体的试验方法和试验条件可参考 ASTM D 4672 "聚氨基甲酸乙酯原材料：多元醇中含水量的测定"。

测定吸湿量的替代方法是使用加热小试件（一般用 10g 固体）的仪器。水分通过氮气载体蒸发和转运到一个电解池中。水反应形成磷酸，然后通过流过池的电流定量地测定。该试验的标准是 ASTM D4019-03 "用五氧化二磷的电量再生测定塑料中水分的方法"。

对于固化后的树脂，是将试样浸入 23℃蒸馏水或沸水中，或置于相对湿度为 50% 的空气中，在规定温度下放置一定时间，测定试样开始试验时与吸水后的质量差异，用质量差异对初始质量的百分率表示。具体有四种方法：

方法 1：将试样放入（50±2）℃烘箱中干燥（24±1）h，然后在干燥器内冷却到室温。称量每个试样，精确至 1mg。然后将试样浸入蒸馏水中，水温控制在（23±0.5）℃。若产品标准另有规定，水温允许偏差可以为±2℃。待浸水（24±1）h 后，取出试样，用清洁、干燥的布或滤纸迅速擦去试样表面的水，再次称量试样，精确至 1mg。试样从水中取出到称量完毕必须在 1min 之内完成。

方法 2：若要考虑抽提出的水溶性物质，完成方法 1 后，将试样放入（50±2）℃烘箱中再次干燥（24±1）h。然后将试样放入干燥器内冷却到室温，再次称量试样，精确至 1mg。

方法 3：将试样放入（50±2）℃烘箱中干燥（24±1）h，然后在干燥器内冷却到室温，称量每个试样，精确至 1mg。再将试样浸入沸腾蒸馏水中经（30±1）min 后，取出试样浸入处于室温的蒸馏水中，冷却（15±1）min。从水中取出试样，用清洁、干燥的布或滤纸擦去试样表面的水，再次称量试样，精确至 1mg。试样从水中取出到称量完毕必须在 1min 之内完成。

方法 4：若要求考虑抽提出的水溶性物质，完成方法 3 后，将试样放入（50±2）℃烘箱中再次干燥（24±1）h。然后将试样放入干燥器内冷却到室温，再次称量试样，精确至 1mg。

也可采用 ASTM D 570"塑料吸水率的试验方法"进行测量，它是测定塑料浸水时的相对吸水率。水浸过程中质量增加百分数按下式计算，精确到 0.01%。

$$增重（\%）=\frac{湿重-状态调节后重}{状态调节后重}×100$$

若已测出水浸过程中失去的可溶性物质，则百分数按下式计算，精确到 0.01%。

$$可溶性物质损失（\%）=\frac{状态调节后重-二次状态调节后重}{状态调节后重}×100$$

若水浸后试样二次状态调节之重超过水浸前状态调节之重，则在试验报告中填写"无"。

2.3 结构成分分析

元素分析和官能团分析提供关于化学成分的基本信息和定量信息。光谱分析提供关于分子结构、构造、形态和聚合物物理、化学特性方面的详细信息。色谱技术将样本成分相互分离，因此可以简化组成的表征并可能进行更准确的分析。采用光谱技术来监控通过气相或液相色谱分离的成分，能大大提高表征法，甚至能对多数微量组分提供鉴别和定量地分析研究的手段。

2.3.1 元素分析

元素分析技术如离子色谱法、原子吸收法（AA）、X 射线荧光法或发射光谱法可用于分析研究具体的元素，如硼或氟。必要时，也可用 X 射线衍射来鉴别晶体成分（如填料）和确定某些树脂结晶度的相对百分率。

2.3.2 结构分析

对鉴别聚合物和聚合物前驱体，红外光谱法（IR）比其他吸收或振动光谱技术可提供更多有用信息，并且多数实验室通常具备这种手段。IR 提供有关聚合物样本化学性质的定性和定量两方面信息，即结构重复单位、端基和支链单位、添加剂和杂质。目前已有用于直接比较和鉴别未知物的普通聚合物材料光谱的计算机数据库。计算机软件可从未知光谱中减去标准聚合物的光谱，用来估计其浓度，并确定样品中是否还存在另一种聚合物。

红外光谱对分子中振动基团偶极矩的变化敏感，因此提供了鉴别树脂成分的有用信息。IR 由树脂成分的溶解性提供树脂化学组成的指纹，并且不限于此。实际上，气体、液体和固体可以通过 IR 分析研究。在技术方面的进步已导致傅里叶变换红外光谱（FTIR）的研制，这是一种快速扫描和保存的计算机辅助 IR 技术。多重扫描和红外光谱的傅里叶变换提高了信噪比和改进了光谱判读。

激光拉曼光谱通常作为红外光谱的补充鉴别技术，而且应用起来是比较简单的。只要试件对高强度入射光是稳定的，且不含发荧光物质，几乎不需要样本制备。固体试件仅需要切割至能放入样品容器。用透明试件直接得到透光光谱，对于半透明的试件，可在试件中钻一个孔作为入射光的通道，通过分析研究垂直于入射光束的光散射得到透光光谱。对于不透明或高度散射试件，通过分析研究样品表面反射光束得到反射光谱。

2.3.3　组分分析

对于可溶解的树脂材料，高效液相色谱法（HPLC）是多用途和经济可行的质量保证技术，HPLC 包括液相分离和分离树脂成分的监控。将配制的树脂样本稀释溶液注射入一个液体流动相中，该液体流动相通过填塞了固定相的管柱泵处以便于分离，然后进入检测器内。检测器监测分离成分的浓度与其信号响应，记录与注射后时间的关系，从而提供样本化学成分的"指纹"。如果样本成分已知和充分溶解，并且如果有成分的标准，就可以得到定量信息。尺寸排除色谱（SEC）作为一种 HPLC 技术，对确定热塑性树脂的平均相对分子质量和相对分子质量分布特别有用。最近的进展是对 HPLC 测试设备的改进和自动化，成本比较低和便于操作与维修。

聚合物基复合材料所用树脂绝大部分是热固性的，固化后通常是不熔不溶，因此更为有效和直接分析的研究聚合物的技术是热解-GC-MS（气相色谱法/质谱法）。它是通过加热的方式将树脂裂解成小的片段，再将气体导入气相色谱中，此方法只需使样本小到能安装到高温热解探针上即可，通过对采集到的色谱组分和质谱谱图与标准光谱进行比较就可得出碎片的成分。热解-GC-MS 不仅能鉴别聚合物类型，而且能快速定量地鉴别挥发分和添加剂，并且有时能够测量聚合物支链和交联密度。另外，热分析-GC-MS 对分析残余溶剂、一些更易挥发的树脂成分以及固化期间产生的挥发性气体成分也是非常有用的。

2.3.4　分子量及其分布

评估聚合物相对分子质量（M_W）、相对分子质量分布（M_{WD}）和链结构的技术见表 2-1。对于分析研究聚合物 M_W 和 M_{WD}，尺寸排除色谱法（SEC）是最通用和广泛使用的方法。若已知聚合物的溶解性特征，就能够选择适合的溶剂用于稀释溶液的表征。四氢呋喃是 SEC 最常选择的溶剂，也使用甲苯、氯仿、TCB、DMF（二甲基甲酰胺）（或 DMP，即邻苯二甲酸二甲酯）和间甲酚。如果溶剂中聚合物的 Mark-Houwink 常数 K 和 a 是已知的，就能用尺寸排除色谱法（SEC）确定聚合物的平均 M_W 和 M_{WD}。如果常数是未知的或聚合物具有复杂结构（例如，支链、共聚物或聚合物的混合物），SEC 还可能用来估算 M_{WD} 及其他聚合物结构和化学组成有关的参数。尽管 SEC 表明可溶解的非聚合成分存在，但是高效液相色谱法（HPLC）是表征剩余单体、低聚物及其他可溶解的低 MW 样品成分的更好的技术。

我们还使用光散射法、膜渗透压测定法和黏度测定法来分析研究聚合物 M_W。尽管沉降法很少应用于合成聚合物，但对于表征具有很大相对分子质量聚合物的 M_W，这是一项极好的技术。这项"特殊的"技术有些凭经验或用途有限，因此往往较少使用。

表 2-2　聚合物相对分子质量、相对分子质量分布和链结构

标准技术	测量的参数	原理
尺寸排除色谱法	平均相对分子质量和 M_{WD}，也提供有关聚合物链支化、共聚物化学组成和聚合物形状方面的（SEC）信息	液相色谱法技术。按照溶液中分子大小分离分子，并采用各种检测器监测浓度和鉴别样品组分。要求用标准聚合物标定
光散射法（Rayleigh 散射）	重均相对分子质量 M_w（g/mol）、Virial 系数 A_2（mol-cc/g²）。转动半径 $<R_g>z$（A）、聚合物结构、各向异性、多分散性	由稀释溶液测定散射光强度，取决于溶液浓度和散射角度。要求溶解度、离析，并在有些情况下要求聚合物分子分级分离
膜渗透压测定法	数均相对分子质量 M_n（g/mol）、Virial 系数 A_2（mol-cc/g²）。对相对分子质量在 $5000 < M_w < 10^6$ 范围的聚合物结果良好，必须除去较低 M_w 的物质	测定在聚合物溶液与通过半透膜分离的溶剂之间的压力差。基于聚合物混合的热力学化学势的依数性方法
汽相渗透压测定法	除最适合 $M_w < 20000$g/mol 的聚合物的技术外，其他与膜渗透压测定法相同	涉及溶剂从饱和蒸汽相等温转化为聚合物溶液，并测维持热平衡需要的能量。依数性
黏度测定法（稀释溶液）	黏均相对分子质量 M_η（g/mol），通过特性黏度 $[\eta]$（mL/g）关系式 $[\eta] = K(M_v)^a$ 测定，式中 K 和 a 是常数	采用毛细管或转动黏度计来测量由于存在聚合物分子引起溶剂黏度的增加。无确定的方法，需要标准
超离心法或沉降法	用关系式 $M_{sd} = S_w/D_w$ 定义沉降-扩散平均相对分子质量 M_{sd}。数均和 Z 均相对分子质量 M_n 和 M_z。用关系式 $S = kM^a$ 测定 M_{WD}，式中 k 和 a 是常数。也提供有关聚合物分子大小和形状的信息	用带光学检测的强离心力场以测量沉降速度与扩散平衡系数 S_w 和 D_w。测量经压力与扩散校正的聚合物稀溶液沉降迁移提供沉降系数 S。容许分析含溶液凝胶
沸点升高测定法	用于 $M_n < 20000$g/mol 时的数均相对分子质量 M_n（g/mol）	通过稀溶液中的聚合物，测量沸点的升高。依数性
端基分析	通常用于 $M_n < 10000$g/mol 时的数均相对分子质量 M_n（g/mol）。上限取决于所用分析方法的灵敏度	通过专门化学或仪器技术测定聚合物单位质量或浓度的聚合物链端基数或浓度
色谱馏分	相对分子质量分布。需要绝对 M_w 技术来分析馏分	将聚合物涂在二氧化硅颗粒上装进恒温柱中，用溶剂梯度洗脱分离。随相对分子质量增大聚合物溶解度减少

2.4　电　性　能

树脂基体的电性能，通常是指介电常数、介电损耗正切值、电阻率、电阻系数以及击穿电压、击穿强度等。在某些应用中，复合材料的电性能很重要。引起关注的性能最主要的包括介电常数、介电损耗正切值、电阻率和击穿电压，这些值主要受树脂基体的影响，另外还可能受到温度和环境的影响，以及固化剂类型、填料和在复合材料中采用的纤维的影响。

2.4.1　介电常数

介电常数是表征绝缘材料在交流电场下介质极化程度的一个参数，它是充满绝缘材料电容器的电容量与以真空为电介质时同样电极尺寸电容器的电容量的比值。

介电损耗正切值则是表征绝缘材料在交流电场下能量损耗的一个参数，是施加正旋电压与通过试样电流之间的相角的余角正切。介电常数和介电损耗正切值对透波复合材料具有极其重要的意义。

常用的介电常数测试方法主要有两种：（1）电桥法，即西林电桥（主要用于工频范围内的测量）或变压器电桥（几兆赫以下的测量）。（2）谐振法，通常采用的方法有变 Q 值法、变电纳法和变电导法。主要适用于 $50\sim100MHz$ 频率范围内的试样测量，具体的测定可按照国家标准 GB/T 1409—2006 执行。

值得注意的是：（1）通常树脂材料的介电常数和介电损耗正切值随频率的变化而存在明显的变化，甚至部分材料的介电损耗正切值会有一个数量级以上的变化，因此对于树脂而言，要在指定或实际使用的频率下测量介电常数和介电损耗正切值。（2）测试环境对试验的结果有着较大的影响。当温度改变时损耗指数在一定频率下会出现一个最大值，出现最大值的频率因温度的不同而不同，同时温度升高会引起电导率升高从而导致损耗增大。另外，湿度增加时将会造成直流电导增加，从而造成介电常数和介电损耗正切值增大。因此，试验一般有明确的温湿度要求，通常温度为（20±5）℃，湿度为 65％±5％。

2.4.2　电阻率

体积电阻率施加在试样的直流电压和电极与电极件的体积传导电流之比，以欧姆表示。

体积电阻系数又称体积电阻率，是指在试样体积电流方向的直电流电场强度与该处电流密度之比，以欧姆·厘米（Ω·cm）表示。

表面电阻是指施加在试样上的直流电压和电极与电极件的表面传导电流之比，以欧姆（Ω）表示。

表面电阻系数又称表面电阻率，是指沿试样表面电流方向的直电流电场强度与单位长度的表面传导电流之比，以欧姆（Ω）表示。

通常采用高阻计（即直流放大器或直流调制放大器）或检流计进行测量。测量前要用绸布等蘸有对试样无腐蚀作用的溶剂擦净试样。受潮或浸渍时，也应用滤纸将表面液滴吸取后再进行测试。具体的试验方法及试验条件可按照国家标准 GB/T 1410—2006 执行。

2.4.3　击穿强度

击穿电压是指用连续均匀升压或逐级升压的方法，对试样施加工频电压，使试样发生击穿时的电压值，通常以千伏（kV）为单位。

测试采用试验变压器进行（50Hz 工频电源额定，试验变压器电流不小于 0.1A）。测试试样应平整、均匀，无裂纹和机械杂质等缺陷。其厚度、直径或壁厚均匀，为材料的原始尺寸。供一般试验用的板、管试样的厚度一般不大于 3mm，厚度大于 3mm 的管材应两面加工到（2±0.1）mm。经过加热预处理或高温处理后的试样需放在温度（20±5）℃及相对湿度 65％±5％的条件下冷却到温度（20±5）℃后，方能进行常态试验。经过受潮或浸渍液体媒质的试样在试验前应用滤纸轻轻吸去表面液滴。从试样取出到试验完成不应超过 5min。

试样厚度的测量：在试样测量电极面积下沿直径测量不少于 3 点，取其算术平均值作为试样厚度，或在试样击穿附近测量其厚度。厚度测量误差不大于 1％，对于厚度小于 0.1mm 的试样，厚度测量误差应不大于 1μm。

气体媒质：采用空气，如有闪络可在电极周围加用柔软硅橡胶之类的防飞弧圈。防飞弧圈与电极之间有 1mm 左右的环状间隙，其环宽 30mm 左右。液体媒质：常态试验及 90℃以下的热态试验采用清净的变压器油，90～300℃的热态试验采用清净的过热气缸油。

其表征方法的详细步骤见 GB/T 1408.1—2016。

2.5　燃烧性能

评价树脂基体常规燃烧性能的试验方法主要包括燃烧热值、水平或垂直燃烧（GB/T 2408—2008）、极限氧指数法（GB/T 2406.2—2009）、炽热棒法（GB/T 6011—2005）和烟密度法（GB/T 8323.2—2008）。

2.5.1　燃烧热

燃烧热是指物质与氧气进行完全燃烧反应时放出的热量。它一般用单位物质的量、单位质量或单位体积的燃料燃烧时放出的能量计量。燃烧反应通常是烃类在氧气中燃烧生成二氧化碳、水并放热的反应。燃烧热可以用弹式量热计测量，也可以直接查表获得反应物、产物的生成焓再相减求得。

2.5.2　热释放速率

热释放速率（HRR）是指在规定的试验条件下，在单位时间内材料燃烧所释放的热量，单位为"瓦特"，即焦耳/秒。HRR 越大，燃烧反馈给材料表面的热量就越多，结果造成材料的热解速度加快和挥发性可燃物生成量的增多，从而加速了火焰的传播。火灾的燃烧强度通常用热释放速率表示。在进行火灾危险分析时，人们需要了解火灾的热释放速率到底有多大，以及火灾热释放速率是如何变化的。对于现有的火灾过程模拟程序来说，火灾的热释放速率是一个最基本的输入参数，只有确定了它的大小才能进行火灾发展与烟气流动的计算。实际上进行危险分析所涉及的火灾并没有真正发生，它的热释放速率大小完全是一种人为的假设。当然，这种假设越合理，依据它进行的模拟计算所得到的结果越真实。

2.5.3　火焰蔓延指数

火焰蔓延指数是一种材料火焰传播性能的测定方法，主要用于评估材料的防火性能，测定结果以火焰传播指数表示。

通常采用火焰蔓延指数测试仪进行测定。试验时，将试件暴露于管式喷灯下，该灯的释热量为 530J/s。试验 2 分 45 秒后，将 2 个电加热器的总功率调为 1800W，至试验 5min 时，将功率降至 1500W，随后维持此功率不变，直至试验结束，总试验时间为 20min。为了评估被试材料 BS 476-6 中的火焰传播性能，用热电偶连续记录烟筒中温度与室温的差值，并将所得结果与标定曲线比较。标定曲线是以规定密度的石棉-水泥板以同样方式测定的，进行比较时，比较相同时间下两条曲线表示的温差值，在试验最初 3min，每隔 30s 取温差值，在随后的 4～10min，每隔 1min 取温差值，在最后 11～20min，每隔 2min 取温差值，这三个时间段的分火焰传播指数 I 分别按公式计算。I 值是三个分火焰传播指数的和。I 值越高，材料的阻燃性越低，0 级材料的 $I \leqslant 12$。详见标准 BS 476-6 A1：2009 火焰蔓延性能测试。

2.5.4　水平燃烧

水平燃烧和垂直燃烧一般采用水平/垂直燃烧试验箱进行（图 2-5）。详见 HB 5469—2014 或 GB/T 2408—2008。

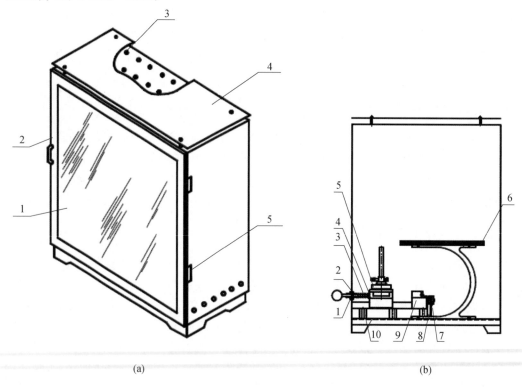

(a)　　　　　　　　　　　　　　(b)

图 2-5　水平燃烧试验箱

（a）外部结构

1—观察窗；2—箱门；3—通风孔；4—隔板；5—铁链

（b）内部结构

1—拉杆套轴；2—本生灯拉杆；3—弹簧；4—拉杆套轴螺母；5—本生灯座组件；6—试样夹组件；

7—电磁铁调节螺母；8—电磁铁调节底板；9—电磁铁组件；10—导轨圆柱垫

水平燃烧试验试样至少为 76mm×305mm；试验时，应夹紧试样的两个长边和远离火焰的一边。试验前，试样应在温度（21±3）℃和相对湿度 45%～55%的预处理箱中放置 24h 以上。试验时取出并立即进行试验。

试验时材料装机的外露面朝下。将试样夹置于箱内试样夹架上，试样下端高出燃烧器顶端平面 19mm，关上试验箱门。

将计时器调整到零位。燃烧器放到试验位置，使燃烧器火焰正处在试样未夹持一端边缘线的垂直中心线上。同时启动计时器，记录点火时间 15s 后，将燃烧器移出试验位置或熄灭燃烧器火焰。

按以下情况，记录试样的燃烧时间：

1）当火焰前沿未通过 38mm 标记线前自熄，该试样的燃烧时间记为"0"。

2）当火焰前沿通过 38mm 标记线时开始计时，遇到下列情况之一者停止计时，所计时间为该试样的燃烧时间：

（1）火焰前沿在 4min 内，未通过 292mm 标记线自熄时；

（2）火焰前沿在 4min 内，通过 292mm 标记线时；

（3）计时开始后 4min 时，火焰既没有自熄，火焰前沿也没有通过 292mm 标记线。

测量并记录燃烧距离，并按以下方式计算燃烧速率：

1）若火焰在其前沿通过 38mm 标记线前自熄，则该试样的燃烧速率为"0"。

2）若火焰前沿通过 38mm 标记线，则按下式计算燃烧速率：

$$\nu = 60 \times \frac{l-38}{t}$$

式中　ν——燃烧速率，mm/min；

　　　l——燃烧距离，mm；

　　　t——燃烧时间，s。

2.5.5　垂直燃烧

垂直燃烧通常参照 HB 5469—2014 或 GB/T 2408—2008 进行。

垂直燃烧试验试样外露尺寸应为 51mm×305mm，垂直燃烧试验时，应夹紧试样的两个长边和上边。将试样夹垂直固定在箱内规定位置上，试样下端高出燃烧器顶端平面 19mm，关上试验箱门。

将计时器调整到零位。燃烧器放到试验位置，使燃烧器火焰正处在试样前表面下缘的中心点上。同时启动计时器，记录点火时间 60s 或 120s 后，将燃烧器移出试验位置或熄灭燃烧器火焰。观察并记录每个试样的焰燃时间、烧焦长度，是否有滴落物及滴落物自熄时间和其他试验现象。若没有滴落物，则报告滴落物自熄时间为"0"，注明"没有滴落物"。若有不少于一滴的滴落物，则报告最长的滴落物自熄时间。若后面燃烧的滴落物再次点燃以前的滴落物，则报告滴落物自熄的总时间。

2.5.6　氧指数

树脂的氧指数是指该物质引燃后能保持燃烧 50mm 或燃烧时间 3min 所需的氧、氮混合气中最低的体积百分比。一般来说，材料的氧指数越高，需要的氧气浓度越高，就越不容易被点燃。相反，材料氧指数低，在低氧浓度下容易到达着火点，也就容易被燃烧。一般认为材料的氧指数小于 21 者属于易燃材料，氧指数在 21～27 之间的属于缓燃材料，大于 28 者属于阻燃材料。

试验一般采用指数仪进行测量。操作方法：（1）选择混合气体流量。（2）按照所需要试验的试样标准规定选取制作试样。（3）满度调节。（4）选择最初的氧浓度。（5）分别关闭氧气、氮气流量调节阀，打开氧气、氮气钢瓶阀门，调节减压阀，使输出压力在 0.2～0.3MPa，调节稳压阀。（6）打开电脑，观察液晶显示表上的氧浓度，并注意混合气体的流量是否达到所需的流量，如未达到则需进行调节。调节指数稳定后，需待 30s 左右冲洗燃烧筒，使其内部的气体更接近调节后的混合气体。（7）冲洗后，按标准要求点燃试样。点燃后，立即撤去火源。其具体测定可参照 ASTM D2863《供给塑料的类似蜡烛燃烧时最低氧气浓度的测量方法（氧指数）》，或《塑料　用氧指数法测定燃烧行为　第 2 部分：室温试验》（GB/T 2406.2—2009）进行。

需注意的是：（1）使用的氧气钢瓶、氮气钢瓶的内部压力均不低于 1MPa，如果低于此压力，需及时调节流量。调节时用力并要均匀。（2）根据使用情况经常擦拭燃烧筒和点火器的表面污物，及时清除燃烧筒内金属网上的燃烧滴落物，保证气体畅通。（3）氧气钢瓶、氮气钢瓶属于高压容器，使用时一定要远离火源，注意安全。

2.6　力学性能

2.6.1　拉伸性能试验

2.6.1.1　试验原理

在规定的试验温度、湿度与拉伸速度下，通过对塑料试样的纵轴方向施加拉伸负荷，使试样产生形变，直至材料破坏。

记录试样破坏时的最大负荷和试样标线间距离的变化等情况，可以绘制出应力-应变曲线，如图 2-6 所示。不同阶段对应的试样状态如图 2-7 所示。

脆性材料的应力-应变曲线见图 2-6 中 a 曲线，有屈服点的韧性材料的应力-应变曲线见图 2-6 中 b 和 c 曲线，无屈服点的韧性材料的应力-应变曲线见图 2-6 中 d 曲线。

应力-应变曲线一般分为两部分：弹性变形区和塑性变形区。在弹性变形区域，材料发生可完全恢复的弹性变形，应力和应变成正比例关系；曲线中直线部分的斜率即是拉伸弹性模量，它代表材料的刚性；弹性模量越大，刚性越好。在塑性变形区域，应力和应变不再成正比关系，最后出现断裂。

2.6.1.2　测试设备和仪器

试验机应符合《静力单轴试验机的检验　第 1 部分：拉力和（或）压力试验机测力系统的检验与校准》（GB/T 16825.1—2008）和《金属材料　单轴试验用引伸计系统的标定》（GB/T 12160—2019）的规定。拉伸试验可以采用手动夹具、气动夹具和液压夹具，如图 2-8 所示。可以采用电阻应变计、引伸计或光学测量仪器测量拉伸应变。

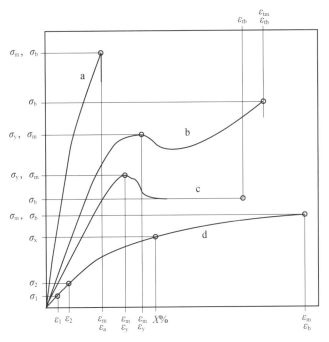

图 2-6 应力-应变曲线

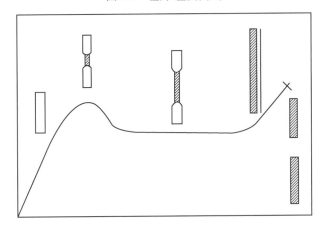

图 2-7 不同阶段对应的试样状态

图 2-8 拉伸试验用夹具

2.6.1.3 测试标准和试样

（1）测试标准

塑料拉伸试验参照的标准有《塑料 拉伸性能的测定 第3部分：薄膜和薄片的试验条件》（GB/T 1040.3—2006）、《ASTM D638》和《塑料拉伸性能测试方法》ISO 527—2012。其中 GB/T 1040.3—2006 和 ISO 527：2012 等效。本节仅介绍 GB/T 1040.3—2006。

（2）试样

制备拉伸试样的方法很多，最常用的方法是注射模塑或压缩模塑；也可以通过机械加工从片材、板材和类似形状的材料上切割。在某些情况下可以使用多用途试样。

GB/T 1040.3—2006 规定的拉伸试样形式如图 2-9 所示，试样尺寸见表 2-3。

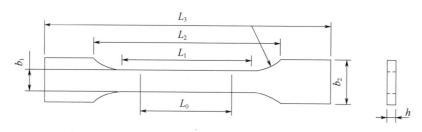

图 2-9 拉伸试样形式

L_0—标距长度；L_1—窄平行部分的长度；L_2—夹具间的初始距离；L_3—总长度；

表 2-3 GB/T 1040.3—2006 和 ISO 527—试样尺寸

符号	名称	1A 型试样		1B 型试样	
		尺寸（mm）	公差（mm）	尺寸（mm）	公差（mm）
L_3	总长度	150	—	150	—
L_1	窄平行部分的长度	80	±2	60.0	±0.5
r	半径	20～25	—	60	—
L_2	夹具间的初始距离	104～113	—	106～120	—
b_2	端部宽度	20	±0.2	20	±0.2
b_1	窄部分宽度	10	±0.2	10	±0.2
h	优选厚度	4	±0.2	4	±0.2
L_0	标距长度	50	±0.5	50	±0.5

注：1A 型试样为优先选用的直接模塑多用途试样；1B 型试样为机加工试样。

2.6.1.4 测试要求

（1）试样准备

在试样上标出确定标距的标记。试样应无扭曲，相邻的平行面间应相互垂直，表面和边缘不应有划痕、空洞、凹陷和毛刺。

（2）测量试样

在塑料试样中部距离标距（L_0）每端 5mm 以内测量试样中间平行部分的宽度（b_1、b_2）和厚度（h）；宽度精确至 0.1mm，厚度精确至 0.02mm。

（3）夹持

将试样放到拉伸夹具中，务必使试样的长轴线与试验机的轴线呈一条直线。

（4）引伸计安装

设置预应力后，将校准过的引伸计安装到试样的标距上并调正。如果需要测定泊松比，则应在纵轴和横轴方向上分别安装一个引伸计。

（5）试验速度

试验速度范围为 1~500mm/min，见表 2-4。测定拉伸模量时，选择的试验速度应尽可能使应变速率接近每分钟 1%标距。测定拉伸模量、屈服点前的应力-应变曲线及屈服后的性能时，可以采用不同的速度。在拉伸模量（达到应变为 0.25%）的测定应力之后，同一试样可用于继续测试。改变试验速度前，不强制要求卸掉试样负荷。

表 2-4　推荐的试验速度

速度（mm/min）	允许偏差（%）	速度（mm/min）	允许偏差（%）
1	±20	50	±10
2	±20	100	±10
5	±20	200	±10
10	±20	500	±10
20	±10	—	—

（6）数据的记录

记录试验过程中试样承受的负荷及与之对应的标线间或夹具间距离的增量。

（7）试样数量

每个受试方向的试样数量最少 5 个。

2.6.1.5　结果计算和表示

（1）应力

按式（2-1）计算应力值：

$$\sigma = \frac{F}{A} \tag{2-1}$$

式中　σ——应力，MPa；

F——拉伸负荷，N；

A——试样原始横截面面积，mm^2。

（2）应变

按式（2-2）计算应变：

$$\varepsilon = \frac{\Delta L}{L} \tag{2-2}$$

式中　ε——应变，$\mu\varepsilon$；

ΔL——试样标距间长度的增量，mm；

L——试样的标距，mm。

（3）拉伸模量

采用弦斜率法［式（2-3）］或回归斜率法［式（2-4）］计算拉伸模量：

$$E_t = \frac{\sigma_2 - \sigma_1}{\varepsilon_2 - \varepsilon_1} \tag{2-3}$$

式中　E_t——拉伸模量，MPa；

　　　σ_1——应变值$\varepsilon_1 = 0.0005$（0.05%）时测量的应力，MPa；

　　　σ_2——应变值$\varepsilon_2 = 0.0025$（0.25%）时测量的应力，MPa。

$$E_t = \frac{d\sigma}{d\varepsilon} \tag{2-4}$$

$\frac{d\sigma}{d\varepsilon}$是在$0.0005 \leqslant \varepsilon \leqslant 0.0025$应变区间部分应力-应变曲线的最小二乘回归线性拟合的斜率，单位为兆帕（MPa）。

（4）泊松比

按式（2-5）计算泊松比：

$$\mu = -\frac{\Delta\varepsilon_n}{\Delta\varepsilon_l} = -\frac{L_0}{n_0}\frac{\Delta n}{\Delta L_0} \tag{2-5}$$

式中　μ——泊松比，无量纲；

　　　$\Delta\varepsilon_n$——法向应变的较少量，无量纲；

　　　$\Delta\varepsilon_l$——纵向应变的增加量，无量纲；

　　n_0，L_0——分别为法向和纵向的初始标距，mm；

　　　Δn——试样法向标距的减少量，$n = b$（宽度）或$n = h$（厚度），mm；

　　　ΔL_0——纵向标距相应的增加量，mm。

根据具体测量位置，泊松比表示为μ_b（宽度方向）或μ_h（厚度方向）。

（5）标准差值（s）按式（2-6）计算：

$$s = \sqrt{\frac{\sum(X_i - \overline{X})^2}{n-1}} \tag{2-6}$$

式中　X_i——单个测定值；

　　　$\overline{X}$——组测定值的算术平均值；

　　　n——测定个数。

2.6.2节～2.6.5节关于标准差的计算不再赘述。拉伸应力和拉伸模量保留三位有效数字，其他取两位有效数字。

2.6.1.6　影响因素

（1）试样的制备与处理

制备试样方式有两种：一种是用原材料制样；另一种是从制品上直接取样。用原材料制成试样的方法包括：模压成型、注塑成型、压延成型和吹膜成型等。不同方法制样的试验结果不具有可比性。同一种制样方法，要求工艺参数和工艺过程也要相同。

试样制备好后，需按《塑料　试样状态和试验的标准环境》GB/T 2918—2018 的要求，在恒温、恒湿条件下放置处理。

（2）材料试验机

影响因素主要有：测力传感器精度、速度控制精度、夹具、同轴度和数据采集频率等。

测力传感器一般要求精度在 0.5% 以内；拉伸速度要求平稳均匀，速度偏高或偏低都会影响拉伸结果；试验机的同轴度不好，拉伸位移将偏大，拉伸强度将受到影响，结果偏小。

（3）试验环境

GB/T 2918—2018 规定，标准实验室环境温度为（23±2）℃，相对湿度为（50±10）%。

（4）操作过程

一般情况下，拉伸速度快，屈服应力增大，拉伸强度增高，而断裂伸长率将减小。因为高速拉伸时，分子链段的运动跟不上外力作用的速度，塑料呈现脆性行为，表现为拉伸强度增高，断裂伸长率减小。

（5）数据处理

现在的材料试验机多数由计算机控制，数据处理已程序化，但是有些数据还是依靠人为测试和计算的，应引起注意，如试样尺寸的测量等。

2.6.2　压缩性能试验

2.6.2.1　试验原理

试验是把试样置于试验机的两压盘之间，沿试样的主轴方向，以恒定速率对试样施加压缩负荷，使试样产生压缩形变，直至试样断裂、屈服变形或达到预先规定值为止。如图 2-10 所示。

图 2-10　压缩性能试验

2.6.2.2　测试仪器

试验机应符合《橡胶塑料拉力、压力和弯曲试验机（恒速驱动）技术规范》GB/T 17200—2008 和 GB/T 1041—2008 的规定。

用引伸计、电阻应变计或挠度计记录试样工作段或试样整体变形。

2.6.2.3　测试标准和试样

（1）测试标准

塑料的压缩试验的标准有 GB/T 1041—2008、ASTM D695 和 ISO 604—2002。其

中 GB/T 1041—2008 和 ISO 604—2002 等效。本节仅介绍 GB/T 1041—2008。

（2）试样

可用注塑、模压成型制作或机械加工制备，形状有棱柱、圆柱或管状，优选类型和试样尺寸见表 2-5，当无法满足优选试样要求时，也可以采用小试样，尺寸见表 2-6。

表 2-5　优选类型和试样尺寸

类型	测量	长度 l（mm）	宽度 b（mm）	厚度 h（mm）
A	模量	50±2	10±0.2	4±0.2
B	强度	10±0.2		

表 2-6　小试样尺寸

项目	1 型（mm）	2 型（mm）
厚度	3	3
宽度	5	5
高度	6	35

2.6.2.4　测试要求

（1）状态调节

试样应按照该材料现行国家标准的要求进行状态调节。否则，除非有关各方另有商定，应按照 GB/T 2918—2018 规定的最适合的条件进行状态调节。

优选条件为 23℃、50% 相对湿度。如果已知材料的压缩性能对湿度不敏感，可不控制湿度。

（2）试样尺寸的测量

沿着试样的长度测量其宽度、厚度和直径三点，并计算横截面面积的平均值。测量每个试样的长度，精确至 1%。

（3）装样

把试样放在两压盘之间，使试样中心线与两压盘中心连线一致。应保证试样的两个端面与压盘平行。在压缩过程中，试样端面可能沿着压盘滑动，与促进滑动相比，建议在试样和压盘之间垫上细砂纸，以阻止滑动。

（4）预负荷

按 GB/T 1041—2008 的要求施加负荷。

（5）变形指示器

必要时可安装表型指示器，如：电阻应变计、引伸计或位移计。

（6）试验速度

按照材料的现行国家标准的规定调整试验速度，当没有材料的规定时，应按由表 2-7 给出的，调整到最接近以下关系式的值：

$v=0.021$，用于模量的测定；

$v=0.11$，用于在屈服前破坏的材料强度的测定；

$v=0.51$，用于具有屈服的材料强度的测定。

表 2-7　推荐的试验速度

速度（mm/min）	允许偏差（%）
1	±20
2	±20
5	±20
10	±20
20	±10[a]

[a]　该允许偏差低于 GB/T 17200—2008 的规定。

对于优选试样，试验速度为：

1mm/min（$l=50$mm），用于模量的测量；

1mm/min（$l=10$mm），用于屈服前就破坏的材料强度的测量；

5mm/min（$l=10$mm），用于具有屈服的材料强度的测量。

（7）数据的记录

记录负荷及相应的压缩应变、试样破裂瞬间所承受的负荷。

2.6.2.5　结果计算和表示

（1）应力

应力按式（2-7）计算：

$$\sigma=\frac{F}{A} \tag{2-7}$$

式中　σ——应力，MPa；

F——拉伸负荷，N；

A——试样原始横截面面积，mm²。

（2）应变

按式（2-8）、式（2-9）计算压缩应变（应变用伸长仪测量）：

$$\varepsilon=\frac{\Delta L_0}{L_0} \tag{2-8}$$

或

$$\varepsilon（\%）=\frac{\Delta L_0}{L_0}\times100 \tag{2-9}$$

式中　ε——应变，无量纲，%；

ΔL_0——试样标距间长度的减量，mm；

L_0——试样的标距，mm。

（3）压缩模量

按式（2-10）计算压缩模量（应变用伸长仪测量）：

$$E_c=\frac{\sigma_2-\sigma_1}{\varepsilon_2-\varepsilon_1} \tag{2-10}$$

式中　E_c——压缩模量，MPa；

σ_1——应变值$\varepsilon_1=0.0005$（0.05%）时测量的应力，MPa；

σ_2——应变值$\varepsilon_2=0.0025$（0.25%）时测量的应力，MPa。

用两个不同的应力-应变点测定压缩模量E_c，即把这两点间的曲线经线性回归处理后再表示。

2.6.2.6 影响因素

试样材料自身的影响因素，包括材料内应力分布、材料结构、试样的成型加工方式等；来自试验条件的影响因素，包括试样形状、试样尺寸、试验机的上下压板的表面粗糙度或摩擦力以及试验速度等。

2.6.3 弯曲性能试验

2.6.3.1 测试原理

测定塑料弯曲性能采用的第一种方法是三点加载法，如图 2-11 所示；第二种方法是四点加载法，如图 2-12 所示。

图 2-11　三点加载法　　　　　　　　　图 2-12　四点加载法

2.6.3.2 测试仪器

试验机和挠度指示装置应符合 GB/T 17200—2008 的要求。示值误差不应超过实际值的 1%。

2.6.3.3 测试标准和试样

(1) 测试标准

塑料弯曲试验的标准方法有：《塑料　弯曲性能的测定》（GB/T 9341—2008）、《电气绝缘材料标准》（ASTM D790）和《塑料弯曲性能的测定》（ISO 178—2010）。其中，GB/T 9341 和 ISO 178 等效。本节仅介绍 GB/T 9341—2008。

(2) 试样

对于 GB/T 9341—2008，可采用注塑、模塑或由板材经机械加工制成矩形截面面积的试样，也可从标准的多用途试样的中间平行部分截取。

推荐试样尺寸：长度（L）为（80±2）mm；宽度（b）为（10.0±0.2）mm；厚

度（h）为（4.0±0.2）mm。当不可能或不希望采用推荐试样时，试样长度和厚度之比应与推荐试样相同（20±1），如式（2-11）所示。对试样宽度 b 和厚度 h 的规定见表2-8。

$$\frac{l}{h}=20\pm1 \qquad (2\text{-}11)$$

表2-8 对试样厚度 h 和宽度 b 的规定   mm

公称厚度 h	宽度 b^*
1＜h≤3	25.0±0.5
3＜h≤5	10.0±0.5
5＜h≤10	15.0±0.5
10＜h≤20	20.0±0.5
20＜h≤35	35.0±0.5
35＜h≤50	50.0±0.5

* 含有粗粒填料的材料，其最小宽度应在 30mm。

2.6.3.4 测试要求

（1）测量试样

测量试样中部，宽度精确到 0.1mm，厚度精确到 0.01mm。计算一组试样厚度的平均值，剔除厚度超过平均厚度允许偏差为±2%的试样，并用随机选取的试样来代替。

（2）试验速度

按受试材料标准的规定设置试验速度，若无相关标准，从表2-9中选择速度值，使弯曲应变速率尽可能接近 1%/min。对于推荐试样，试验速度为 2mm/min。

表2-9 推荐的试验速度值

速度（mm/min）	允许偏差（%）
1[a]	±20[b]
2	±20[b]
5	±20
10	±20
20	±10
50	±10
100	±10
200	±10
500	±10

[a] 厚度在 1～3.5mm 之间的试样，用最低速度。

[b] 速度 1mm/min 和 2mm/min 的允许偏差低于 GB/T 17200—2008 的规定。

（3）试样对称地放在两个支座上，并于跨度中心施加力。

（4）记录试验过程中施加的力和相应的挠度，若可能，应用自动记录装置来执行这一操作过程，以便得到完整的应力-应变曲线图。

（5）根据力-挠度或应力-挠度的曲线或等效的数据来确定相关应力、挠度和应变值。

（6）试验结果以每组 5 个试样的算术平均值表示。试样在跨度中部 1/3 以外断裂，试验结果应作废，并应重新取样进行试验。

2.6.3.5 结果计算和表示

（1）弯曲应力

弯曲应力按式（2-12）计算：

$$\sigma_f = \frac{3FL}{2bh^2} \tag{2-12}$$

式中　σ_f——弯曲应力，MPa；

　　　F——施加的力，N；

　　　L——跨度，mm；

　　　b——试样宽度，mm；

　　　h——试样厚度，mm。

（2）弯曲应变

弯曲应变按式（2-13）和式（2-14）计算：

$$\varepsilon_f = \frac{6sh}{L^2} \tag{2-13}$$

$$\varepsilon_f = \frac{600sh}{L^2} \times 100\% \tag{2-14}$$

式中　ε_f——弯曲应变，无量纲或用百分数表示；

　　　s——挠度，mm。

（3）弯曲模量

弯曲模量按式（2-15）计算，弯曲应变 $\varepsilon_{f1} = 0.0005$，$\varepsilon_{f2} = 0.0025$。

$$E_f = \frac{\sigma_{f2} - \sigma_{f1}}{\varepsilon_{f2} - \varepsilon_{f1}} \tag{2-15}$$

式中　E_f——弯曲模量，MPa；

　　　σ_{f1}——应变为 ε_{f1} 时的弯曲应力，MPa；

　　　σ_{f2}——应变为 ε_{f2} 时的弯曲应力，MPa。

2.6.3.6 试验影响因素

（1）跨厚比

选择跨厚比时需要综合考虑剪力、支座水平推力以及压头压痕等综合影响因素。

（2）应变速率

在相同的试样厚度下，跨度越大则应变速率越小；试验速度越大则应变速率越大。

（3）加载压头圆弧和支座圆弧半径

加载压头圆弧半径过大，造成压头与试样之间不是线接触，而是面接触；若压头半径过小，对于大跨度就会增加剪力的影响，容易产生剪切断裂。

（4）温度

弯曲强度随着温度升高而下降，但下降程度各有不同。

（5）操作影响

试样尺寸的测量、试样跨度的调整、压头与试样的线接触和垂直状况以及挠度值零点的调整。

2.6.4　剪切性能试验

2.6.4.1　测试原理

剪切强度定义为：在剪切应力作用下，使试样移动部分与静止部分呈完全脱离状态所需的最大负荷。用来表征高聚物材料抵抗剪切负荷而不破裂的能力。由最大剪切负荷与试样原始截面面积之比求得，它是承受剪切负荷材料的重要力学性能指标。对于脆性材料，可应用简单的剪切试验来测定其剪切强度。对于受剪切作用会发生较大塑性形变的材料，可采用扭转试验方法测定。剪切强度试验，是通过穿孔器以规定的速度，强迫塑料试样片完全破坏。剪切强度大小为试样在剪切力作用下破坏时单位面积上所能承受的负荷值。

2.6.4.2　测试仪器

试验机应符合 GB/T 17200—2008 的要求。示值误差均不应超过实际值的 1%。变形测量装置的精度为 ±0.01mm。塑料剪切试验如图 2-13 所示，剪切夹具如图 2-14 所示。

图 2-13　塑料剪切试验

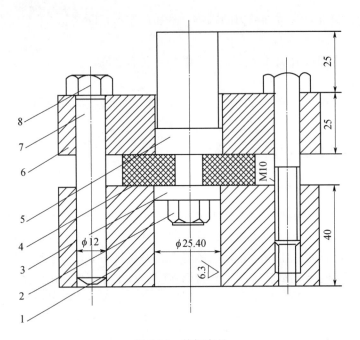

图 2-14　剪切夹具

1—下模；2—螺母；3—垫圈；4—试片；5—穿孔器；6—上磨；7—模具导柱；8—螺栓

2.6.4.3　测试标准和试样

（1）标准

塑料的剪切试验的标准方法有 ASTM D732 和 GB/T 15598。本节仅介绍 GB/T 15598。

（2）试样

剪切试样如图 2-15 所示。厚度（t）为 1～12.5mm，仲裁试样的厚度为 3～4mm。试样的制备，可按有关标准或双方协议采用注塑、压制或挤出成型等方法，也可用机械加工方法从成型板材上切取。不同加工方法所测的结果不能相互比较。

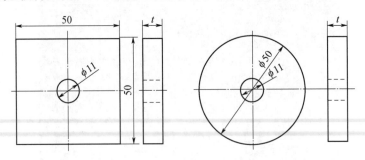

图 2-15　剪切试样

2.6.4.4　测试步骤及影响因素

测试要求如下：

1）按 GB 1039/T 第 2 章的规定检查试样，按《塑料　试样状态调节和试样的标准环境》GB/T 2918—2018 有关规定调节试验环境。状态调节时间至少 24h。

2）在试样受剪切部位均匀取四点测量厚度，精确至 0.01mm，取平均值为试样厚度。

3）试验速度为 1mm/min±50%。

4）首先将穿孔器插入试样的圆孔中，放上垫圈用螺帽固定，然后把穿孔器装在夹具中，再将夹具用四个螺栓均匀固定，以使试样在试验过程中不产生弯曲。

5）安装夹具时，应使剪切夹具的中心线与试验机的中心线重合。

6）启动试验机，对穿孔器施加压力，记录最大负荷（或破坏负荷、屈服负荷、定变形率负荷）。需要时刻记录变形，最后卸去压力取出试样。

2.6.4.5　结果计算及表示

剪切强度按式（2-16）计算：

$$\sigma_\tau = \frac{P}{\pi D t} \tag{2-16}$$

式中　σ_τ——剪切强度（或破坏剪切强度、屈服剪切强度、定变形率剪切强度），MPa；

P——剪切负荷，N；

π——圆周率；

D——穿孔器直径，mm；

t——试样厚度，mm。

测定剪切强度时，P 为最大负荷；测定破坏剪切强度时，P 为破坏负荷；测定屈服剪切强度时，P 为屈服负荷；测定变形率剪切强度时，P 为规定变形率时剪切负荷。

2.6.4.6　影响因素

（1）剪切速度

同一种材料随着剪切试验速度的增大，其剪切强度也增高。

（2）试样厚度

材料在其制造过程中，不可避免地会产生一些气孔、杂质或低分子物质等缺陷，试样越厚，存在缺陷的概率也越高，因此一般试样越厚，其剪切强度值也越低。

（3）环境温度

随着温度的升高，剪切强度明显下降，且热塑性材料较热固性材料的影响更为明显。

（4）意义和局限性

剪切强度试验对于设计薄片型的塑料制品尤其重要，这些制品要承受剪切负荷，而注塑产品设计时，剪切强度负荷一般考虑较少。

根据工程实践，通常认为抗剪强度基本上等于抗拉强度的一半。

2.6.5　冲击性能试验

冲击试验是用来评价材料在高速负荷状态下的韧性或对断裂的抵抗能力的试验。塑料材料的冲击强度在工程应用上是一项重要的性能指标，它反映不同材料抵抗高速冲击而致破坏的能力。冲击试验可分为摆锤式（包括简支梁和悬臂梁式）、落球（落锤）式和高速拉伸冲击试验等，本节仅介绍摆锤式冲击试验。

2.6.5.1 试验原理

摆锤式冲击试验包括简支梁式冲击试验和悬臂梁式冲击试验。简支梁式冲击试验是摆锤打击简支梁试样的中央，悬臂梁则是用摆锤打击悬臂梁试样的自由端。这两种方法都是将试样放在冲击机上的规定位置，然后使摆锤自由落下，使试样受到冲击弯曲力而断裂。试样断裂时单位面积或单位宽度所消耗的冲击力即冲击强度。

2.6.5.2 测试设备和仪器

试验机（图 2-16）的原理、特性和鉴定详见 GB/T 21189。用测微计和量规测量试样尺寸，精确至 0.02mm。测量缺口试样尺寸时测微计应装有 2～3mm 宽的测量头，其外形应适合缺口的形状。

图 2-16　摆锤冲击试验机

2.6.5.3 测试标准和试样

1. 简支梁冲击试验

塑料简支梁式冲击性能试验按《塑料　简支梁冲击性能的测定　第 1 部分　非仪器化冲击试验》（GB/T 1043.1—2008）进行。

（1）无层间剪切破坏的材料

对于模塑和挤塑材料，1 型试样应具有表 2-10 和表 2-11 规定的尺寸并具有图 2-17 和图 2-18 所示的三种缺口中的一种。缺口位于试样的中心。优选 A 型缺口。对于大多数材料的无缺口试样或 A 型单缺口试样，宜采用侧向冲击。如果 A 型缺口试样在试验中被破坏，应采用 C 型缺口试样。需要材料的缺口灵敏度信息时，应测试具有 A、B 和 C 型缺口的试样。研究表面效应，可采用贯层冲击对无缺口或双缺口试样进行试验。

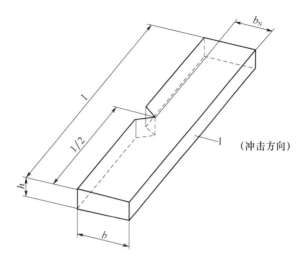

图 2-17　简支梁试样

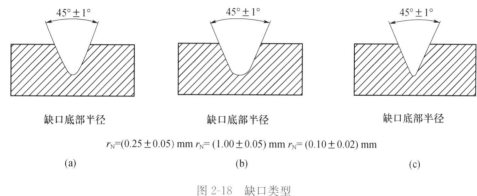

缺口底部半径　　　　　　缺口底部半径　　　　　　缺口底部半径

$r_N=(0.25\pm0.05)$ mm　$r_N=(1.00\pm0.05)$ mm　$r_N=(0.10\pm0.02)$ mm

(a)　　　　　　　　　　(b)　　　　　　　　　　(c)

图 2-18　缺口类型

（a）A 型缺口；（b）B 型缺口；（c）C 型缺口

对于板材，优选的厚度 h 是 4mm。如果试样由板材或构件切取，其厚度应为板材或构件的原厚，最大为 10.2mm。从厚度大于 10.2mm 的制品上切取试样时，若板材厚度均匀且仅含一种均匀分布的增强材料，试样应单面加工到（10±0.2）mm。对无缺口或双缺口试样贯层冲击时，为避免表面影响，试验中原始表面应处于受拉状态。

表 2-10　试样的类型、尺寸和跨距

试样类型	长度[a] l	宽度[a] b	厚度[a] h	跨距 L
1	80±2	10±0.2	4±0.2	$62^{+0.5}_{0}$
2[b]	25h	10 或 15[c]	3[d]	20h
3[b]	11h 或 13h			6h 或 8h

a　试样尺寸（厚度 h、宽度 b 和长度 l）应符合 $h{\leqslant}b{<}l$ 的规定。

b　2 型和 3 型试样仅用于有层间剪切破坏的材料。

c　精细结构的增强材料用 10mm，粗粒结构或不规整结构的增强材料用 15mm。

d　优选厚度，试样由片材或板材切出时，h 应等于片材或板材的厚度，最大为 10.2mm。

表 2-11　方法名称、试样类型、缺口类型和缺口尺寸——无层间剪切破坏的材料

方法名称[a]	试样类型	冲击方向	缺口类型	缺口底部半径 r_N（mm）	缺口底部剩余宽度 b_N（mm）
GB/T 1043.1/1eU[b]	1	侧向	无缺口		
			单缺口		
GB/T 1043.1/1eA[b]			A	0.25±0.05	8.0±0.2
GB/T 1043.1/1eB			B	1.00±0.05	8.0±0.2
GB/T 1043.1/1eC			C	0.10±0.02	8.0±0.2
GB/T 1043.1/1fU[c]		贯层	无缺口		

a　如果试样取自片材或成品，其厚度应加载名称中。非增强材料的试样不应以机加工面作为拉伸而进行试验。
b　优选方法。
c　适用于表面效应的研究。

（2）有层间剪切破坏的材料

当采用 2 型或 3 型无缺口试样，尺寸无规定时，最重要的参数是跨距与冲击方向上试样尺寸之比。

"贯层垂直"试验：对于精细结构的增强材料（细纱织物和并行纱），试样的宽度为 10mm；对于粗粒结构（粗砂织物）或不规整结构的增强材料为 15mm。

"侧向平行"试验：当试样在平行方向试验时，垂直冲击方向的试样尺寸应为所切取的板材厚度。

试样长度 l，应按跨厚比 L/h 为 20（2 型是压根）和 6（对于 3 型试样）进行选择。当仪器不能设定 L/h 为 6 时，可以用 $L/h=8$，尤其是薄板。

2 型试样会发生拉伸类型的破坏。3 型试样可能会发生板材的层间剪切破坏。表 2-12 列出了不同类型的破坏模式。

表 2-12　不同类型的破坏模式

方法名称	试样类型	L/h	破坏类型		简图
GB/T 1043.1/2 n 或 p[a]	2	20	拉伸　　　　t 缩　　　　　c 翘曲　　　　b		
GB/T 1043.1/3 n 或 p[a]	3	6 或 8	剪切　　　　s 多层剪切　　ms 剪切后拉伸破坏　st		

a　相对板材平面，"n"是垂直方向，"p"是平行方向。

2. 简支梁冲击试验

塑料简支梁冲击试验按 GB/T 1043 进行。

试样尺寸见表 2-13。

表 2-13　方法名称、试样类型、缺口类型和缺口尺寸

方法名称[a,b]	试样	缺口类型	缺口底部半径 r_N	缺口的保留宽度 b_N
GB/T 1843/U	长 $l=80\pm2$	无缺口	—	—
GB/T 1843/A	宽 $b=10.0\pm0.2$	A	0.25 ± 0.05	8.0 ± 0.2
GB/T 1843/B	厚 $h=4.0\pm0.2$	B	1.00 ± 0.05	

[a]　如果试样是由板材或制品上裁取的，板材或制品的厚度 h 应该加到命名中。未增强的试样不应使机加工表面处于拉伸状态进行试验。

[b]　如果板材厚度 h 等于宽度 b，冲击方向（垂直 n，平行 p）应加到名称中。

（1）模塑和挤塑材料

按表 2-13 的规定及图 2-19 所示，试样应使用一种类型的缺口，缺口应处于试样的中间。

优选的缺口类型是 A 型，如果要获得材料缺口敏感性的信息，应试验 A 型和 B 型缺口的试样。

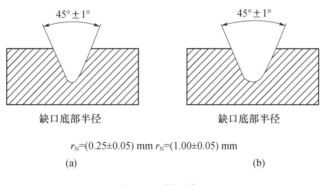

$r_N=(0.25\pm0.05)$ mm　$r_N=(1.00\pm0.05)$ mm

(a)　　　　　　　　　　　(b)

图 2-19　缺口类型

（a）A 型缺口；（b）B 型缺口

（2）板材，包括长纤维增强的材料

推荐的厚度为 4mm，如果试样从板材或构件上切取，其厚度应与板材或构件的原厚度相同，最多不超过 10.2mm。

当板材的厚度均匀，并且只含有一种规则分布的增强材料，当其厚度大于 10.2mm 时，则从板材一面加工到（10.2±0.2）mm。试验无缺口试样，为了避免表面的影响，试验中应使试样原始表面处于拉伸状态。

试验时冲击试样的侧面，冲击方向平行于板平面，只是在宽度和厚度均为 10mm 时，才可平行或垂直于板面进行试验。

2.6.5.4　测试要求

（1）测量每个试样中部的厚度 h 和宽度 b 或缺口试样的剩余宽度 b_N，精确至 0.02mm。注塑试样每组测量 1 件即可。

（2）按《塑料　简支梁、悬臂梁和拉伸冲击试验用摆锤冲击试验机的检验》GB/T 21189—2007 测定摩擦损失和修正的吸收能量。

（3）对简支梁冲击，抬起摆锤至规定的高度，将试样放在试验机支座上，冲刃正对试样的打击中心，小心安放缺口试样，使缺口中央正好位于冲击平面上。对悬臂梁冲击，抬起并锁住摆锤，然后安装试样，当测定缺口试样时，缺口应在摆锤冲击刃的一侧。

（4）释放摆锤，记录试样吸收的冲击能量，并对其摩擦损失进行修正。

（5）试样数量

除受试材料标准另有规定，一组试样数量最少 10 个。当变异系数小于 5％时，试样只需 5 个。

（6）用以下字符命名冲击的四种类型：

C——完全破坏：试样断开成两段或多段。

H——铰链破坏：试样没有刚性的很薄表皮连在一起的一种不完全破坏。

P——部分破坏：除铰链破坏外的不完全破坏。

N——不破坏：未发生破坏，只是弯曲变形，可能有应力发白的现象发生。

2.6.5.5　结果计算和表示

（1）无缺口试样

无缺口试样冲击强度按式（2-17）计算：

$$a_U = \frac{E}{h \cdot b} \times 10^3 \tag{2-17}$$

式中　a_U——冲击强度，kJ/m^2；

　　　E——已修正的试样破坏时吸收的能量，J；

　　　h——试样的厚度，mm；

　　　b——试样的宽度，mm。

（2）缺口试样

缺口试样冲击强度按式（2-18）计算：

$$a_N = \frac{E}{h \cdot b_N} \times 10^3 \tag{2-18}$$

式中　a_N——冲击强度，kJ/m^2；

　　　E——已修正的试样破坏时吸收的能量，J；

　　　h——试样的厚度，mm；

　　　b_N——试样剩余宽度，mm。

所有计算结果的平均值取两位有效数字。

2.6.5.6　影响因素

（1）试样制备

每种试样制作过程都要符合相关标准，不同试样制作方法不具有可比性。

（2）试样尺寸

规格要一致。不同加工方式加工的试样，其测试值不具可比性。

（3）试验环境

冲击强度值均随温度的降低而降低。湿度对某些塑料的冲击强度有影响。

（4）操作过程

如冲击速度、冲击摆锤刀口与试样打击面吻合程度。简支梁冲击试验中，如果试样与支架没有贴紧，则容易产生多次冲击使测试结果不准确。

（5）数据处理

数据处理与试验结果的精确度有着密切关系。

3 纤维性能表征技术

3.1 概　　述

本章主要内容为有机复合材料增强纤维化学、物理和力学性能的一般技术和试验方法，包括以单向纱、纱束或纤维束和双向织物形成的增强材料。纤维表征一般需要先进的试验技术，并且试验必须具有测定纤维性能的良好装备与试验方法。一般也认为在很多情况下，增强复合材料中纤维性能的测定，最好用复合材料完成。本章推荐了评定碳纤维、玻璃纤维、有机（聚合物）纤维及其他特殊增强纤维的一般技术和试验方法。

大多数增强纤维经表面处理或具有纤维生产过程中涂敷的表面处理（例如浸润剂），以改善操作性能和（或）促进纤维-树脂黏合。表面处理影响浸渍过程中纤维的润湿性，以及使用时纤维-基体黏合的干态强度和水解稳定性。由于直接关系到复合材料的性能，任何改进表面化学的处理效果一般通过复合材料本身的力学试验来度量。在纤维质量控制中，浸润剂的数量和其组分的一致性很重要，并且测量这些参数是纤维评定的一部分。

3.2 化学技术

由各式各样的化学和光谱技术以及试验方法来表征增强纤维的化学结构和化学组分，发现碳纤维的碳含量在 $90\%\sim100\%$ 之间变动。一般标准和中等模量 PAN（聚丙烯腈）碳纤维的碳含量是 $90\%\sim95\%$，其剩余物质大部分是氮。当考虑在高温条件下（260℃）使用含这些纤维的复合材料时，其微量组分以及微量元素是极其重要的。有机纤维通常包含大量的氢以及一种或多种另外的元素（如氧、氮以及硫），这些能够通过光谱分析来鉴定。玻璃纤维含二氧化硫，通常还含有氧化铝和氧化铁，还可能含有氧化钙、氧化钠和钾、硼、钡、钛、锆、硫以及砷的氧化物，这取决于玻璃类型。

3.2.1 元素分析

各种定量的湿式质量分析和光谱化学分析技术可以应用于分析研究纤维中的组成和微量元素。一方面可以用《钠碳和硼硅酸盐玻璃化学分析的标准试验方法》（ASTM C169—2016）来确定硼硅酸盐玻璃纤维的化学组分。通过在一个封闭系统中燃烧已称量的样品，经充分氧化和除去干扰物质之后，用吸收塔中燃烧产物来测定碳和氢的浓度，将碳和氢的浓度表示为纤维的总干质量分数。《煤和焦炭分析样品中灰分的标准试验方法》ASTM D3174—2012 给出了可通过灰分剩余物测定金属杂质含量的有关试验。

另一方面，已有各种能够快速分析研究增强纤维中的碳、氢、氮、硅、钠、铝、钙、镁及其他元素的商用分析仪器。对于元素分析，可以采用 X 射线荧光、原子吸收（AA）、火焰发射和感应耦合等离子体发射（ICAP）光谱技术。说明书和操作方法细节可从仪器制造商处得到。

因为碳和聚合物纤维中微量金属可能对纤维氧化率有影响，所以它们是很重要的。通常将纤维中存在的金属质量表示为原始干纤维质量的百万分之几，并通过灰分残余物测定其含量。一般用火焰发射光谱法进行半定量测定。若要求定量值，采用原子吸收法。关于碳纤维的氧化，由于钠有催化碳氧化的可能性，因而钠通常是最受关注的。

3.2.2 纤维结构

X 射线衍射光谱法可用于表征结晶或半结晶纤维的整体结构。结晶度和微晶取向对碳纤维和聚合物纤维的模量及其他关键性能有直接影响。

利用 X 射线粉末衍射法来表征碳纤维的结构。将纤维研磨成细粉末，然后利用 CuK 辐射得到 X 射线粉末衍射图样。通常用计算机分析图样以测定下列参数：

① 平均石墨层间距：由 002 峰位确定。
② 平均晶体大小 Lc：由 002 峰宽确定。
③ 平均晶体大小 La：由 100 峰宽确定。
④ 平均晶格尺寸，a-轴：由 100 峰位确定。
⑤ 峰面积与衍射面积之比。
⑥ 002 峰面积与总衍射面积之比。
⑦ 100 峰面积与总衍射面积之比。
⑧ 100 峰面积与 002 峰面积之比。
⑨ 结晶度指数：由已知晶体的与无定形碳的 X 射线衍射进行比较而获得。

结晶体纤维状材料的 X 射线表明存在明锐的和漫反射的图样，这些图样表明散布的结晶相具有无定形区。结晶度指数的概念源于纤维的部分散射是漫反射的，并因此形成所谓无定形背景的事实。因此，评价结晶度的简单方法是通过把衍射图样分离成结晶体（明锐的）和无定形（漫反射的）成分而获得。结晶度指数是结晶度的相对度量，并非绝对数值，建立结晶度指数与纤维物理性能之间的关系是很有用的。

广角的 X 射线光谱和红外光谱技术也已用于测定聚合物纤维中结晶度和分子取向。试验与结果解释要求专用设备、先进计算机模型和高技术水平的专门知识。

3.2.3 表面成分及结构

通常对纤维进行表面处理以改善纤维和树脂基体材料之间的黏合性。采用气体、等离子体、液体化学试剂或电解处理对纤维表面进行改性，进行表面氧化是纤维表面改性最普通的方法。

目前由于纤维表面处理改性，对复合材料性能的影响尚未完全了解，应对未经浸润剂处理的纤维进行表面表征。需要注意的是，经溶剂脱除浸润剂后的纤维残余浸润剂会对大多数分析技术有干扰，采用加热方式处理纤维，可能会改变纤维表面状态。

下列技术已用于表征纤维表面：

（1）X射线衍射——提供关于晶粒尺寸和取向、石墨化程度和微孔特征方面的信息。

（2）电子衍射——给出微晶取向、三维有序和石墨化程度〔因为仅穿透1000Å（100nm）厚的表面，所以对于表征纤维表面更为有利〕。

（3）透射电子显微镜（TEM）——在所有通常可用的显微技术中，该技术提供的分辨率最高。对于纤维表面的直接TEM分析，可用超薄切片技术制备样品，通常约厚50nm。TEM可提供关于表面精细结构和针状微孔等信息。

（4）扫描电子显微镜（SEM）——给出结构和表面形态。对于测定纤维直径和识别纤维表面的形态特征（尺度、碎片、沉积物、凹点），SEM是一项有用的技术。

（5）电子自旋共振（ESR）光谱——给出微晶取向。

（6）X射线光电子能谱（XPS）或化学分析电子能谱（ESCA）——测量原子中由低能X射线激发的核心电子结合能。通过略微改变这些核心电子能量给出有关官能团类型和浓度的信息，来揭示表层区10～15nm厚（最初几个原子层）的化学环境方面的变化，表面敏感性是由于这些电子的深度在1～2nm之间。

使用XPS或ESCA可以测定碳纤维中总氧含量与总碳量之比及氧化碳含量（包括羟基、醚、酯、羟基和羟基官能团）与总碳量之比。

（7）俄歇电子能谱（AES）——是一种利用高能电子束为激发源的表面科学和材料科学的分析技术。高能电子（1～5keV）射向表面在原子的内层能级中产生空位。这些空位代表已激发的离子，其经历激活作用并因此产生俄歇电子电离能。通过分析研究其能量范围为0～1keV的全部反向散射的俄歇电子的特征能量，可能获得最初30或40原子层（大约30nm）的元素成分，有时能从分析数据获得分子的信息。

（8）离子散射谱（ISS）——用离子作为分子探针来识别表层上的元素，只能得到原子质量（即化学成分）和数目的信息，而且灵敏度极高，约10^8～10^9/cm^2的原子。

（9）二次离子质谱（SIMS）——为了通过质量能谱进行直接分析，用受控的带有加速离子溅射过程来除去表面原子层。SIMS可用于识别表面分子和测定其浓度。

（10）红外光谱（IR）或傅里叶变换红外光谱（FTIR）——是一种吸收振动光谱技术，用于获得有关表面化学组分的分子信息。IR提供关于表面分子化学组分的定性和定量信息。IR分析的质量取决于纤维组分，并直接与样品制备期间操作相关。

如果可以用IR显微镜直接检验纤维，对于直径在0.015～0.03mm之间的纤维，无须制备样品，可将有机纤维制压成（高达1000/m^2）纤维网格薄膜。

（11）激光拉曼光谱——一种补充IR并且应用比较简单的吸收/振动的分光技术，几乎不需要制备样品。对于直接分析，纤维可以在入射光束的路径中定向。纤维样品必须对高强度入射光是稳定的，并不应包含发荧光物质。

（12）接触角和润湿测量法——提供一种纤维表面自由能的间接测量方法，用于预测界面相容性和与基体材料的热力学平衡。可通过直接测量接触角、物质吸收或表面速度来得到接触与润湿测量信息。如果采用光学法，很难测量小直径纤维（<10μm）的接触角。如果已知纤维的尺寸，通过测量将纤维浸入已知表面自由能的液体时产生的

力，可以用简单的力平衡来测定接触角。该试验通常采用的仪器是精密分析天平。

接触角 θ 也可以用显微技术间接测量，把单根纤维部分地浸入液体中，并且测量由于表面张力施加于纤维上的力。接触角根据关系式 $F=Cv_{Lv}\cos\theta$ 确定，式中 F 为经浮力校正测量的力，C 为纤维的周长，γ_{Lv} 为液体的表面张力。该结果可以用来测定纤维表面自由能和极性影响及色散分量对自由能的贡献。

（13）物理吸附和化学吸附测量法——可用惰性气体或有机分子的吸附来测量纤维表面积。未获得准确的表面积评定，重要的是表面用单层完全覆盖，已知被吸附气体占据的面积，而且在微孔里不吸收大量的气体。当用有机分子的吸附代替气体吸附时，产生另外的复杂情况，因为可能必须知道吸附的分子取向以计算表面积。吸附也可能仅在特殊的活性部位发生，如果使用液体，溶剂分子也可能被吸附。通过氧的化学吸附和解吸测量可以测定纤维表面的化学反应性。通过吸附测量往往能容易地探测到由表面处理所引起的形貌变化（例如气孔、裂纹和裂缝）。流动微量热法对直接测量吸附热是较有用的技术。

（14）热解吸附测量法——通过在真空中热处理使纤维上的发挥性产物解吸附。热失重分析（TGA）法、气相色谱（GC）法、质谱（MS）法、红外光谱（IR）法分析，或组合高温热解 GC/MS，或 TGA/IRS 法可用来识别由纤维表面热解吸附的成分。依据纤维类型而定，在 150℃以下可观察到 CO、NH、CH 和各种有机分子。

（15）通过滴定、库仑（电量）和射线照相技术进行官能团的化学鉴定。

3.2.4　浸润剂含量和组分

纤维上所含浸润剂的数值用含浸润剂纤维干质量的分数表示，一般通过加热溶剂萃取纤维来测定；然后洗涤洁化过的纤维、干燥并称量。ASTM 试验方法 c613—19 叙述了利用 Soxhlet 萃取设备的适用方法，但是使用实验室加热板与烧杯的类似萃取方法也是很普遍的。准确测定的关键是要选择一种能定量除去全部浸润剂而不溶解纤维的溶剂。

对于较难溶解的浸润剂，也采用热清除技术，并是最为实用的。必须预先确定时间、温度和大气环境，以确保脱除浸润剂而不严重影响纤维。为更加准确，还必须由控制试验了解浸润剂分解残余物的精确数量和纤维由于氧化作用产生的失重。DACMA 推荐的试验方法 SRM 14-90 "碳纤维浸润剂含量的测定"说明了用于碳纤维的热解技术。

通过对用溶剂萃取纤维离析出来的材料进行光谱和色谱分析，可以测定浸润剂的化学成分和批与批之间的化学一致性。萃取的溶剂一般适用丙酮、四氢呋喃和二氯甲烷。用液相和气相色谱法和漫射红外光谱法来分析研究或"指纹识别"萃取液的化学成分。

3.2.5　吸湿量

纤维或纺织品的吸湿量或回潮率可以用称重法测定。在应用该方法时必须小心操作，因为可能会去除水分的易挥发物质。如有可能，应使用未涂浸润剂的纤维进行试验。基于试验的干重，吸湿量可以用水分质量百分数来表示。

3.2.6　热稳定性和抗氧化能力

测量纤维和纤维表面对氧化作用的敏感性，用在给定时间、温度和氛围下的失重表示。这在评定用在暴露于高温塑料中的碳纤维和有机纤维时是特别重要的，因为高温使复合材料的长期性能下降。热失重分析法（TGA）可用来测定碳和有机纤维的热分解温度 T_d，并评估挥发物、有机添加剂和无机残余物的相对量。

在 ASTM D4102 中给出了测定碳纤维失重的标准方法。试验方法研究了关于纤维暴露的变化，并给出类似的结果。为了使试验结果中变异性减至最小，在进行 TGA 分析时，关键是适当控制气体流速和流动。

3.3　物理技术（固有的）

应用于聚合物基复合材料中重要纤维的物理性能分成两个类别：为长丝本身所固有的（内在的）和源于长丝成为纱、纤维束或织物的结构（非本征的）而导出的。前者包括密度、直径和电阻率；后者包括支（码）数、横截面面积、捻度、织物结构和面积质量。密度和导出性能用于和复合材料产品结构和分析所需的计算。密度和支数是质量保证的有用度量。对于航天的非结构应用方面，长丝直径和电阻率很重要。

3.3.1　长丝直径

纤维的平均直径可以通过使用配备有图像分解目镜的读数显微镜或镶嵌一组纤维的试样横截面显微照片测定。因为纤维并不总是理想的圆柱，有效直径可由纱或纤维束的总横截面面积除以束中长丝的数目来计算。横截面面积也可由单位长度质量与密度比值估算。对于无规律的，但具特征性形状的纤维，在计算平均纤维直径时可能需要面积系数。

光学显微镜检查能够提供有关纤维直径和直径随长度变化方面的信息。光学显微镜的分辨率上限大约为十分之一微米，因此不能用光学显微镜很好地表征小于 $1\mu m$ 的形态。

其他技术，如扫描电子显微镜法（SEM）在测定纤维直径和截面特性时，能提供比光学显微镜法更高的分辨率，能够观察细至 5nm 的纤维表面形态。此外，通过 SEM 提供的大视野、景深有助于定义纤维表面上的三维特性和观察纤维形貌。

3.3.2　纤维密度

3.3.2.1　概述

纤维密度不仅是纤维制造中重要的质量控制参数，对于纤维复合材料空隙含量测定也是需要的，如 ASTM D2734 "增强塑料的空隙含量" 中所述。纤维密度还可用作识别纤维的判别参数，例如：纤维密度结果能够很容易地辨别 E-玻璃和 S-2 玻璃 [E-玻璃是 $2.54g/cm^3$（$0.092lb/in^3$），S-2 玻璃是 $2.485g/cm^3$（$0.090lb/in^3$）]。

通常，通过测量纤维代表性样品的体积和质量来测定密度，然后综合这些值间接地完成密度计算。用一个质量分析天平很容易测量质量。但是测定体积，有几种方法可使用。最普通的方式是使用简单的 Archimedes（阿基米德）方法，该法就是已知密度液体的排量法。也可通过观测试验材料沉在按密度分级液体中的水平进行密度的直接测量。排量技术中，对于体积测定几乎总是使用专用液体。但是，使用气体介质代替液体来测定纤维体积是有利的，其一个优点是将与液体表面张力有关的误差减到最小。通常将气体法称为氦比重瓶法，当使用气体排量法时，在室温下表现为理想气体（最好为高纯度氦）的有限数量气体，测量其压力变化来确定试验样品体积。对于测量纤维的体积和密度，氦比重瓶法是尚未认定的试验方法，然而已经证明其为可行的技术。将此方法用于纤维尚无试验标准或指南，但在 MIL-HDBK-17 试验工作组内部已编制了试验方法。

ASTM D3800 专门用于测定纤维密度。此标准包括 3 种不同的液体排量方法：方法A 与 ASTM D792 液体排量法极为相似；方法 B 是将低密度的液体与高密度液体（包含纤维）慢慢地混合，直到纤维悬浮；方法 C，简单地参考 ASTM D1505，是一种密度梯度法。

3.3.2.2　ASTM D3800——高模量纤维密度的标准试验方法

ASTM D3800 中采取的方法分为三个方面。除推荐的浸液仅着眼纤维外，方法 A 和 D792 是相同的，所关注的是纤维完全浸润和避免夹裹微气泡。方法 B 需要小心地将两种不同密度的液体混合（带有浸入的纤维），但纤维悬浮在混合液体中时，用液体比重计或液体比重瓶来测定液体的密度。方法 C 是 D1505 通常作为 D3800 的参考文献。给出了对于液体排量方法（方法 A）与 D792 相同的仪器和方法，并指出方法 B 和 C 与 D1505 的共同之处。

实验者需要注意避免夹裹气泡、液体和与纤维浸润剂涂层有关的问题（如果有的话）。直觉会想到很难浸润透的纤维形状——无捻粗纱，要产生有意义的数据就要完全浸润。要密切注意长丝间区域，这在 D1505 中不是很严重的问题，因为纤维在插入之前可以分割及散开。因为是直接测量，与纤维样本的大小不相关，浸入的许多细纤维碎片可供直接查证纤维密度差异之用。要注意，小碎片会花费数小时才沉降到其平衡密度水平，很难达到完全湿透。为此，使用高浸润、真空除气的液体会大有帮助。还要记住，纤维是溶液之外气泡成核作用的主要几何结构，如果液体未完全除气，无气泡粗纱能够迅速地形成新的气泡。

复合材料纤维的表面积与体积之比很大。对于圆柱形的形状，$S.A./V = 2/R$，式中 R 是半径，仅为几微米。对于 $7\mu m$（0.028mil）的纤维，此比值为 143000：1。因此，确保纤维和液体之间的相容性非常重要。玻璃纤维和聚乙烯纤维在这方面完全不受影响；芳纶则会受影响。液体浸渍时间应保持在最低限度以避免液体扩散到纤维中。

通常认为这类问题是由纤维独自造成的，事实上是因为给纤维涂了界面浸润剂（为改善与基体树脂粘接）。切实可行的是研究浸润剂，因为它是一种与纤维完全不同的材料（具有不同的吸收和化学特性）。因为浸润剂用于纤维的外表面，即使很薄的涂层也会迅速地变得很重要。例如：具有 1％（质量）浸润剂涂层［假定密度为 $1.2g/cm^3$（$0.043lb/in^3$）］的直径 $7\mu m$（0.028mil）碳纤维，给出的最终产品具有 98.5％纤维和 1.5％浸润剂（按体积）。为了精确操作，在测量纤维密度之前要除去浸润剂。

用于测量纤维密度通常氦比重瓶法更适用于纤维体积/密度的测量（尽管这还有待于严格试验），这主要是由于惰性气体介质回避了纤维湿润透的问题，而在使用液体浸渍法时需要关注以下问题：

① 制备纤维样品，将纤维切割至试验池的高度，将其竖起放置以获得最好的包装；

② 填充试验池到至少为其容量的 30%；

③ 以已浸没试验同样的方法预处理纤维。

3.3.3 电阻率

凡在需要之处，建议将电阻率的测定作为核对工艺温度和确定符合特定电阻规范的控制措施。电阻率是一个受碳纤维结构各向异性影响显著的性能。可对单根长丝或纱进行测量。当在欧姆表或类似仪表上读数时，测定值为每给定纤维长度的电阻。接触电阻可通过获得两种不同纤维长度的电阻并计算由于较长的长度引起的差值来消除。此差值则转化为单位长度电阻值，然后乘以用一致的单位表示的纤维或纱束的面积。电阻率表示为 $\Omega \cdot cm$、$\Omega \cdot m$ 或 $\Omega \cdot in$，并且指的是沿轴线方向的值，很少报道横向电阻率。

3.3.4 热膨胀系数

尽管在实验室之间进行这些测量确实存在良好的相符性，但目前没有测量纤维热膨胀系数（CTE）的标准方法。CTE 是与方向相关的，受纤维各向异性的强烈影响。碳纤维通常具有负的轴向 CTE 和略正的横向 CTE。能够直接或改进后使用商用仪器（如 DuPont 943 型热机械分析仪或等效设备）来测量轴向的 CTE。

纤维的 CTE 也可由单向纤维增强复合材料测得值导出。激光干涉测量方法和膨胀测量法是最常用的技术。包括一些应用于未浸渍纤维的其他技术也已获得满意的结果。但试验复合材料时，可以使单向纤维平行或垂直定向于测量方向，来获得轴向或横向的 CTE。要进行分析，必须已知纤维的模量、基体的模量和 CTE 以及纤维载荷。为了核对结果，最好是用不同的纤维载荷对复合材料进行测量。

3.3.5 导热性

纤维的导热性一般由单向增强复合材料轴向导热性的测量值分析确定，目前已经对纤维束和单根长丝进行了一些测量，这些测试值与根据复合材料确定的值很一致。两种类型测量均要求操作者的娴熟技巧和先进设备，最好交给热物理实验室进行。对各类碳纤维，已经建立了轴向导热性和轴向导电性（或电阻率）之间意义明确的关系。因为电阻率是比较容易测量的，导热性的合理估算可由电阻率测量值得到。可用脉冲激光技术测量热扩散率来确定复合材料的导热性。如果已知纤维的比热容，则能计算导热率。

3.3.6 比热容

此性能用 ASTM D2766 所述的量热计测量，这不是一个简单的测量，最好由有经验的实验室处理。

3.3.7 热转变温度

可用差示扫描热法（DSC）、差示热分析（DTA）或热机械分析（TMA）测试设备测量玻璃化转变温度 T_g，如果纤维是半晶体的，还可应用于测量晶体熔化温度 T_m。在 ASTM 标准 D3417 和 D3418 中给出了测量有机纤维 T_g 和 T_m 的一般方法。

3.4　物理技术（非固有的）

3.4.1　纱、纤维束或无捻粗纱的支数

支数一般表示为单位质量的长度，如每磅的码数，或其倒数线密度表示为单位长度的质量。后者通常是测定值，通过在空气中准确地称量精确长度的纱、纤维束和无捻粗纱的质量进行测定。

3.4.2　纱或纤维束的横截面面积

该性能与其说是测量出的，倒不如说是计算出的。但是，在随后预浸料和复合材料的纤维加入量计算，以及在其他物理和热物理性能计算中，该性能是非常有用的，常常用它作为纤维制造的质量保证标准。横截面面积通过线密度（单位长度质量）除以体积密度（单位体积质量）来得到，使用统一的单位。应注意该值仅包括纤维束内全部单丝横截面面积的累计总数。横截面面积不受长丝间的任何间隙影响，也与任何基于纱或纤维束"直径"的计算无关。

3.4.3　纱的捻度

捻度指纱或其他纺织纱束中单位长度绕轴捻回的圈数。捻度有时是为改善操作性能所需要的，而在另外的一些场合中，因为其限制纱或纤维束散布所以是不需要的。可以按照 ASTM D1423 所述的直接方法进行测量。

3.4.4　织物结构

织物的性能，如可操作性、铺覆性、物理稳定性、厚度和纤维性能转化成织物的有效度等，全部取决于织物结构。按照使用的纤维（按类型和长丝支数）、织物类型如"平纹"或"缎纹"和按经纱或纬纱方向织物每英寸的纱数来定义织物结构。航空和航天应用的碳纤维织物，最普遍采用的织物类型是平纹、四经面缎纹、5 综缎纹和 8 综缎纹。对于给定的纱，从平纹组织到 8 综缎纹组织，织物的物理稳定性逐步降低，铺覆性依次提高。为了保持满意的稳定性水平，朝着 8 综缎纹组织的方向每英寸必须依次增加更多的纱，因此重量最轻的织物属于平纹编织类型。结构测量的主要任务是测定面纱支数（ASTM D3775）、长度（ASTM D3773）、宽度（ASTM D3774）和质量（ASTM D3776）。

3.4.5　织物面密度

尽管此性能与前述的纱支数有关，织物面密度本身对复合材料结构和分析的计算是有用的。织物面密度表示为单位面积织物的质量。在给定纤维体积装入量条件下，织物面密度与纤维密度控制了浸渍织物固化后的单层厚度。它要按照 ASTM D3776 中所述的方法来测量。

3.5 纤维的力学试验

3.5.1 拉伸性能

重要的是，注意在试件破坏时纤维应力与试验相关，以长丝、浸渍的纤维束和单向层压板试验的典型碳纤维在断裂时纤维拉伸应力存在差别。这些数据反映了一个事实，即复合材料拉伸强度取决于界面特性以及纤维与基体性能等许多因素。测试数据需要规定纤维试验的对象，因此对于验收试验来说，推荐采用代表复合材料行为的材料形式测量纤维强度。对于碳纤维，推荐做浸渍纤维束试验；对于硼纤维，推荐做单丝试验。

3.5.1.1 长丝拉伸试验

单丝拉伸性能可使用 ASTM D3379"高模量单丝材料的拉伸强度和杨氏模量"进行测定，该方法概述如下：

从待试验材料中随机选择单丝。长丝中心线安装于专门开缝的加强片上。在恒速移动的十字头试验机的夹紧装置中夹紧加强片，以使测试样品是沿轴方向对正的，然后加载至断裂。

对于该试验方法，用面积仪对显示在高倍放大显微镜照相机上典型数量的长丝横截面测定其面积。也可使用面积测定的替换方法，如光学测量仪器、图像分解显微镜、线性质量密度方法等。

拉伸强度和杨氏模量由载荷伸长记录和截面面积测量进行计算。

3.5.1.2 纤维束拉伸试验

对碳和石墨纤维，推荐使用 ASTM D4018"碳和石墨纱、纱束、无捻粗纱和纤维束的连续长丝拉伸性能"或其他等效方法，该方法概述如下：

对树脂浸渍的纱、纱束、无捻粗纱或纤维束拉伸加载至断裂，测定其性能。浸渍树脂旨在使固化后的纱、纱束、无捻粗纱或纤维束具有足够的机械强度，这样可产生能够保持试件中单丝的均匀载荷的刚性试验样品。为使浸渍树脂对拉伸性能的影响减至最低，应遵守以下要求：

（1）树脂应与纤维相容；

（2）固化后试验中树脂的数量（树脂含量）应是产生有用试验件所需的最低量；

（3）纱、纱束、无捻粗纱或纤维束的单丝应保持平衡的。

树脂的应变能力显著高于长丝的应变能力。

ASTM D4018 方法 Ⅰ 中的试验样品要求特殊的浇注树脂端加强片和夹具设计，以防止高载下试样在夹具中滑动。只要试验样品及试验机中心线上保持轴向对准，并且高载下试样没有在夹具中滑动，用端部加强片安装试样的替代方法是可接受的。

方法 Ⅱ 中的试验样品不要求特殊的夹紧机制。标准橡胶-贴面的夹紧装置应满足要求。

3.5.1.3 用单向层压板试验测定的纤维性能

一般最有代表性的复合材料性能测量方法，是将纤维和树脂结合为固化的层压板进行试验。重要的是了解层压板性能是既随纤维又随树脂而变的。要考虑的另一个因素是层压板的纤维体积含量。对碳纤维层压板，已经发现 $55\%\sim65\%$ 的纤维体积含量，可以得到归一化纤维性能的一致测量。因为目标是确定纤维性能，数据必须归一化为 100% 纤维体积含量。这可简单地按下列公式进行：

$$性能（100\%）=\frac{性能}{纤维体积含量}\times100$$

层压板试验应按 ASTM D3039 实施。层压板力学试验后面章节中进一步讨论。

3.5.2　长丝压缩试验

可以用动态回弹试验测量单丝的压缩强度。当前此试验方法正在研制中，并未普遍采用。

3.6　试验方法

3.6.1　pH 值的测定

1. 范围

该方法叙述了用 pH 计测定碳和石墨纤维以及织物的 pH 值的程序。应该用不含浸润剂的纤维进行测量。由于在商品纤维上有少量的表面官能团，所以这些测量需要极其小心。

2. 仪器

该方法需要的仪器如下：

（1）pH 计最好配备有玻璃及甘汞电极或单个复合电极，其准确度应符合 ASTM E70 "用玻璃电极测定水溶液 pH 值的方法" 中的要求。

（2）带有盖玻璃、100mL 容量的无唇烧杯。

（3）加热板。

（4）剪切试样的剪切机。

（5）煮沸蒸馏水用 1~2L 容积的耐热玻璃烧杯。在 25℃（77°F）条件下，水的 pH 值应该在 6.9~7.1 之间。如果通过煮沸不可能符合此范围，可以用极稀的 NaOH 或 HCl 调节 pH 值。

3. 步骤

（1）通过剪成小的正方形 12.7~19.0mm（0.5~0.75in）制成足够 3.0g 的布样品。通过将样品切成 12.7~19.0mm（0.5~0.75in）的长度制备纱样。

（2）3g 的样品加 30mL 煮沸的蒸馏水，覆盖一片表玻璃并非缓和地煮沸 15min。用 Berzelius 或无唇的烧杯防止水的过量耗损。大约过 15min 后，应剩余 4mL 或 5mL 浆液。

（3）将带盖的烧杯置于冷水盘中并冷却至室温。烧杯一直盖盖，以防止吸收可能存在于房间内的化学烟雾。冷却后去掉盖玻璃，但不要冲洗。

（4）当试验准备工作全部就绪时，用可靠的缓冲剂 pH 计标准化。在烧杯中放置缓冲剂，将电极浸入并精确校准 pH 计至相同值。

4 预浸料和复合材料层合板理化性能测试

4.1 概 述

高性能复合材料的可加工性和性能，取决于制造复合材料的纤维/预浸渍材料（预浸料）树脂的化学组成。一般而言，预浸料由 28～60 质量分数的反应性和化学上复杂的热固性树脂配方或热塑性树脂浸渍的"改性"或表面处理的玻璃、石墨或芳纶纤维组成。例如，典型热固性树脂配方可以包含若干不同类型的环氧树脂、固化剂、稀释剂、橡胶改性物、热塑性塑料添加剂、促进剂或催化剂、残余溶剂和无机材料，以及各种各样的杂质和合成副产物。此外，这样的树脂在预浸料加工期间经常是"分阶段"或部分地反应，并在运输、处理和贮存期间可以经历组分的变化。虽然热塑性塑料可能较少经历组分的变化，但聚合物相对分子质量（M_W）、相对分子质量分布（M_{WD}）和结晶形态对其预浸料和复合材料的可加工性和性能有较重要的影响。在树脂化学组成中偶然的或微小变化可以引起加工中的问题，并对复合材料的性能与长期性能具有有害影响。

需要现代的分析技术和关于纤维、纤维表面处理以及树脂类型和配方的详尽知识来表征预浸料和复合材料。表征涉及纤维、纤维表面和主要的树脂成分的识别与定量信息。对于热固性树脂和复合材料，表征应该包括预浸料树脂反应和热/流变性以及热/力学行为。在热塑性塑料的情况下，也应分析研究聚合物相对分子质量分布、结晶度和时间/温度黏度曲线。本章旨在提供预浸料和复合材料的表征技术。

4.2 预浸料的物理性能分析

4.2.1 面密度

对于复合材料预浸料来讲，其形状都是片状，密度通常用单位面积的质量来表示。一般是试样为 100mm×100mm 的方块，测量时首先测定带保护膜的预浸料的总质量，之后将保护膜揭下并称取保护膜的质量，从而得到预浸料的质量，除以面积即为预浸料的面密度。可以参照 HB 7736.2—2004 或 ASTM D3776 规定的方法测定。

4.2.2 纤维含量

用于测定树脂含量的方法经常提供预浸料中纤维含量的信息。换句话说，只要纤维不降解，就可应用酸降解法（ASTM D3171—15）从纤维上除去基体树脂。

由于碳和芳纶纤维易受氧化降解，通常不能采用灼烧法。而采用溶剂溶解法，ASTM D3529—16 提供了测定碳纤维－环氧树脂预浸料树脂含量的方法。萃取高相对分子质量或热塑性树脂可能要求专门的方法和溶剂。具体的测试步骤如下：

（1）从预浸料片段上切割矩形试样（大约 1g）并在分析天平上称重（±0.001g 或更精确）。记录质量为 W_0（g）。

（2）将试件放入 25mL 锥形烧瓶（配备毛玻璃塞）中，并加入约 20mL 四氢呋喃。

（3）塞住烧瓶并使试样浸泡在四氢呋喃中至少 4h。

（4）将烧瓶放置在涡流混合器上并搅拌 1min。

（5）将四氢呋喃溶液小心轻轻倒入 50mL 容量瓶内。纤维应群集留在 25mL 烧瓶内。

（6）加约 10mL 四氢呋喃溶液清洗 25mL 烧瓶中纤维，在涡流混合器上混合，并将四氢呋喃溶液轻轻倒入含主要溶液的 50mL 容量瓶内［步骤（5）］。

（7）重复步骤（5）。

（8）加四氢呋喃溶液以填充容量瓶至 50mL 标记处。

（9）小心地从 25mL 锥形烧瓶中取出石墨纤维（使用镊子），将纤维包在滤纸中，放在贴标签的纸包封中，将封套放在通风橱空气流中，并使纤维干燥一夜。另一方面，可以通过把带有纤维的封套放在真空烘箱（配合适当的除水阀）中来除去残余的四氢呋喃，真空烘箱设定在 40℃ 和保持真空至少 1h。

（10）从 Kimwipes 中取出纤维并在分析天平上称重。记录纤维量为 W_f（g）。

（11）计算树脂溶液的浓度［见步骤（8）］并将浓度记录为 C_0（$\mu g/\mu L$）。在 HPLC 数据分析中，该浓度将是有用的。

$$C_0 = \frac{(W_0 - W_f)}{0.050}$$

（12）在涡流混合器上混合树脂溶液［取自步骤（11）］，并立即用 $0.2\mu m$ 聚四氟乙烯膜过滤器过滤约 4mL 树脂样本溶液进入一个清洁的干玻璃瓶内。立即盖上瓶盖以防止污染和溶剂损失。该溶液将用于 HPLC 分析。烧瓶中剩余（未过滤的）溶液可用于测定可溶解的树脂含量和不溶解物的含量［步骤（16）和步骤（17）］。

（13）计算可萃取的树脂含量和纤维含量，不对存在于预浸料树脂中和保持在纤维上的挥发物和不溶解成分进行校正。

$$wt\% 能萃取的树脂 = 100\% \times \frac{(W_0 - W_f)}{W_0}$$

$$wt\% 纤维 = 100\% - wt\% 能萃取的树脂$$

（14）把玻璃纤维放入马弗炉中，并在 650～800℃ 下加热以除去不可萃取的表面材料。冷却至室温后，再称量纤维和记录其质量为 W_f。

（15）计算玻璃纤维预浸料中不可萃取的纤维表面材料的数值：

$$wt\% 不可萃取的 = 100\% \times \frac{(W_f - W'_f)}{W_0}$$

4.2.3　树脂含量

预浸料的树脂含量是指树脂基体在预浸料中所占的质量比率，测量方法有溶液萃取法和灼烧法。可以参照 HB 7736.5—2004 或 ASTM D3529 规定的方法测定。

（1）溶液萃取法。将预浸料试样放入一种能完全溶解树脂而对纤维不溶解的溶剂中，使树脂完全溶解，再将纤维取出烘干后称重，由此测出树脂含量。详见 4.2.2 节。

（2）灼烧法。将试样放入坩埚，在马弗炉中灼烧，完全烧掉预浸料中的树脂，再称量纤维的质量，计算树脂的质量含量。具体步骤如下：①试样在 80℃下干燥 2h 后放入干燥器中冷却。②测试坩埚在马弗炉中 625℃处理 10～20min，冷却至室温后称重。③把试样各放入坩埚中，称重。之后放入马弗炉中 625℃处理 2h。④残余物取出冷却后称重。⑤计算烧蚀前后试样的失重量即为树脂含量。

灼烧法只适用于玻璃纤维预浸料，对碳纤维和芳纶预浸料，一般不用此法，因为灼烧过程中碳纤维和芳纶纤维都会发生氧化反应，影响测量精度。

4.2.4 无机填料与添加剂含量

预浸料树脂中无机填料和添加剂的定量测定需要十分小心。例如，可按照 4.2.2 节中说明的方法测定预浸料树脂中无机填料和添加剂的质量分数。假定有机树脂材料完全溶于四氢呋喃溶液中，而无机填料和添加剂是不可溶解的，按 4.2.2 节步骤（6）制备的溶液可以用离心法沉淀不可溶解成分。沉淀物至少要用溶剂洗涤 3 次，干燥，然后称重。

4.2.5 挥发分含量

挥发分含量是预浸料中可挥发物（通常是有机溶剂，如丙酮等）在预浸料总质量中的比率。挥发分主要来源于树脂中的低分子物或湿法制预浸料时未除掉的溶剂残余物。挥发分可在复合材料成形过程中逸出，形成气泡或空穴，影响制件的性能和质量。

挥发分的测量可直接用热重分析法，也可将试样置于烘箱内在一定温度下烘干后进行测量，相关试验方法也有标准可循，详见 HB 7736.4—2004 或 ASTM D3530。也可用热重分析（TGA）估计预浸料中挥发分的质量分数。

4.2.6 树脂流动度

树脂流动度是指在规定的温度和压力下，预浸料中树脂流动能力的度量，与树脂基体的化学成分、树脂含量、反应程度及环境温度等因素有关。树脂流动性对复合材料之间的质量非常重要，流动性太大，胶液将会在热压成型过程中过量流出，形成贫胶甚至带动纤维产生错位；流动性太小，则可能造成层间结合力下降、树脂分布不均等缺陷。

预浸料的树脂流动度可通过 JC 775—1996 或 ASTM D3531—16 规定的方法测定。

4.2.7 凝胶时间

凝胶时间是预浸料的一个重要工艺参数，是确定加压时间的重要依据。从热固性树脂的固化机理来看，凝胶是固化过程的一个重要转折点，树脂达到凝胶后，分子的网状交联将加速进行，树脂由黏流态迅速转变为玻璃态，此时应是加压的最好时机。若加压过早，将会使尚处于流动态的树脂过多流失；若加压过迟，则树脂已成固态，将造成压制不实、树脂和纤维结合不牢、空穴增多等缺陷。

树脂凝胶是一个短暂过程，与树脂本身的化学结构有关，也与环境温度有关，实际是一个较难控制的参数。

预浸料的树脂流动度可通过 JC 774—1996 或 ASTM D3532—12 规定的方法测定。有时用 DTA 或 DSC 也能测出，有些树脂的凝胶在 DSC 曲线上表现为一个基线的小偏移，一般出现在固化起始温度和固化峰顶温度之间。当在一个窄的温度范围内杨氏模量开始急剧增大（若干数量级）时，发生凝胶。胶凝温度取决于加热速率和机械频率。因此，当报告 DMA 胶凝温度时，应该包括加热速率和频率。

4.2.8 黏性和铺覆性

树脂黏性与树脂的化学成分和结构有关，不同树脂基体有不同的黏性，它决定了预浸料层片叠合时的黏结能力与预浸料层叠后彼此剥落的难易程度，最后要影响到纤维和树脂的界面结合强度及复合材料的层间性能。树脂黏性是预浸料层片铺叠性及层间黏合性的表征，预浸料的黏性首先要适合于铺叠，不能太高也不能太低，太高给手工铺层带来困难，太低则导致层间黏合力低，影响铺层质量。

黏性指预浸料黏附于其自身或其他材料表面的能力。在确定预浸料对部件/零件制造的适合性时，黏性是一个关键因素。没有测量黏性的定量方法。经常用主观的术语如高、中和低来描述黏性。虽然没有普遍接受的测定黏性的方法，但是一些复合材料制造者使用黏性测试仪来获得预浸料黏性的相对指标。铺覆性也是主观的术语，与预浸料对复杂表面容易操作与顺从的情况有关。

4.3 复合材料的物理性能分析

4.3.1 固化度

测定纤维增强塑料树脂不可溶分含量实质上是测定树脂的固化度，即采用溶剂回流提取树脂可溶部分，剩余不可溶分含量即为所测材料的固化度。目前随着近代测试技术的发展，出现了差热分析法（DSC 法），能够用差热分析仪测定出纤维增强塑料树脂的固化度。先进的热分析仪由微机控制，自动绘图，操作简便、快速。

测定纤维增强塑料的树脂固化度还可以用动态力学法（DMA 法）。利用黏弹谱仪测定纤维增强塑料的动态弹性模量 E' 和内耗 $Ag\delta$ 的温度谱，根据图谱解析，可以测定出树脂的固化度。先进的黏弹谱仪由微机控制，自动绘图，操作简便、快速。

4.3.2 单层厚度

单层厚度，又称固化单层厚度，是指按规范工艺固化制备的层压板的单层厚度，与纤维含量及树脂基体的黏流和流动性有关，也取决于所采用的成形工艺路线和工艺参数，碳纤维结构复合材料的固化单层厚度一般规定为 0.125mm。

确定固化后单层厚度一般包括在几个部位测量层压板（板件或零件）厚度、取厚度的平均值并除以铺层中的层数。层压板厚度可采用直接（采用仪器，例如千分尺）或间接（用超声波仪器）方法进行测量。

（1）利用直接方法测量厚度

千分尺一般用于测量层压板表面不同部位的厚度，虽然这是一个相当直接的方法，但还是有几个问题要考虑。

首先是有关板或零件尺寸和形状的问题。假如要测量的层压板很长和很宽，千分尺可能无法深入到内部。这个问题可以用悬挂在刚性构架上的刻度盘指示器或类似装置来克服，但通常要牺牲精度。同时，如果层压板有曲率，千分尺的测爪可能妨碍测量头使其无法达到层压板表面。另一个重要的问题是层压板表面的纹理。关于这个问题的详细讨论可参考 6.4.2 节。若层压板的尺寸和形状不存在问题，球形面的千分尺提供了一个直接测量厚度的低成本的精确方法。

（2）利用间接方法测量厚度

脉冲反射式超声设备可用于测量层压板的厚度。这个技术利用了这样一个事实，即声波可以直接穿透层压板而从其背面反射且传播的时间可被测量。若由已知厚度的测试试件来确定通过层压板材料的声速，可以计算未知的层压板厚度。ASTM E 797-90描述了这个方法的实施过程，但并不包括有关复合材料层压板测量的详细信息或细节。

应用超声方法的一个优点是仅要求接近于一个表面。这点对测量封闭结构蒙皮厚度，或不可能用千分尺测量的大层压板厚度很重要。然而，其缺点也很明显。第一，相对于其他选择，所需设备可能很昂贵。第二，必须在已知厚度的试件中进行标定。由于声速对每个材料都不同，对每个要试验的特定材料都必须进行标定。

（3）SRM 10R-94，对铺层层压板的纤维体积、树脂体积百分比和计算的平均固化后单层厚度的 SACMA 推荐方法。该方法有关固化后单层厚度部分的规定，要用球面千分尺在层压板表面上至少 10mm 处取厚度读数，建议不要从接近边缘 25mm 处取读数，计算层压板的平均厚度再除以层数以获得固化后单层平均厚度。该方法建议，若层压板厚度变化超过 0.2mm，可再细分层压板以进行纤维体积的计算。这间接地认为，不应在这种情况下计算得到单个固化后的单层厚度。

4.3.3 密度

纯树脂材料密度的测量方法对于复合材料来说均是适用的，但复合材料对应的标准为 GB/T 1463—2005 纤维增强塑料密度和相对密度试验方法，详见 2.2.1 节。

4.3.4 纤维含量

固化聚合物基复合材料纤维体积（用分数或百分数表示）通常由基体溶解、烧蚀、面积质量和图像分析方法获得。通常这些方法用于由多数材料形式和工艺所制造的层压板，但对长丝缠绕材料或其他不能构成离散层形式的材料不能使用面积质量方法。每种方法有各自的长处和缺点。其他较少使用的方法将不做讨论。

1. 基体溶解法

基体溶解方法包含在 ASTM D3171 "由基体溶解获得树脂基复合材料的纤维含量"之中，对应 GB/T 3855—2005。这个技术基于用不伤害增强纤维的适当液体进行基体的溶解。取决于树脂，可采用三种不同的方法：方法 A，浓缩硝酸；方法 B，硫酸和过氧化氢的混合物；方法 C，乙烯乙二醇和氢氧化钾的混合物。一般来说，三种方法对环氧都适用。尽管方法 B 对韧性体系更适用，但方法 B 比方法 A 对一些纤维类型的伤害更为严重。方法 B 对双马、聚酰亚胺和热塑性材料通常都适用。方法 A 和方法 B 两者对芳纶纤维均会产生伤害，因此，对芳纶纤维复合材料最好选用方法 C。

可能的误差原因：

（1）若纤维被溶解液体严重伤害，试验结果将有误差。建议测试仅有纤维的受控试样以确定在试验期间纤维的质量变化，从而来验证该方法。

（2）一些韧性树脂体系具有添加剂，例如人造橡胶或热塑性材料。假如这些添加剂不被溶解液体溶解，它们可能附着到纤维上引起错误的结果。

（3）树脂的不完全溶解。

2. 烧蚀法

烧蚀方法在标准试验方法 ASTM D2584-18 "固化增强树脂的烧蚀" 中描述，对应于 GB/T 2577—2005，通常适用于玻璃纤维增强的复合材料。该技术确定了固化聚合物基体复合材料的烧蚀，该烧蚀可被认为是树脂质量。对已称重的试件加热至树脂基体被氧化或转变为挥发物质。在除去残留灰烬后，再称剩余物（增强纤维）质量并计算损失百分比。为计算纤维体积，要求纤维密度和复合材料密度（至三位有效数字）。

可能的误差原因：

（1）在这样的试验条件下，如果纤维质量增加或减少，结果将是有误的（为此，该方法不适用于芳纶纤维而对碳纤维则要求进行专门的温度控制）。

（2）若存在填充物，必须与树脂一起被氧化。

（3）在试验期间树脂（及填充物，若存在的话）没有分解完全。

（4）任何挥发物如水分、残余溶剂等将引起误差，除非它们少到可以被忽略。

（5）若试样加热太快，可能出现不燃残余物（纤维）的机械损耗，从而引起错误的结果。

3. 面积质量/厚度法

对于固化后的复合材料来说，纤维面积质量和纤维密度的给定值，层压板（或试件）的厚度和纤维体积两者间存在对应关系。一般来说，该方法包括测量层压板或试件的厚度，并利用测量的厚度、层压板的层数和先前确定的纤维面积质量和纤维密度来计算纤维体积。

$$V_\mathrm{f} = \frac{\mathrm{FAW} \times n}{t \times \rho_\mathrm{f}} \times k$$

式中　V_f——纤维体积含量；

　　FAW——纤维面积质量（每层单位面积的质量）；

　　　　n——在层压板中的层数；

　　　　ρ_f——增强纤维的密度；

　　　　k——单位变换系数（若需要的话）。

4. 图像分析法

该技术要求使用金相学试件制备设备，一个至少达到 400 倍放大倍数并具有将图像转化为数字照相机功能的反射光显微镜、一个带有图像采集卡和图像分析软件的计算机。虽然具有自动图像采集系统，这个分析工作也可由手动的试件平移和聚焦来完成。

软件宏的使用能减少纤维体积测量过程所要求的时间，宏允许使用者自动操作重复的软件指令。

纤维体积图像分析技术的目的是区别纤维和基体。当自动控制的图像系统可被程序化以分析整个横截面时，这可能需要多达 1000 幅图像。利用 20～50 试样由手工操作系统即能获得精确的结果。试验显示，在纤维/树脂均匀分布之处，只要少至 20 个试样，平均纤维体积值收敛至恒定值。手工采样应分布遍及整个横截面。

单个画面分析的典型步骤如下（详细测试步骤可参照 GB/T 3365—2008）：

（1）试样镶嵌打磨抛光后放置于显微镜下。

（2）显微镜聚焦。

（3）采集图像。（用于测量纤维体积的图像可以是单个画面或是多个画面的平均。集成几个图像能弥补一个图像的低发光度。考察直方图将指出图像是否适于评定。）

（4）采用第二相面积含量法，鉴别并提取对应于纤维的部分，生成双色图。

（5）计算白色和黑色所占的比例，从而得到纤维体积。

4.3.5 树脂含量

对于复合材料来说，主要由树脂基体、增强纤维、孔隙组成，其中树脂含量为 1－纤维含量－孔隙含量，测试方法与纤维相同，具体测试参照 4.3.4 节。

4.3.6 空隙含量

复合材料的孔隙体积（以分数或百分数来表示）可能对其力学性能起着负面的作用。固化聚合物基复合材料的空隙体积可以通过溶解和图像分析评定来获得。溶解评估法是采用组分含量和密度数据来计算体积空隙含量；图像分析估算是由显微图的方法而获得。

1. 溶解评估法

确定空隙含量最普通的试验方法在 ASTM D2734-16 "用于增强塑料空隙含量的试验方法"中描述。利用层压板内树脂和纤维质量百分比，结合层压板、纤维和树脂的密度来计算空隙体积含量（纤维和树脂密度通常从材料供应商获得）。

这个方法对密度和组分质量百分数的变化很敏感，因此重要的是，要使用代表被测试样内组分密度的纤维和树脂密度，且精确到三位有效数字。偶然情况下，可能计算出负的空隙含量，试验的精度是在 $\pm 0.5\%$ 的量级，因此，在 $-0.5\%\sim0\%$ 之间的计算值一般可认为是零。对较大的负值，应对在技术上和方法上可能的错误进行研究。应注意到，试样的位置和尺寸要能代表材料，并且要足够大以使试验误差最小。

可能的误差原因：若试样未经精确切割，体积测量可能不准确。若试样在密度确定前未经干燥，层压板密度可能不准确。若确定的密度值少于三位有效数字，空隙体积可能不准确。

2. 图像分析法

4.3.4 节中所述的图像分析技术也能用于确定空隙体积百分数。这个技术假设，孔隙率在整个层压板内基本上是相同的，因此，随机的横截面就能成为一个精确的代表（详细测试步骤可参照 GB/T 3365—2008）。

4.4 复合材料的热性能分析

4.4.1 玻璃化转变温度

对于复合材料的玻璃化转变温度，主要是对内部树脂来说的，所以纯树脂材料的玻璃化测量方法对复合材料来说均是适用的。但大多数复合材料内的树脂含量相对较少，DSC 通常无法给出理想的测试结果，因此对于复合材料，DMA 法更为适用，具体的测试方法见 2.2.5 节。

4.4.2 导热系数

聚合物基复合材料的热传导性是适用于所有热流情况所需的热响应性能。对稳态和瞬态的热流情况均有可用的测量方法。

达到稳态时，试件厚度方向的热传导率 λ 是根据傅里叶（Fourier）关系式来确定的：

$$\lambda = Q/(A \times \Delta T/L)$$

式中　Q——计量段热流，W；

　　　A——垂直于热流的计量段面积，m^2；

　　　ΔT——试件两面的温差，K；

　　　L——试件厚度，m。

对于稳态热传输特性，有几种 ASTM 试验方法，可将它们分为两种类型：作为无条件（或主要的）测量法（C 177），除非为了确认精度或建立对认可标准的跟踪能力，该方法不需要热流基准标准；或作为比较（或二次的）法（E 1225、C 518），在该方法中其结果直接取决于热流基准标准。下面概括地描述了这些方法：聚合物基层压板测试方法的选择通常取决于测量方向。可以采用 C177-13 来完成面外的测量，但是偶尔也采用 E1225-13 的比较法。在薄层压板上完成的面内测量，要求通过层叠若干层压板在一起而构成试件直径。通常优先选用 C177-13 方法，也有采用 E1225-13 方法试件所得结果的报道。

4.4.3 比热

纯树脂材料的热膨胀系数测量方法对复合材料来说均是适用的，具体的测试方法见 2.2.8 节。用于测定聚合物基复合材料比热的标准试验方法是 ASTM E1269-11。

4.4.4 热膨胀系数

纯树脂材料的热膨胀系数测量方法对复合材料来说均是适用的，具体的测试方法见 2.2.9 节。

4.5　复合材料的阻燃性能

4.5.1　燃烧性能试验

纯树脂材料的燃烧性能测量方法对复合材料来说均是适用的，具体的测试方法见2.5节。对应的标准有《纤维增强塑料燃烧性试验方法　·氧指数法》（GB/T 8924—2005）、《纤维增强塑料燃烧性能试验方法　炽热法》（GB/T 6011—2005）等。

4.5.2　烟雾和毒性试验

燃烧气体生成定义为在燃烧期间从材料中析出的气体。在燃烧期间析出的最常见的气体是一氧化碳和二氧化碳，连同 HCl、HCN，以及取决于给定复合材料基体树脂化学成分的其他物质。

已经制定了不同的试验方法来评估燃烧材料所产生烟雾的潜在毒性，这些试验方法对火焰曝露（无火焰与有火焰比较）很敏感。试验方法采用生物测定（动物试验）或分析技术来确定燃烧材料毒效。由 ASTM E662 确定的烟雾是用于检验材料在无火焰与火焰模式下所产生的烟雾。将试件单独曝露于辐射热源（无火焰模式）或带有引燃火焰（火焰模式）。辐射热由电辐射加热器提供，加热器为直径 76mm 的圆形，它被安放在平行于试件的垂直方位。加热器施加 $25kW/m^2$ 的热通量至试件表面。

试件的引燃点火利用多重火焰的预混合丙烷/空气燃烧器来完成，燃烧器位于试件的底部。燃烧器设计得使某些火焰直接冲击试件表面，而某些则平行于试件表面向上投射。

试件为 76mm×76mm 的方形，厚度可以改变直至 25mm。将试件沿垂直方位支持。试件、托架、燃烧器和加热器放置于 914mm×610mm×914mm 的试验箱中。除了底部和顶部的通风口外，将该试验箱密封。仅当室内的压力变为负值时，才打开通风口。

利用从底部至顶部的垂直路径变换的照相系统测量烟雾昏暗度，采用白炽灯作为光源，用光电倍增管作为接收器。被测量的值包括外部施加的热通量及传输的光，计算的值则包括光密度率。

毒性的测试一般是在烟箱内安装热辐射源或火源，使被测物燃烧并产生气体，再将产生的气体导入检测器中进行检验，对应检验方法见表 4-1，详见 HB 7066—94 民机机舱内部非金属材料燃烧产生毒性气体的测定方法（等同于 BSS 7239）。

表 4-1　毒性气体分析方法及测量范围

气体种类	分析方法	测量范围（ppm）
CO	非色散红外仪法	0～5000
	气体检测管法	0～3000
NO_x	气体检测管法	0～500
SO_2	气体检测管法	1～100

续表

气体种类	分析方法	测量范围（ppm）
HCN	离子选择电极法	0～2500
	气体检测管法	2～150
HF	离子选择电极法	0～2500
	气体检测管法	1.5～15
HCl	离子选择电极法	10～2500
	气体检测管法	1～100

5 复合材料力学性能测试技术

5.1 概　　述

复合材料尤其是结构复合材料在研发过程中，人们常常通过对复合材料力学性能数据的监测来分析判断材料设计和生产工艺的技术偏离程度。复合材料结构的强度设计和刚度设计以复合材料的材料许用值和设计许用值为依据来开展。复合材料结构设计验证依托复合材料元件、组件乃至整个结构件的力学性能试验来完成。复合材料及其结构的生产工艺质量一般是通过对复合材料随炉件和结构件的力学性能监测来评估的。对于材料级别的力学性能数据，几乎都是依据标准试验方法开展试验获得的，而测试技术是标准试验方法的灵魂，可见复合材料力学性能测试技术是结构复合材料发展的重要基础。标准试验方法中的测试技术一般由多个关键试验技术要素集合而成，如：适用范围、试样形状和尺寸、载荷和变形测量方法、试验夹具或辅助装置、试验过程、失效（停机）判据、由失效模式判断试验有效性的方法、试验数据处理与表达等。

复合材料及其结构设计所需的 11 个工程常数包括：单向板的 0°拉伸强度、0°拉伸弹性模量、主泊松比、90°拉伸强度、90°拉伸弹性模量、0°压缩强度、0°压缩弹性模量、90°压缩强度、90°压缩弹性模量；面内剪切强度和面内剪切模量。常用于复合材料质量控制和工艺检验的力学性能还有弯曲强度、弯曲模量和层间剪切强度。考核复合材料损伤容限性能和间接评估复合材料韧性的重要力学参数还有开孔拉伸性能、开孔压缩性能和冲击后压缩性能。本章主要依托 GB（中国国家标准）、ASTM（美国材料试验协会）标准、SACMA（先进复合材料供应商协会）标准和国际标准化组织（ISO）标准试验方法，阐述复合材料的拉伸性能、压缩性能、面内剪切性能、弯曲性能、层间剪切性能、开孔拉伸性能、开孔压缩性能和冲击后压缩性能的测试技术。本章对试验技术的阐述思路是：在介绍一般试验过程的同时，融入影响试验结果的关键因素和具体内容。

目前为止，我国大部分聚合物基复合材料的 GB 最新版本为 2014 版，技术内容等同采用了当时对应的 ASTM 标准。而 2014 版本之前的国家标准多是等效采用了老版本的 ISO 标准，技术内容落后，与现行 ASTM 标准技术内容差距较大，但工程上为了当前材料性能数据与历史数据的可比性，还存在采用老版本标准进行复合材料力学试验的情况。基于此，本章在分析 GB、ASTM 和 ISO 标准的技术异同时，GB 通常引用 2014年之前的版本。

5.2 力学试验通用要求

5.2.1 试验设备和仪器

首先，用于试验的设备和仪器均须经过计量合格，并在有效期内使用。

（1）试验机

GB/T 1446 规定试验机载荷的一般可用范围为 10％满量程～90％满量程，试验机的静态载荷精度应满足试验要求，一般情况下载荷误差应不大于示值的±1％，进行定期校验并在合格有效期内使用。对于低于 10％满量程的小载荷试验，只要通过计量证明试验机的载荷误差依然满足不大于示值的±1％精度要求，则 10％以下载荷也可用于小载荷试验。试验机的同轴度应按照国家计量标准定期计量，保证满足试验要求。同轴度良好表明试验过程中试验机加载系统不会对试样造成偏轴加载，影响试验结果，一般情况下同轴度要求不大于 15％。

（2）变形测量仪器

与测量变形密切相关的仪器包括试验机位移传感器、引伸计、应变仪、挠度计、位移计（如差动变压器 LVDT、百分表等）、应变计（片）等，均应在满足精度和有效期要求的情况下使用。

试验中一般通过安装引伸计或在试样上粘贴应变计来测量应变。引伸计的标距一般在 10～50mm 范围内，引伸计的安装应注意避免刀口损伤复合材料的外层纤维，从而导致材料过早断裂。

如果采用应变计进行测量，应特别注意应变计的粘贴应对中。有结果表明，应变计与考察方向偏差 2°可能导致 15％的测量误差。推荐使用有效长度为 6mm 以上的应变计，因为尺寸大的应变计更容易对中和消除局部变化，并提供尽可能大的散热面积，以缓解试验过程中的"热漂移"问题。对于机织物试样，应变计的有效长度应至少覆盖机织物的一个特征重复单元。

（3）尺寸测量仪器

试样尺寸是参与试验结果计算的重要参数，宽度一般用游标卡尺测量，厚度用千分尺（螺旋测微计）测量，GB/T 1446 要求最低精度为 0.01mm。ASTM 标准中规定尺寸测量精度应为被测量长度的 1％。另外，考虑到复合材料层合板成型工艺，层合板一面紧靠模具很光滑，另一面紧靠真空袋较粗糙，因此，测量复合材料层合板厚度时须用一边是球面另一边是平面的千分尺，球面与试样粗糙面接触，平面与试样的光滑面接触。

对于需要进行特殊状态调节的试样，因考虑状态调节过程可能会改变试样的尺寸，通常将该情况下的尺寸测量放在试样状态调节之后进行。

（4）高低温试验箱

高低温试验箱可以提供高低温环境条件，一般要求温度偏差在±3℃以内。高低温试验箱的均热区长度应大于试样的工作段长度。

5.2.2　试样

（1）试样质量检查

复合材料的制备工艺过程复杂，环节较多，易带来复合材料质量的分散性。一般地，在复合材料层合板切割加工成标准试样之前应对层合板进行必要的无损检测，以确认缺陷含量满足材料规范要求。机械加工成标准试样开始力学试验之前应进行试样外观检查，不应有划伤、缺陷、不符合标准尺寸要求等情况。

（2）试样状态调节

试验前一般要求试样在（23±2）℃、50％±10％RH 实验室条件下放置 24h。聚合物基复合材料因高分子材料基体性能对温度和吸湿量比较敏感，因此工程上通常会考核聚合物基复合材料在自然大气环境极端温湿度条件（71℃、85％RH）下吸湿平衡后的力学性能。此时在 71℃、85％RH 条件下吸湿平衡是一种特殊的试样状态调节，在试样吸湿平衡的判据目前有三种：一是 HB 7401—1996 规定试样每 24h 吸湿量的变化小于 0.05％；二是 ASTM D5229 规定每 7 日试样吸湿量的变化小于 0.02％；三是 DOT/FAA/AR-03/19 规定每 7 日试样吸湿量的变化小于 0.05％。目前国内航空系统多采用 DOT/FAA/AR-03/19 的方法。对于相同材料的试样，HB 7401—1996 达到吸湿平衡时间短（一般为 20d 左右），吸湿量较低，测试获得的力学性能偏高；ASTM D5229 吸湿平衡判据最为苛刻，达到吸湿平衡时间最长（有的材料甚至达 80d）；DOT/FAA/AR-03/19 吸湿平衡判据较 ASTM D5229 略为宽松，达到吸湿平衡时间略短（40～60d），平衡吸湿量与 ASTM D5229 相差不大，连续碳纤维增强的环氧或双马复合材料一般为 1％左右。

（3）试验数量

通常每组有效试样数量不少于 5 件，当出现个别无效试验数据需要补充试验时，应采用同样材料同批次的试样，以保证该组试验数据的合理性和有效性。

5.2.3　试验环境条件

通常情况下，室温试验是指在标准实验室条件 [（23±2）℃、50％±10％RH] 下进行，高低温试验一般在高低温试验箱中进行。试样达到目标温度后保温时间分两种情况：一种是针对干态试样，当试样温度达到目标温度时，保温 5min 开始加载试验；另一种是针对湿态（如水浸、吸湿平衡等）试样，当试样温度达到目标温度时，保温 2min 开始加载试验。

5.2.4　试验结果的统计

每组试样力学性能测试结束后，会得到一组至少 5 个单个值，根据式（5-1）计算单个值的平均值，根据式（5-2）计算标准差 S，根据式（5-3）计算离散系数 CV。

$$\overline{X} = \frac{\sum\limits_{i=1}^{n} X_i}{n} \tag{5-1}$$

式中　X_i——单个值；

n——有效试样数。

$$S = \sqrt{\frac{\sum\limits_{i=1}^{n}(X_i - \overline{X})^2}{n-1}} \qquad (5\text{-}2)$$

$$CV = \frac{S}{\overline{X}} \qquad (5\text{-}3)$$

5.3 拉伸性能试验

5.3.1 拉伸试验概述

将试样对中安装于试验机的拉伸试验夹具中，施加拉伸载荷使试样工作段产生均匀的拉伸应力，持续施加载荷直至试样工作段发生破坏，根据采集的载荷、变形等数据信息获得材料的拉伸强度、拉伸弹性模量、拉伸破坏应变、泊松比等性能数据。

5.3.2 拉伸试验方法

拉伸性能包括纵向（0°）拉伸强度、纵向拉伸弹性模量、主泊松比、纵向（0°）拉伸破坏应变、横向（90°）拉伸强度、横向拉伸弹性模量和横向（90°）拉伸破坏应变七种材料性能参数。针对复合材料的拉伸性能测试，目前国内外所依据的标准试验方法主要包括：

GB/T 3354—1999 定向纤维增强塑料拉伸性能试验方法

GB/T 1447—2005 纤维增强塑料拉伸性能试验方法

ASTM D3039-17 Standard Test Method for Tensile Properties of Polymer Matrix Composite Materials

ISO 527-4：1997 Plastics—Determination of tensile properties—Part 4：Test conditions for isotropic and orthotropic fibre-reinforced plastic composites

ISO 527-5：2009 Plastics—Determination of tensile properties—Part 5：Test conditions for unidirectional fibre-reinforced plastic composites

上述试验方法的原理和施加拉伸载荷的方式是一致的，其技术内容的主要差别体现在适用范围、意义和用途、测定项目、试样形状、对中度规定、拉伸弹性模量确定方法、加载速率、失效模式和试验结果有效性判断方法几个方面，详见表5-1。

表5-1 国内外复合材料主要拉伸试验方法的比较

项目	GB/T 3354—1999	GB/T 1447—2005	ASTM D3039/D 3039M—2017	ISO 527-4：1997	ISO 527-5：2009
适用范围	纤维增强塑料0°、90°、0°/90°和方向均衡对称均衡层合板	纤维增强塑料	高模量、连续或不连续纤维增强的聚合物基复合材料对称均衡层合板	各向同性和正交各向异性纤维增强塑料	单向纤维增强塑料
意义和用途	—	—	用于建立材料规范、研究与开发、质量保证以及结构设计和分析的拉伸性能数据	—	—
测定项目	强度、模量、泊松比、破坏应变	强度、模量、泊松比、破坏应变	强度、模量、泊松比、破坏应变、过渡应变	强度、模量、破坏应变、泊松比	强度、模量、破坏应变、泊松比
试样形式	长方体试样（贴或不贴加强片）	哑铃型试样（不贴加强片）；长方体试样（贴或不贴加强片）	长方体试样（贴或不贴加强片）	3种试样形状：I型为哑铃型试样（主要热塑性、非连续纤维增强的复合材料）；II型为无加强片夹持部位开孔长方体试样；III型为有加强片夹持部位开孔长方体试样。后两种试样设计为避免夹持部位打滑和在夹持部位破坏	两端贴加强片的长方体试样
对中度规定	仅规定装夹试样时应使试样的轴线与上下夹头中心线一致	仅规定装夹试样时应使试样的中心线与上、下夹具的中心线一致	给出了评估系统对中度的方法，宽度方向和厚度方向的弯曲百分比应在3%~5%之间（>1000με）	规定试样的长轴与试验机的轴线一致，总弯曲百分比（宽度方向和厚度方向的弯曲百分比之和）应小于3%（1500με）（注释1）	规定试样的长轴与试验机的轴线一致，总弯曲百分比（宽度方向和厚度方向的弯曲百分比之和）应小于3%（1500με）（注释1）

续表

项目	GB/T 3354—1999	GB/T 1447—2005	ASTM D3039/D 3039M—2017	ISO 527-4: 1997	ISO 527-5: 2009
拉伸弹性模量确定方法	由应力-应变曲线的初始直线段斜率计算弹性模量	计算弹性模量的应变区间为（500με、2500με）	计算弹性模量的应变区间（1000με、3000με），对低于6000με破坏的材料，建议使用的应变范围为极限应变的25%~50%。若标准中采用背对背粘贴应变计方法获得的弯曲百分比超过3%，则采用平均应变计算弹性模量	计算弹性模量的应变区间为（500με、2500με）	计算弹性模量的应变区间为（500με、2500με）
加载速率	拉伸强度试验：2mm/min；拉伸弹性模量、泊松比、应力-应变曲线：1~3mm/min	拉伸弹性模量、泊松比、断裂伸长率和应力-应变曲线：2mm/min；拉伸应力、拉伸强度试验：I型试样为10mm/min；II型、III型试样为5mm/min，伸长试验：2mm/min	应变控制试验——试样在1~10min失效，推荐的标准应变速率为0.01/min；位移控制试验——标准的横梁位移速率为2mm/min	拉伸强度：I型哑铃试样，II型和III型拉伸10mm/min，5mm/min；拉伸弹性模量、断裂伸长率等：2mm/min	平行纤维方向的拉伸试验：2mm/min；垂直纤维方向的拉伸试验：1mm/min
失效模式和有效性	凡在夹持部位内破坏的试样应予作废	试验无效情况：在明显内部缺陷处破坏，I型试样破坏在内或圆弧处；II型试样破坏在内或试样断裂处离夹持处的距离小于10mm	断在明显缺陷处的数据无效；如果有较多试样在加强片或夹持端附近破坏，应从试样制备和夹持方式追溯原因	断裂在夹持部位或者试样打滑则为无效	断裂在夹持部位或者试样打滑则为无效

注释1：ISO 527-4—1997 和 ISO 527-5—2009 中宽度方向的弯曲百分比 B_b 的计算公式是错误的，正确公式见 ASTM D3039/D 3039M—2017。

5.3.3　拉伸试样

除了 GB/T 1447—2005 中推荐的 I 型试样为哑铃形状外，其他标准均推荐了截面为矩形的长方体试样。哑铃形试样的优点是夹持应力低，缺点是试样的圆弧形过渡区因机械加工引入的损伤往往导致试样在圆弧形过渡区发生破坏。

各标准对长方体试样的规定也存在一些细节差异，如是否贴加强片和试样尺寸方面的差异等。加强片是对试样夹持部位的保护，通常拉伸强度高、破坏载荷大的试样需要贴加强片，以避免试样因夹具对夹持部位的损伤导致在夹持部位破坏。与 ASTM D3039 的规定不同，工程中一般单向层合板 90°拉伸试样无须贴加强片，也可获得比较理想的破坏模式。拉伸强度高的试样一般会设计得薄些，如单向层合板 0°拉伸试样，这样破坏载荷不会太高，试验过程中试样也不易打滑。试样的宽度设计通常应考虑在宽度方向上包含足够数量的材料重复单元结构，使得试验获得的拉伸性能能够代表大尺寸材料的特性。试样长度设计遵从的原则是拉伸加载时试样工作段可以产生足够长的均匀拉伸应力区，可以通过试验正确地评估材料的抗拉能力，也利于通过引伸计或者应变计测量均匀拉伸应力区的变形来获得拉伸弹性模量、泊松比等弹性参数。

试样切割过程中应注意避免引起切口、划痕、粗糙的表面和分层。加工误差造成的纤维取向的偏离，对复合材料单向板 0°拉伸强度的影响非常显著。已经有结果表明，纤维取向偏离 1°会造成拉伸强度降低 30%左右。

5.3.4　拉伸试验夹具

（1）拉伸试验夹具

当前市售的拉伸试验夹具有两种：一种为机械夹具，夹持试样时需要手工施加力偶，先后夹紧试样两端；另一种是液压夹具，仅需要试样对中放置后，启动夹紧按钮自动夹紧试样的两端。根据工程经验，机械夹具人为因素较多，一般情况下测定的复合材料拉伸强度偏低且分散性大，建议复合材料的拉伸试验采用液压夹具进行。

（2）试样和试验夹具的对中度

拉伸试验夹具和试样对中度不合格会引起偏轴加载，可能导致试样提前破坏，强度偏低，或者增大性能数据的分散性。ASTM D3039 推荐了相关方法来校核系统的对中度。在试样工作段中间部位粘贴三个应变计，两个贴在试样同一面的边缘附近，另一个贴在试样另一面的中间位置，如图 5-1 所示。对该试样施加拉伸载荷，采集三个应变计的应变数据以计算试样的弯曲百分比，通过弯曲百分比的大小来判断对中度的好坏。试样关于 y 轴和 z 轴的弯曲百分比分别按照式（5-4）和式（5-5）计算，试样的平均应变按照式（5-6）计算。

$$B_y = \frac{\varepsilon_{ave} - \varepsilon_3}{\varepsilon_{ave}} \times 100 \tag{5-4}$$

$$B_z = \frac{2/3\,(\varepsilon_2 - \varepsilon_1)}{\varepsilon_{ave}} \times 100 \tag{5-5}$$

式中　B_y——绕 y 轴的弯曲百分比，%；

B_z——绕 z 轴的弯曲百分比，％；

ε_1、ε_2、ε_3——应变计 1、2、3 的纵向应变值，如图 5-1 所示，$\mu\varepsilon$（微应变）。

$$\varepsilon_{ave}=\{(|\varepsilon_1|+|\varepsilon_2|)/2+|\varepsilon_3|\}/2 \tag{5-6}$$

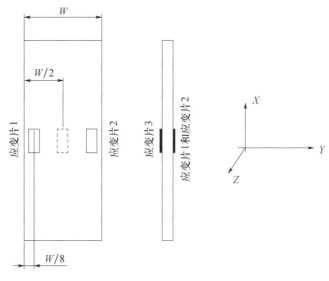

图 5-1　应变计粘贴位置图

ASTM D3039—2017 规定对中度良好是指在应变大于 $1000\mu\varepsilon$ 时，试样的弯曲百分比应在 3％～5％之间。此处须提醒注意：ISO 527-4：1997 和 ISO 527-5：2009 在检查试样安装对中度的内容里关于沿试样宽度方向的弯曲百分比 B_b 的计算公式存在错误，正确计算见式（5-5）。

5.3.5　拉伸试验过程

（1）准备

如果客户没有特殊要求，应按照标准规定对试样进行状态调节，并在状态调节后进行尺寸测量。如果需要用应变计测量应变数据，此时按照试验方法要求在试样两面背靠背粘贴纵向应变计和横向应变计，以期获得弹性模量、泊松比和拉伸破坏应变。

（2）装夹试样

将试样放入试验机夹头中，利用对中块等辅助工装，以保证试样的纵轴与试验机加载中心线重合。选用合适的夹紧力夹持试样，避免过大的夹持力引起试样的提前损伤，或由于夹持压力不足而造成试样打滑。大量试验表明，对于大多数单向带和机织物增强复合材料试样，合适的夹持压力范围是 80～100psi；对于无加强片的单向复合材料 90°拉伸试验，应采用较小的夹持力。为防止试样打滑和夹块的齿损伤试样表面，可以采用砂纸包裹试样夹持端。如果采用引伸计来获取试样的应变数据，则应在试样表面安装引伸计。

（3）加载

设置试验速度。ASTM D3039 推荐标准的横梁位移速率为 2mm/min。一般需要对试样进行预加载，通过预加载可以消除夹具间隙，调整系统对中度和纤维取向的一致性。每次预加载的载荷不应超过破坏载荷的 30％，并且加载过程中不应有纤维断裂声。预加载后卸载，以特定的速率对试样加载，直到试样破坏，同时记录数据。

（4）测定弹性模量

ASTM D3039 建议每组试样中至少用一个试样背对背粘贴轴向应变计，在应变为 $2000\mu\varepsilon$（计算弹性模量应变范围 $1000\sim3000\mu\varepsilon$ 的中点）时，用式（5-7）来计算弯曲百分比。如果弯曲百分比不超过 3％，则该组试样可使用单个应变计所测应变计算弹性模量。弯曲百分比大于 3％时，标准要求用两面的平均应变计算弹性模量。

$$B_y = \left| \frac{\varepsilon_f - \varepsilon_b}{\varepsilon_f + \varepsilon_b} \right| \times 100\% \tag{5-7}$$

式中　ε_f——试样正面应变；

　　　ε_b——试样背面应变；

　　B_y——试样弯曲百分比，％。

关于何种情况下使用平均应变来计算弹性模量的规定，当前其他标准均没有相关内容，当出现弯曲百分比过大的情况时，其他标准获得的弹性模量则是不合理的。对于不太考虑试验成本的情况，建议所有试样均在双面粘贴应变计，或者采用双面平均引伸计的办法，直接测定试样两面的平均应变，用于复合材料拉伸弹性模量的计算。

标准中规定弹性模量取值的应变区间应是大量试验的统计结论，也不是绝对的。当该区间应力应变线性关系不好时，可以改变应变范围，取线性更好部分的斜率作为弹性模量。

（5）记录失效模式

由于复合材料结构的复杂性导致了其失效模式的多样性。ASTM D3039 给出了拉伸试样典型的失效模式，如图 5-2 所示。

图 5-2 中虚线框中的失效模式代表了无效试验情况，分别为：（a）夹持部位断裂；（b）加强片脱落；（c）加强片根部断裂；（d）工作段侧边分层。图 5-2 中（e）～（i）的失效模式代表了有效试验情况，共同的特征是工作段内断裂。

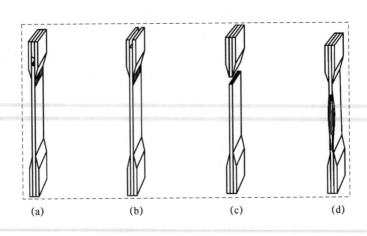

(a)　　　　　(b)　　　　　(c)　　　　　(d)

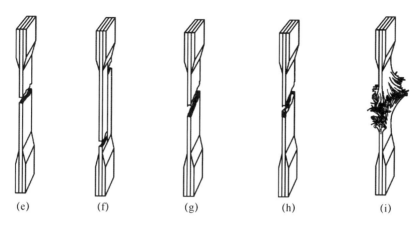

(e) (f) (g) (h) (i)

图 5-2　拉伸试样典型的失效模式

5.3.6　拉伸试验数据处理与表达

（1）拉伸强度

拉伸强度按式（5-8）计算，结果取三位有效数字：

$$\sigma_t = \frac{P_b}{wh} \tag{5-8}$$

式中　σ_t——拉伸强度，MPa；

　　P_b——最大载荷，N；

　　w——试样宽度，mm；

　　h——试样厚度，mm。

（2）拉伸弹性模量

拉伸弹性模量按公式（5-9）计算，结果取三位有效数字：

$$E_t = \frac{\Delta P}{wh \Delta \varepsilon} \tag{5-9}$$

式中　E_t——拉伸弹性模量，GPa；

　　$\Delta \varepsilon$——应力-应变曲线线性段上两点间的应变增量，两点一般取 $1000 \mu\varepsilon$ 和 $3000 \mu\varepsilon$；

　　ΔP——与 $\Delta \varepsilon$ 对应的载荷增量，kN；

　　w——试样宽度，mm；

　　h——试样厚度，mm。

（3）泊松比

泊松比在与拉伸弹性模量相同的应变范围内按公式（5-10）计算，结果取三位有效数字：

$$\nu_{12} = -\frac{\Delta \varepsilon_T}{\Delta \varepsilon_L} \tag{5-10}$$

式中　ν_{12}——泊松比；

　　$\Delta \varepsilon_T$——横向应变增量；

　　$\Delta \varepsilon_L$——纵向应变增量。

（4）拉伸破坏应变

拉伸破坏应变为试样破坏时所对应的应变。由于复合材料的拉伸破坏多为脆性破坏，弹性能释放较大，为避免损坏引伸计，必须在试样破坏之前将其取下，造成不能直接测得试样的破坏应变。拉伸破坏应变的获得可以通过应变计进行准确测量，或对于已知应力-应变关系基本呈线性的材料，通过初始应力-应变曲线进行拟合，并外推获得粗略的拉伸破坏应变。

5.4　压缩性能试验

5.4.1　压缩试验概述

将试样对中安装于压缩试验夹具中，夹具支持试样保证受压过程中试样不发生过大的弯曲变形。再将压缩夹具对中放置于上下压盘之间，施加压缩载荷使试样工作段产生均匀的压缩应力，持续施加压缩载荷直至试样工作段发生破坏，根据记录的载荷、变形等数据信息，获得材料的压缩强度、压缩弹性模量、压缩破坏应变等性能数据。

5.4.2　压缩试验方法

压缩性能参数包括纵向（0°）压缩强度、压缩弹性模量，主泊松比，纵向（0°）压缩破坏应变，横向（90°）压缩强度、压缩弹性模量和横向（90°）压缩破坏应变七个材料性能参数。聚合物基复合材料压缩性能试验是材料级力学性能试验中影响因素最多、技术难度最大、标准试验方法数量最多的试验。一般地，不同标准测得的压缩性能数据是不可比的，从目前国内外出版的复合材料手册可以发现，对于同一种材料体系，不同手册或不同测试单位给出的压缩性能值（主要是压缩强度）往往不同，有的甚至存在较大差异，究其原因，主要是性能测试所采用的试验方法不同，或者试验件的加工及试验夹具没有严格遵循试验方法的规定。

针对复合材料压缩性能试验，国内外目前依据的标准试验方法如下：

GB/T 3856—2005　单向纤维增强塑料平板压缩性能试验方法

GB/T 5258—2008　纤维增强塑料面内压缩性能试验方法

Q/AVIC 06083—2015　芳纶纤维增强聚合物基复合材料层合板压缩性能试验方法

ASTM D 695—2008 Standard Test Method for Compressive Properties of Rigid Plastics

ASTM D 3410—2008 Standard Test Method for Compressive Properties of Polymer Matrix Composite Materials with Unsupported Gage Section by Shear Loading

ASTM D 6641—2016 Standard Test Method for Determining the Compressive Properties of Polymer Matrix Composite Laminates Using a Combined Loading Compression (CLC) Test Fixture

SACMA SRM 1R—1994 Compressive Properties of Oriented Fiber-Resin Composites

SACMA SRM 6—1994 Compressive Properties of Oriented Cross-Plied Fiber-Resin Composites

ISO 14126—1999 Fibre-reinforced plastic composites—Determination of compressive properties in the in-plane direction

可按加载方式和工作段支持形式将压缩试验分为三类，见表 5-2。各试验方法的主要技术内容见表 5-3。

表 5-2　压缩试验分类

分类方式	区别	特点	代表标准
加载方式	剪切加载	通过加强片与试样之间的剪切将载荷传递到试样的工作段	GB/T 3856，GB/T 5258 中的 A1 和 A2 夹具，ASTM D3410，ISO 14126—1999 中的方法 1
	端面加载	直接将压缩载荷施加于试样的端面	GB/T 5258 中的 C 夹具，ASTM D 695，SACMA SRM 1R—1994
	混合加载	剪切加载的同时也对试样的端面加载	GB/T 5258 中的 B 夹具，ASTM D 6641，SACMA SRM 6—1994，Q/AVIC 06083—2015
工作段支持形式	无支持	试样的工作段较短，且无支持	ASTM D 3410，ASTM D 6641，SACMA SRM 6—1994，ISO 14126—1999，GB/T 3856，GB/T 5258 中的 A1、A2 和 B 夹具，Q/AVIC 06083—2015
	有支持	试样工作段受到夹具支持，露出一端施加压缩载荷	ASTM D695，GB/T 5258 中的 C 夹具，SACMA SRM 1R—1994

表 5-3 国内外复合材料主要压缩试验方法的比较

项目	GB/T 3856—2005	GB/T 5258—2008	Q/AVIC 06083—2015	ASTM D695—2008	ASTM D3410—2008	ASTM D6641—2016	SACMA SRM 1R—1994	SACMA SRM 6—1994	ISO 14126—1999
范围	单向纤维增强塑料强度 $0°$ 和 $90°$ 单向板	纤维增强塑料，端部加载、有剪切加载及混合加载三种加载方式	芳纶纤维增强聚合物基复合材料	弹性模量不超过 41.4GPa 的复合材料；当采用相对低的应变速率或加载速率时，适用于纤维增强或高模量硬质塑料以及高模量复合材料	连续或不连续纤维增强的复合材料，其弹性性能相对于是正交各向异性的。适用于单向带、湿纤维束加捻放、纺织物、短纤维制成的复合材料，或类似的产品	对称均衡复合材料：无加强片试样通常适用于低正交各向异性材料，如：织物、短纤维复合材料以及 0° 纤维层不超过 50% 的层合板；高度正交各向异性材料，包括单向纤维复合材料，一般都需要粘贴加强片	由定向高模量连续纤维（>20GPa）增强的树脂基复合材料的压缩性能，参照 ASTM D 695 制定	用正交各向异性复合材料和单向层合板的纵向和横向拉伸弹性模量来计算单向层合板的压缩强度	适用于测定纤维增塑料的压缩性能
意义和用途	—	—	—	用于研究和开发、质量控制，按规范接收或拒收以及特殊用途	用于建立材料规范、研究与开发，质量保证以及结构设计和分析	用于建立材料规范、研究与开发，质量保证以及结构设计和分析	用于建立材料规范、研究、研发以及开发数据库	用于建立材料规范、研究、研发以及开发数据库	用于建材料规范和质量控制
测定项目	压缩强度，压缩弹性模量（或割线模量），泊松比（也可为切线泊松比或割线泊松比）	压缩应力、应变，压缩强度，最大应变，压缩弹性模量，割线模量	压缩强度、压缩弹性模量和压缩破坏应变	压缩强度、屈服强度、偏移屈服强度，压缩弹性模量	压缩强度、模量（弦线或其他），泊松比（弦线或其他），过渡应变	压缩强度、模量，泊松比（弦线或其他）	压缩强度，压缩弹性模量	单向复合材料平行纤维方向的压缩强度	压缩强度，压缩弹性模量和压缩应变
试样形式	带加强片的矩形截面长方体，140×6×（2~3），只测泊松比时，试样工作段的长度可适当加长	带或不带加强片的矩形截面长方体试样	带加强片的矩形截面长方体试样，典型截面长 140mm，典型宽度为 13mm，厚度推荐 6mm	直圆柱（含棱柱和管）或棱柱。对于增强塑料，包括高强度复合材料，高度正交各向异性层合板采用防失稳形夹具	带或不带加强片的矩形截面长方体试样，厚度要保证试样不发生屈曲	带或不带加强片的矩形截面长方体试样，长 140mm，宽度为 13mm，可以更宽，如 30mm，不宜更窄。厚度更要保证试样工作段不发生屈曲	带加强片（测强度）或不带加强片（测模量）的矩形截面长方体试样	带加强片试样，尺寸同 SACMA SRM 1R	带或不带加强片矩形截面长方体试样

续表

项目		GB/T 3856—2005	GB/T 5258—2008	Q/AVIC 06083—2014	ASTM D695—2008	ASTM D3410—2008	ASTM D6641—2016	SACMA SRM 1R—1994	SACMA SRM 6—1994	ISO 14126—1999
对中规定		—	对于仲裁试验，需要满足初始弹性段弯曲百分比不超过10%	弯曲百分比不超过10%	—	要求上下加载平台平行，对中。所有试样的弯曲百分比应小于10%，否则试验无效	要求上下加载平台平。对中，对所有试样的弯曲百分比应小于10%，否则试验无效	测量弹性模量时，如果背对背粘贴的应变计在1000με时的应变和3000με时的差异超过10%，试验无效	测量弹性模量时，如果背对背粘贴的应变计在1000με时的应变和3000με时的差异超过10%，试验无效	弯曲百分比超过10%，则试验结果无效
压缩弹性模量确定方法		取初始的直线段部分计算弹性模量，无初始直线段时，则取初始切线模量或割线模量	应力-应变曲线的直线段部分计算弹性模量。也可计算割线模量	推荐应变范围：500~2000με 计算弹性模量	在应力-应变曲线初始的直线段部分获取弹性模量	规定应变区间（1000με、3000με），对于低于6000με破坏的材料，建议使用应变范围为极限应变的25%~50%	规定应变区间（1000με、3000με），对于低于6000με破坏的材料，建议使用应变范围为极限应变的25%~50%，也可以选择其他范围。如果只测量弹性模量，加载至超过确定模量应变上限的10%	规定应变区间为（1000με，3000με）	同 ASTM D6641	规定应变区间为（500με，2500με）
加载速率		加载速率为1~2mm/min；仲裁试验1mm/min	加载速率为(1±0.5) mm/min	标准的加载速率为1.3mm/min	标准的加载速率为(1.3±0.3)mm/min，对于塑性好的材料，达到屈服点后，可提速至5~6mm/min	应变控制试验——标准应变率为0.01/min；位移控制试验——横梁位移率为1.5mm/min，选择的应变率在1~10min内试样破坏	1.3mm/min。加载到破坏的时间应控制在1~10min	1mm/min	1.0mm/min	(1.0±0.5) mm/min

续表

项目	GB/T 3856—2005	GB/T 5258—2008	Q/AVIC 06083—2014	ASTM D695—2008	ASTM D3410—2008	ASTM D641—2016	SACMA SRM 1R—1994	SACMA SRM 6—1994	ISO 14126—1999
失效模式和有效性	无效试验：加强片脱落、端头挤压破坏以及破坏仅发生在加强片内	无效试验：试样在夹持区内破坏，且数据低于正常破坏数据的平均值；采用C型夹具时，试样端部出现破坏为无效	无效试验：夹持部位或端头破坏，或两处同时破坏而工作段完好；夹持部位或端头起始损伤之后扩展至工作段破坏	—	无效试验：端部（弯曲百分比大于10%）、夹持段或加强片内破坏或及加强片脱粘	有效试验最终试样的破坏应发生在工作段。失效模式可能是端部压碎，横向或厚度方向的剪切，纵向劈裂或分层。仅端部压碎、屈曲（弯曲百分比大于10%）、夹持段或加强片脱粘为无效试验，后得到的端部压碎、后期还是工作段压碎则视为有效试验。若出现微小的端部压碎，后得到抑制，最终失效则视为有效试验	在明显缺陷处破坏无效。测量弹性模量时，如果背对背粘的应变计在1000με和3000με时的差异超过10%，试验无效	同ASTM D641	夹持部位和端头破坏，弯曲百分比超过10%的屈曲破坏均为无效

5.4.3 压缩试样

（1）试样设计要求

压缩试样形状和尺寸的设计应注意以下要点：

① 试样工作段应形成均匀的压缩应力。

② 试样的抗弯曲刚度足够大：试验过程中试样不会发生弯曲程度超标（一般弯曲百分比应控制在10％以内）的情况，进而引发过早的弯曲失稳破坏；轴向压缩载荷传递给试样时要求有良好的对中性，防止试样发生纵向弯曲。

③ 试样的破坏模式应正确：应确保试样是在压缩应力作用下工作段发生破坏，不是弯曲破坏，不是在夹持部分或者端头破坏。

④ 不应有承压旁路载荷：试验中夹具不应分担压缩载荷，试样和夹具不应有明显摩擦。

（2）试样形状和尺寸

表5-3指出所列试验方法推荐的试样形状和尺寸有所不同，具体如图5-3～图5-11所示。

所有压缩方法中GB/T 3856推荐的试样宽度最小仅6mm，不适用于测定结构单胞尺寸较大的材料的压缩性能（图5-3、图5-4）。

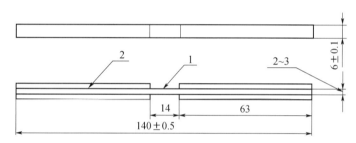

图 5-3　GB/T 3856 压缩试样形状和尺寸（单位：mm）

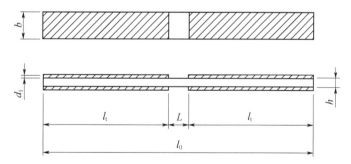

尺寸，mm	符号	试样1	试样2	试样3
总长	l_0	110±1	110±1	125±1
厚度	h	2±0.2	(2～10)±0.2	≥4
宽度	b	10±0.5	10±0.5	25±0.5
加强片/夹头间距离	L	10	10	25
加强片长度	l_t	50	50（若用）	—
加强片厚度	d_t	1	0.5～2（若用）	—

图 5-4　GB/T 5258 压缩试样形状

GB/T 5258 将复合材料分为高性能、较高性能和低性能，对应这三类材料推荐了三种试样形状和尺寸。

Q/AVIC 06083—2015 是在 ASTM D6641 技术基础上，针对高韧性受压缩载荷易屈曲的芳纶纤维增强复合材料做了技术修订，规定该类复合材料试样的厚度为 6mm，增加了试样的刚度，保证了压缩试验过程中弯曲百分比在 10％以内，确保试验结果的有效性（图 5-5）。

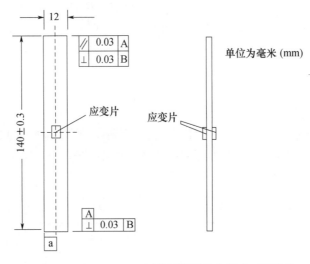

图 5-5　Q/AVIC 06083—2015 压缩试样形状和尺寸（厚度为 6mm）

ASTM D695—2008 在压缩试验过程中，试样的圆弧过渡区存在明显的应力集中，从而导致试样的破坏常常发生在该区，而不出现在预期的工作段内（图 5-6）。该方法尤其不适合于单向层合板，因在机械加工时纤维在过渡区被切断，单向层合板平行纤维方向的压缩试验容易出现圆弧过渡部位至试样端头开裂。该方法不适用于测定太高模量复合材料的压缩强度（模量超过 40GPa）。另外，工程经验表明，在高温试验时试样端头容易被压溃。

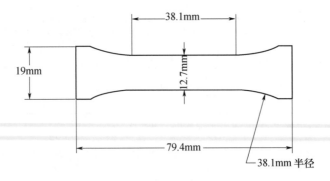

图 5-6　ASTM D 695 压缩试样形状和尺寸

ASTM D3410 和 ASTM D6641 推荐的试样形状和尺寸完全相同，总体上分为粘贴加强片和不粘贴加强片两种试样，ASTM D3410 仅推荐单向板 0°压缩试样粘贴加强片，而 ASTM D6641 推荐在加载方向的纤维含量超过 50％时应贴加强片。工程经验告诉我们，除单向板 90°拉伸试样没必要粘贴加强片之外，其他连续纤维增强的复合材料试样均要求贴加强片，可以最大限度地避免试样端头压溃，提高试验的有效率（图 5-7）。

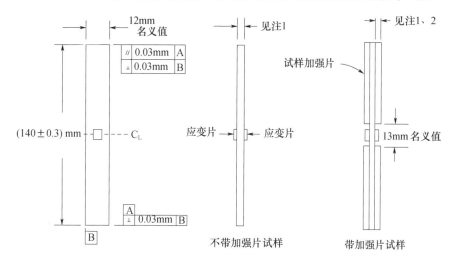

图 5-7　ASTM D3410 和 ASTM D6641 试样形状和尺寸

注：1. 试样和加强片的名义厚度是可变的，但必须均匀。厚度的偏差沿试样或加强片宽度
　　　方向不能超过 0.03mm，沿夹块或加强片长度方向不能超过 0.06mm；可以对试样的
　　　表面进行轻微打磨，消除表面局部缺陷和偏差，这样能提供较平的表面，有助于夹
　　　具的均匀夹持。

　　2. 加强片为矩形，厚度为 1.6mm，但其厚度可根据需求改变。

SACMA SRM 1R 压缩强度测定采用带加强片的试样，压缩弹性模量测定采用不粘贴加强片的试样，试样尺寸小，有利于降低成本，由于该方法推荐的压缩强度试样的工作段长度仅有 4.75mm，所以在压缩过程中会展现较好的刚度，不易出现弯曲失稳现象，从而一般可以获得较高的压缩强度。但由于在压缩过程中试样和夹具存在一定的摩擦，且因工作段很短，夹具对试样的夹持可能很强地限制了工作段的泊松变形，因此较高强度结果的合理性有待深入研究，该方法也存在诸多局限：需要同时提供两组试样，分别用于测试压缩强度和压缩弹性模量，对于织物增强材料，其单胞长度应小于试样的工作段长度（4.8mm）。SACMA SRM 6—1994 是通过测定正交铺层层合板的力学性能，再结合单向板纤维方向的拉伸弹性模量和垂直纤维方向的拉伸弹性模量数值，按照一定的算法计算出单向层合板纤维方向的压缩强度（图 5-8～图 5-10）。试样与 SACMA SRM 1R 相同。

ISO 14126—1999 根据厚度推荐了三种横截面为矩形的带加强片的长方体试样。

由图 5-3～图 5-11 可见，贴有加强片的试样工作段长度因试样厚度而异，当试样厚度小于 4mm 时，工作段长度在 4.75～14mm 之间；当试样厚度大于 4mm 时，工作段长度为 25mm（见 GB/T 5258 和 ISO 14126）。加强片的主要作用是保护试样端头避免被压溃；而不贴加强片的试样包括只测定压缩弹性模量，或者压缩方向强度较低的材料（见 ASTM D6641、SACMA SRM 1R 和 ASTM D695），Q/AVIC 06083—2015 试样不贴加强片，增加厚度至 6mm，是为了解决韧性很好、抗弯刚度较低的芳纶纤维增强的复合材料压缩弯曲失稳破坏问题。

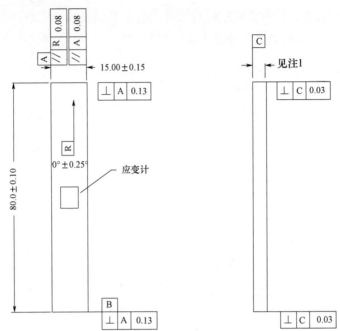

图 5-8　SACMA SRM 1R—1994 压缩弹性模量试样形状和尺寸

注 1：单向带铺层单向复合材料层合板平行纤维方向的压缩试样名义厚度为 1.02mm，对于织物铺层
　　　的复合材料名义厚度为 3.05mm。

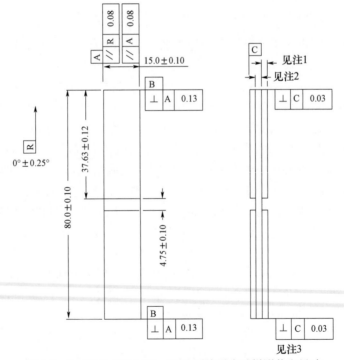

图 5-9　SACMA SRM 1R—1994 压缩强度试样形状和尺寸

注：1. 加强片推荐的名义厚度为 2.29mm，最小厚度为 1.78mm。

　　2. 单向复合材料层合板平行纤维方向的压缩试样名义厚度为 1.02mm，对于织物铺层的复合
材料名义厚度为 3.05mm。

　　3. 加强片之间的厚度偏差小于 0.25mm。

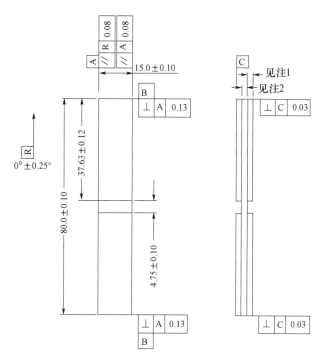

图 5-10 SACMA SRM 6—1994 压缩试样形状和尺寸

注：1. 加强片推荐的名义厚度为 2.25mm，最小厚度为 1.75mm。

2. 单向带铺贴的复合材料正交层合板压缩试样名义厚度为 2.25mm，对于织物铺层的复合材料名义厚度为 3.00mm。

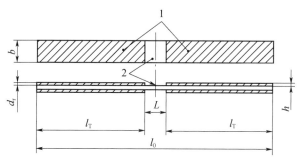

注：1—加强片；2—试样

尺寸：mm

尺寸	符号	A型试样	B1型试样	B2型试样
最小长度	l_0	110±1	110±1	125±1
厚度	h	2±0.2	2±0.2~10±0.2	≥4
宽度	b	10±0.5	10±0.5	25±0.5
工作段长度	L	10	10	25
最小加强片长度	l_t	50	50（必要时）	50（必要时）
加强片厚度	d_t	1	0.5~2（必要时）	0.5~2（必要时）

图 5-11 ISO 14126—1999 三种类型的压缩试样形状

5.4.4 压缩试验夹具

聚合物基复合材料压缩试验常用工装夹具按照基本原理可以分为如图 5-12 所示的四种。

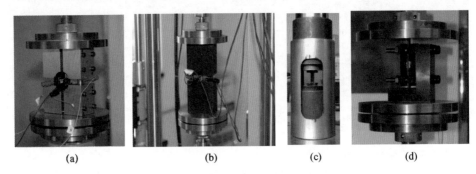

图 5-12　常见的压缩试验夹具

(a) GB/T 5258 混合加载、Q/AVIC 06083、ASTM D 6641、ISO 14126 方法 2;

(b) GB/T 5258 剪切加载、ASTM D3410、ISO 14126 方法 1;

(c) GB/T 3856;(d) GB/T 5258 端头加载、ASTM D695、SACMA SRM 1R、SACMA SRM 6

GB/T 3856 夹具构成复杂,安装烦琐,试验过程中试样容易打滑,试验成功效率不高,目前很少使用。

GB/T 5258 将复合材料分为高性能、较高性能和低性能,对应这三类材料推荐了三种夹具。由推荐的夹具构型可以看出该方法实质上是 ASTM D6641、ASTM D3410 和 ASTM D695 的汇总,优点是熟悉复合材料属性和力学试验的人员用起来方便,缺点是对更多的不太了解复合材料和试验技术的人员来说,容易出现试样和夹具选择混乱。

ASTM D3410 与 GB/T 3856 夹具原理相同,夹具构成复杂,安装烦琐,试验过程中试样容易打滑,试验成功效率不高。因采用的是剪切加载方式,试样端头不承受压缩载荷,因此比较适合高强度的单向板。

ASTM D6641—2016 采用在试样端部加载和夹持部位剪切加载的混合加载方式,因此在使用加强片的情况下,适用于各种强度的复合材料压缩试验。但是工程经验表明,压缩强度对压缩夹具和试样的尺寸、形位公差比较敏感,尤其对于 T800 及其以上级别碳纤维增强的单向复合材料层合板,欲获得理想的压缩强度数据,须在以上两个方面进行严格的控制。

SACMA SRM 1R—1994 夹具尺寸不大,结构相对简单,安装也不复杂,缺点是试样和夹具装配完成后,试样两个端头是在夹具扶持之外的,高强材料和复合材料的高温试验易出现试样端头压溃的情况。SACMA SRM 6—1994 与 SACMA SRM 1R 夹具完全相同。

ISO 14126—1999 提供了两种夹具,一种类似于 ASTM D 3410—2008 和 GB/T 3856 的剪切加载夹具(ISO 14126 方法 1),试样装夹烦琐,试验中容易打滑,试验成功率低;另一种是端头和剪切混合加载,类似于 ASTM D6641。

5.4.5 压缩试验过程

(1) 准备

按照试验方法或客户要求对试样进行状态调节,并在状态调节后进行尺寸测量。因

GB/T 3856、GB/T 5258（混合加载和剪切加载）、Q/AVIC 06083、ASTM D3410、ASTM D 6641 和 ISO 14126 推荐的试样工作段长度较短，因此不能采用引伸计测定应变，需要在试样装夹前在试样表面粘贴应变计，又因需要在后续的加载过程中监测试样的弯曲百分比，所以需要在试样的工作段两个宽面中心位置背靠背粘贴两个应变计；GB/T 5258（端头加载）、ASTM D695、SACMA SRM 1R 和 SACMA SRM 6 推荐的试样宽度比扶持夹具宽，侧边外露在夹具外，因此可以通过在两个侧边上安装双面平均引伸计的方法解决弹性模量测试问题，至于测定压缩破坏应变，为了保护价格昂贵的引伸计，还是需要采用在试样表面上粘贴应变计或其他非接触的方法。

（2）装夹试样

将试样安装在压缩夹具内，保持夹具和试样的对中，然后将安装好试样的夹具放置在试验机上下压盘之间，置于压盘中心位置，保证加载压盘和试样的对中。

（3）加载

按照试验方法规定的速率对试样施加压缩载荷，直至试样破坏，并记录数据。

（4）弯曲百分比的实时监测

ASTM D6641 规定，加载过程中当应力-应变曲线达到 $2000\mu\varepsilon$（计算弹性模量应变范围 $1000\sim3000\mu\varepsilon$ 的中点）时，按照式（5-7）计算弯曲百分比，若弯曲百分比超过 10% 则计算的弹性模量是无效的，若最大载荷点对应的弯曲百分比超过 10%，则压缩强度和压缩破坏应变结果也是无效的。

（5）测定弹性模量

与拉伸试验类似，ASTM D6641 也是将应力-应变曲线在 $1000\sim3000\mu\varepsilon$ 之间数据拟合直线的斜率作为复合材料的压缩弹性模量。与拉伸试验不同的是，压缩弹性模量计算时所使用的应变数据一直是试样双面应变的平均值，而拉伸试验是否有必要采用双面平均应变计算弹性模量需要根据弯曲百分比做出判断。同拉伸试验类似，应变取值范围的选取是以线性最好为前提的。

（6）记录失效模式

ASTM D6641 给出了压缩试样典型的失效模式，如图 5-13 所示。由图可见，有效失效模式的共同特征是破坏均发生在工作段内。

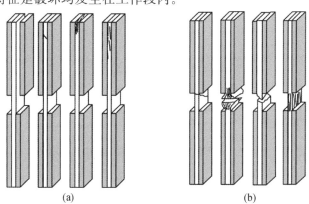

图 5-13　复合材料压缩典型失效模式

（a）无效失效模式：加强片脱落、夹持部位破坏、端头压溃；

（b）工作段沿宽度方向剪切破坏、工作段异相屈曲破坏、工作段沿厚度方向剪切破坏、工作段纵向劈裂

5.4.6　压缩试验数据处理与表达

（1）压缩强度

层合板的压缩强度按照式（5-11）计算：

$$\sigma_c = \frac{p_b}{b \cdot h} \tag{5-11}$$

式中　p_b——最大破坏载荷，N；

　　　b——试样工作段的宽度，mm；

　　　h——试样工作段的厚度，mm。

（2）压缩弹性模量

层合板的压缩弹性模量按照式（5-12）计算：

$$E_c = \frac{p_2 - p_1}{(\varepsilon_{x2} - \varepsilon_{x1}) \cdot b \cdot h} \tag{5-12}$$

式中　ε_{x1}——应力-应变曲线上所选取的起点应变值，一般取 $1000\mu\varepsilon$；

　　　ε_{x2}——应力-应变曲线上所选取的终点应变值，一般取 $3000\mu\varepsilon$；

　　　p_1——ε_{x1} 对应的载荷，N；

　　　p_2——ε_{x2} 对应的载荷，N。

（3）压缩泊松比

压缩泊松比按照式（5-13）计算：

$$v_{xy} = -\frac{\varepsilon_{y2} - \varepsilon_{y1}}{\varepsilon_{x2} - \varepsilon_{x1}} \tag{5-13}$$

式中　ε_{y1}——和 ε_{x1} 相对应的横向应变值；

　　　ε_{y2}——和 ε_{x2} 相对应的横向应变值。

（4）弯曲百分比

用计算弹性模量的应变范围中点处的应变按照式（5-14）计算试样的弯曲百分比：

$$B_y = \frac{\varepsilon_1 - \varepsilon_2}{\varepsilon_1 + \varepsilon_2} \times 100\% \tag{5-14}$$

式中　ε_1——试样正面应变；

　　　ε_2——试样反面应变。

5.5　弯曲性能试验

5.5.1　弯曲试验概述

弯曲试验从加载形式分为三点和四点弯曲试验两种，如图 5-14 所示。将长方体形复合材料试样置于弯曲试验夹具上，试样垂直于加载压头并相对加载线对称放置。加载试样直至试样出现下表面拉伸破坏或上表面压缩破坏。通过记录的载荷、挠度或应变数据获得弯曲强度和模量。弯曲试验是一种简便易行的试验，被广泛用于复合材料的工艺控制和质量检验。

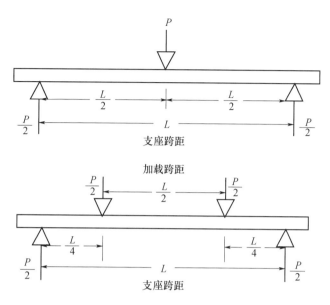

图 5-14 三点和四点弯曲加载示意图（ASTM D7264）

5.5.2 弯曲试验方法

弯曲性能包括弯曲强度、弯曲模量和弯曲破坏应变等，弯曲性能通常用来监测复合材料的工艺稳定性、质量控制等。目前国内外关于复合材料弯曲试验的标准方法主要包括以下几种：

GB/T 1449—2005 纤维增强塑料弯曲性能试验方法

GB/T 3356—1999 单向纤维增强塑料弯曲性能试验方法

Q/6S 2708—2016 高强高韧性纤维增强聚合物基复合材料弯曲性能试验方法

ASTM D790—2015 Standard Test Methods for Flexural Properties of Unreinforced and Reinforced Plastics and Electrical Insulating Materials

ASTM D7264—2015 Standard Test Method for Flexural Properties of Polymer Matrix Composite Materials

ISO 14125—1998 Fibre-reinforced plastic composites-Determination of flexural properties

表 5-4 给出了 5 种试验方法的主要技术内容比较。

5.5.3 弯曲试样

复合材料弯曲试验方法推荐的弯曲试样形状均为长方体。影响复合材料弯曲试验结果的因素主要是跨厚比，各标准试验方法对跨厚比的规定详见表 5-4。跨厚比的选择原则是使试样在弯矩作用下发生破坏，当面外剪切变形对试样挠度的贡献不可忽略时，应增大跨厚比，如：中国航发北京航空材料研究院制定的企业标准 Q/6S 2708，针对高强高韧性复合材料的弯曲性能测定，在测定 T800 级碳纤维增强聚合物基复合材料的弯曲性能时，须将跨厚比调整到 60 才能获得合理的弯曲模量。

表 5-4　国内外复合材料主要弯曲试验方法的比较

项目	GB/T 1449—2005	GB/T 3356—1999	Q/6S 2708—2016	ASTM D790—2015	ASTM D7264—2015	ISO 14125—1998
加载方式	三点弯曲	三点弯曲	三点弯曲	三点弯曲	方法 A：三点弯曲；方法 B：四点弯曲	方法 A：三点弯曲、方法 B：四点弯曲
范围	纤维增强塑料	单向纤维增强塑料层合板	高强高韧性纤维（拉伸强度和断裂伸长率大于T300级纤维）增强聚合物基复合材料层合板	非增强和增强塑料，包括高模量复合材料以及电绝缘材料	树脂基复合材料	热固性和热塑性复合材料
意义和用途	—	—	—	用于工艺控制和质量检验	用于工艺控制和质量检验	不是用来确定设计参数，只是筛选材料，或者质量控制
测定项目	弯曲强度、弯曲弹性模量	弯曲强度、弯曲弹性模量	弯曲强度、弯曲弹性模量	弯曲强度、弯曲弹性模量	弯曲强度、弯曲弹性模量	弯曲强度、弯曲弹性模量
跨厚比	16，根据试样厚度可以调整	碳纤维增强塑料：32；玻璃纤维和芳纶纤维增强塑料：16	≥32（32、40、60等）	16，可根据情况调整	32（三点弯曲）	（1）短切纤维增强塑料，DMC、BMC、SMC、GMT：16；（2）复合材料单向板90°试样，单向板0°试样和多向复合材料（$5<E_{11}/G_{13}<15$，如玻璃纤维增强复合材料0°试样）：20；复合材料单向板0°试样和多向板（$15<E_{11}/G_{13}<50$，如碳纤维增强复合材料体系）：40

续表

项目	GB/T 1449—2005	GB/T 3356—1999	Q/6S 2708—2016	ASTM D790—2015	ASTM D7264—2015	ISO 14125—1998
加载速率	测强度时:10mm/min;仲载试验:2mm/min,h为厚度;测模量及载荷-挠度曲线:2mm/min	测强度:$V=\dfrac{Z \cdot l^2}{6h}$,h为厚度,Z=0.01/min;当 $l/h=16$: $h/2$mm/min;当 $l/h=32$: $2h$ mm/min;也可取加载速度为5~10mm/min,测模量及载荷-挠度曲线取1~2mm/min	1.0mm/min	$V=\dfrac{Z \cdot l^2}{6h}$,l为跨距,h为厚度;方法A: Z=0.01;方法B: Z=0.1	1.0mm/min	$V=\dfrac{Z \cdot l^2}{6h}$,l为跨距,h为厚度;方法A: Z=0.01
弯曲模量测量	推荐应变范围:500~2500με计算弹性模量	用载荷-挠度曲线初始的直线段斜率来计算弯曲弹性模量	推荐应变范围:1000~3000με计算弹性模量	用载荷-挠度曲线初始直线段斜率来计算弯曲弹性模量	推荐应变范围:1000~3000με计算弹性模量	推荐应变范围:500~2500με计算弹性模量
试验停止判据	试样破坏或者挠度达到1.5倍试样厚度	试样破坏	试样上表面或下表面之一或同时发生破坏为止;挠度超过跨距的10%	试样外表面断裂应变达到5%	试样破坏	试样破坏
失效模式和有效性	层间剪切破坏、有明显内部缺陷或在试样中间1/3以外破坏的为无效试验结果	不在跨距中间1/3内破坏的为无效试验结果	层间分层失效模式为无效试验结果	试样外表面断裂为有效试验结果	层间剪切破坏,压头下方试样破压碎为无效试验结果	压头和试样之间放置0.2mm厚聚丙烯薄膜,不致励压缩面失效

5.5.4 弯曲试验夹具

表 5-5 给出了各标准试验方法对弯曲试验夹具的要求。

表 5-5　不同弯曲试验方法的试验夹具

试验夹具	试验方法					
	GB/T 1449	GB/T 3356	Q/6S 2708	ASTM D790	ASTM D7264	ISO 14125
加载头半径 R（mm）	5±0.1	5±0.2	5±0.1	5±0.1	3.0	5±0.2
支座半径 r（mm）	$h>3mm$, $r=2±0.2$ $h\leqslant3mm$, $r=0.5±0.2$	2±0.2	5±0.1	5±0.1	3.0	$h>3mm$, $r=2±0.2$ $h\leqslant3mm$, $r=5±0.2$
加载头硬度要求	—	—	60～62HRC	—	≥55HRC	

加载压头和支座不应对试样表面产生损伤，从而诱发试样过早地被破坏，如：复合材料在三点弯曲试验时，压头压碎了下方与其接触的试样表面，从而使试样上表面过早出现压缩破坏，导致弯曲强度偏低。Q/6S 2708 和 ISO 14125 均对此给出了解决措施，通过承垫柔性薄膜的方法避免或降低压头对试样表面的损伤。

5.5.5 弯曲试验过程

（1）准备及装夹试样

根据测量获得的试样厚度数据，调整三点弯曲夹具的支座距离，以达到规定的跨厚比要求。按照标准要求安装试样在夹具上，在试样中点下表面位置安装挠度计。如果待测材料属于 T800 及其以上级碳纤维增强的复合材料，应按照 Q/6S 2708 的要求调整跨厚比为 60，且在压头和试样之间放置柔性承垫薄膜。

（2）试验过程

按要求设定加载速度，连续加载直至试样破坏或者达到表 5-4 中规定的停机判据，停止试验，记录载荷-位移曲线或载荷-挠度曲线。

5.5.6 弯曲试验数据处理与表达

（1）弯曲强度的计算

选用三点弯曲加载方式时，按式（5-15）来计算弯曲强度 σ_f：

$$\sigma_f = 3Pl/2bh^2 \tag{5-15}$$

式中　P——试样破坏或者达到停机条件前的最大载荷，N；

　　　l——跨距，mm；

　　　b——试样宽度，mm；

h——试样厚度，mm。

（2）弯曲应变的计算

选用三点弯曲加载方式时，按式（5-16）计算弯曲应变 ε_f：

$$\varepsilon_f = 6Dh/l^2 \tag{5-16}$$

式中　ε_f——试样下表面的应变，mm/mm；

　　　D——试样下表面中心的挠度，mm；

　　　l——跨距，mm；

　　　h——试样厚度，mm。

（3）弯曲弹性模量的计算

弯曲弹性模量 E_f 按式（5-17）计算：

$$E_f = \frac{\Delta P \cdot l^3}{4b \cdot h^3 \cdot \Delta f} \tag{5-17}$$

式中　ΔP——载荷-挠度曲线上初始直线段的载荷增量，N；

　　　Δf——对应于 ΔP 的试样跨距中点处的挠度增量，mm；

　　　l——跨距，mm；

　　　h——试样厚度，mm；

　　　b——试样宽度，mm。

或者按照式（5-18）计算：

$$E_f = \frac{\sigma_1 - \sigma_2}{\varepsilon_1 - \varepsilon_2} \tag{5-18}$$

式中　ε_1、ε_2——弯曲应力-弯曲应变曲线上线性段起止位置的两个应变值，具体取值见表 5-4；

　　　σ_1、σ_2——弯曲应力-弯曲应变曲线上与 ε_1、ε_2 对应的两个应力值，MPa。

5.6　面内剪切性能试验

5.6.1　面内剪切试验概述

对 $[\pm 45]_{ns}$ 铺层复合材料层合板进行 0°方向拉伸，根据材料力学原理在±45°方向剪应力最大，从而使该铺层复合材料在±45°方向发生剪切破坏，记录面内剪切应力-面内剪切应变曲线（或者记录载荷、纵向应变、横向应变等数据），按照试验方法规定计算面内剪切性能。测定纤维增强聚合物基复合材料层合板面内剪切试验的目的是获得用于制定材料规范、研究与开发、质量保证以及结构设计和分析的面内剪切性能数据，包括面内剪切强度、面内剪切应变、面内剪切弹性模量、偏移剪切强度等。

5.6.2　面内剪切试验方法

面内剪切性能包括面内剪切强度、面内剪切模量和极限面内剪切应变。目前常用的能够实现复合材料层合板面内剪切强度测试的国内外标准试验方法如下：

GB/T 3355—2005　纤维增强塑料纵横剪切试验方法

ASTM D3518—2018　Standard Test Method for In-Plane Shear Response of Polymer Matrix Composite Materials by Tensile Test of a±45° Laminate

ASTM D5379—2019　Standard Test Method for Shear Properties of Composite Materials by the V-Notched Beam Method

以上三种试验方法中 GB/T 3355 和 ASTM D3518 均采用 [±45]$_{ns}$ 铺层层合板拉伸的方法（图 5-15）以实现试样面内剪切破坏，因其简单易行而得到广泛的使用。ASTM D 5379 是复合材料层合板剪切性能试验方法，可以给出不同平面的剪切性能。其中的剪切强度 F_{12} 值（图 5-16）与前两种方法得到的面内剪切强度的物理意义一致，但因试验方法不同，二者得到的结果不可比。表 5-6 对比了三种试验方法的主要技术内容。

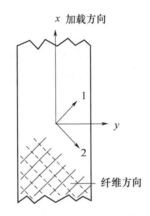

图 5-15　面内剪切试样纤维方向和加载示意图

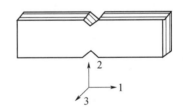

图 5-16　V 形槽 F_{12} 剪切试样示意图

尽管 ASTM D5379 可以给出相对精确的面内剪切性能值，但是复杂的工装夹具、繁杂的试样安装过程和试样 V 形槽的加工难度都极大地限制了它的应用。GB/T 3355—2005 虽然简单，但是面内剪切强度定义为最大载荷对应的剪切应力，通常情况下最大载荷就是破坏载荷。破坏时试样纤维方向已经发生了很大的变化，载荷不再主要由试样面内剪切变形所贡献，因此，由此方法得到的面内剪切强度偏大，对应的面内剪切极限应变也偏大。而复合材料结构设计所考虑的刚度变形远远低于由 GB/T 3355—2005 获得的面内剪切极限应变，所以近年来工程项目中已经不再使用 GB/T 3355—2005 测试复合材料的面内剪切性能，而改用 ASTM D3518。由表 5-6 中关于面内剪切性能的定义可知，ASTM D3518 避免了 GB/T 3355—2005 的缺点。下面重点以 ASTM D3518 为例阐述试验方法的主要技术内容。

表5-6 面内剪切性能试验方法主要技术内容

项目	GB/T 3355—2005	ASTM D518—2018	ASTM D5379—2019
适用范围	单向纤维或织物增强的 $[\pm45]_{ns}$ 层合板	高模量纤维增强复合材料。复合材料形式限定于连续纤维增强的复合材料 $[\pm45]_{ns}$ 层合板（增强材料为单向纤维或织物机织物）	就测试 F_{12} 面内剪切性能而言：适用于测量高模量纤维增强复合材料剪切性能。复合材料形式限定于连续纤维或非连续纤维增强的，具有下列材料形式的复合材料：（1）仅由单向纤维构成的单层组成的层合板，其纤维方向与加载轴向平行或者垂直；（2）仅由机织物单层构成的层合板，其经向与加载轴向平行或者垂直；（3）仅由单向纤维的单层组成，且包含相同数量的 0°层和 90°层的对称均衡层合板，其 0°方向与加载轴向平行或者垂直
试样形式	$250\times25\times h$（厚度），铺层顺序为 $[\pm45]_{ns}$，其中对于单向带，$4\leqslant n\leqslant6$（16, 20 或者 24层）；而对于机织物，$2\leqslant n\leqslant4$（8, 12 或者 16层）；仲裁试样 $n=3$	试样的几何形状与 D 3039 一致，并经过以下改进：铺层顺序为 $[45/-45]_{ns}$，其中对于单向带，$4\leqslant n\leqslant6$（16, 20 或者 24层）；而对于机织物，$2\leqslant n\leqslant4$（8, 12 或者 16层）；本方法通常不要求加强片	$[0]_n$、$[90]_n$、$[0/90]_{ns}$ 或 $[90/0]_{ns}$
加载速率	测量纵横剪切强度时，加载速度为 1~6mm/min。碳纤维增强塑料，宜采用下限速度。测量纵横剪切模量时，加载速度为 1~2mm/min	应变控制试验——标准应变速率为 0.01/min。恒定夹头速度试验——标准的横梁位移速率为 2mm/min	应变控制试验——标准应变速率为 0.01/min。恒定夹头速度试验——标准的横梁位移速率为 2mm/min
模量测量	应力-应变曲线初始直线段部分的斜率	在 1500~2500με 范围内选取一个较低的应变（4000±200）με 作为起始点，使剪切向计算弦在该范围内计算弦向剪切弹性模量。对于在 6000με 以前碳坏或者出现过渡区的斜率发生明显改变（应力-应变曲线）材料，必须采用不同的应变范围	在 1500~2500με 范围内选取一个较低的应变（4000±200）με 作为起始点，使剪切向计算弦在该范围内计算弦向剪切弹性模量

续表

项目	GB/T 3355—2005	ASTM D3518—2018	ASTM D5379—2019
试验结果	纵横剪切强度（最大载荷对应的剪切应力）、纵横剪切弹性模量	面内剪切弦向弹性模量；偏移剪切强度，最大剪切应力，最大剪切应变 最大剪应力（剪切强度）：取5%剪切应变前的最大剪切应力 最大剪切应变：最大剪切应力对应的剪切应变	剪切弦向弹性模量；偏移剪切强度，极限强度，极限应变 极限强度：取5%剪切应变前的最大剪切应力 极限应变：最大剪切应力对应的剪切应变
失效模式	破坏在夹持段内试样，应予作废	没有要求	分别给出了可接受和不可接受的失效模式的说明

5.6.3　面内剪切试样

ASTM D3518 标准试样为单向带或机织物 $[\pm 45]_{ns}$ 铺层的矩形层合板试样，如图 5-17 所示，面内剪切试样破坏载荷较小，不用粘贴加强片。

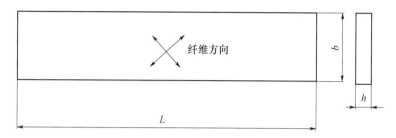

纤维方向

L=200~300mm，b=25mm，h为试样厚度

图 5-17　ASTM D3518 规定的标准试样

5.6.4　面内剪切试验夹具

因采用拉伸加载形式来实现对试样的面内剪切破坏，因此对面内剪切试验夹具的要求与拉伸试验相同，参见 5.3.4 节。

5.6.5　面内剪切试验过程

（1）准备及装夹试样

对试样进行状态调节后测定试样尺寸，然后将试样放入试验机拉伸夹头中，利用限位块等辅助工装，以保证试样的纵轴与试验机加载中心线重合。选用合适的夹紧力夹持试样，避免过大的夹持力引起试样的提前损伤，或由于夹持压力不足而造成试样打滑。如果需要应变计获取试样应变数据，此时应在试样表面粘贴纵向和横向应变计。

（2）加载

以标准规定的速率对试样加载，记录全程面内剪切应力-面内剪切应变曲线，或者拉伸载荷、纵向应变和横向应变，按照试验方法的规定计算面内剪切强度和面内剪切应变。

5.6.6　面内剪切试验数据处理与表达

（1）面内剪切强度

面内剪切强度按照公式（5-19）计算：

$$\tau_{12} = \frac{P}{2 \cdot b \times h} \tag{5-19}$$

式中　P——5%（含）面内剪切应变之前的最大载荷，N；

　　　b——试样宽度，mm；

　　　h——试样厚度，mm。

需要注意的是，ASTM D3518 对面内剪切强度的定义与 GB/T 3355—2005 不同，GB/T 3355—2005 在式（5-19）中载荷取值为整个加载过程的最大载荷。当前新版的 GB/T 3355 已经意识到这种取值的不合理性，并进行了修订。

（2）极限剪切应变

极限剪切应变定义为式（5-19）中 τ_{12} 对应的应变。

（3）面内剪切弹性模量

定义为面内剪切应力-面内剪切应变曲线上线性段的斜率，一般线性段的范围取 $2000 \sim 6000 \mu \varepsilon$ 之间。范围可根据线性段具体情况进行调整。

（4）0.2% 偏置强度

在 0.2% 的面内剪切应变点绘制一条平行于面内剪切应力-面内剪切应变曲线上线性段的直线，直线与曲线交点对应的应力为 0.2% 偏置强度。

5.7 层间剪切试验

5.7.1 层间剪切试验概述

按照指定的跨厚比对短梁试样施加三点弯曲载荷，使得试样发生层间分层失效。根据试验过程中记录的最大载荷值和试样尺寸，计算获得层间剪切性能。

5.7.2 层间剪切试验方法

层间剪切性能与弯曲性能一样，通常用来监测复合材料的工艺稳定性和进行质量控制。目前常用的能够实现复合材料层合板层间剪切强度测试的国内外标准试验方法如下：

JC/T 773—2010 纤维增强塑料短梁法测定层间剪切强度

Q/AVIC 06082—2015 芳纶纤维增强聚合物基复合材料层合板层间剪切强度试验方法

ASTM D2344：2016 Standard Test Method for Short-Beam Strength of Polymer Matrix Composite Materials and Their Laminates

ISO 14130—1997 Fibre-reinforced plastic composites—Determination of apparent interlaminar shear strengt-h by short-beam method

ASTMD 5379—2019 Standard Test Method for Shear Properties of Composites Materials by the V-Notched Beam Method

以上五种试验方法中 JC/T 773、Q/AVIC 06082、ASTM D2344 和 ISO 14130 均采用短梁三点弯曲加载的方法（图 5-18）。该方法的优点是简单易行；缺点是应力状态复杂，得到的是层间剪切强度的估计值。层间剪切强度是表征复合材料层合板层间抗剪切能力的重要参数，其高低与树脂基体性能、增强纤维和树脂界面性能、纤维铺层顺序和方向、试样尺寸等众多因素密切相关，一般不作为设计用力学性能数据，只用于材料质量检验和工艺控制。

ASTM D5379 是复合材料层合板剪切性能试验方法，可以给出不同平面的剪应力值。其中的剪切强度 F_{31} 值（图 5-19）与前四种方法得到的层间剪切强度的物理意义是一致的，但是因试验中试样的应力状态明显不同，所以二者得到的结果是不可比的。表 5-7 对比了三种试验方法的主要技术内容。

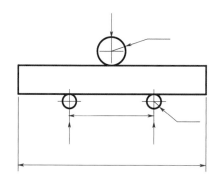 

图 5-18 层间剪切强度加载示意图（短梁三点弯曲法）

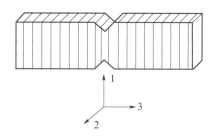

图 5-19 V 形槽 F_{31} 剪切试样示意图

尽管 ASTM D5379 可以给出相对精确的层间剪切性能值，但是复杂的工装夹具、繁杂的试样安装过程和试样 V 形槽的加工难度大等都极大地限制了其应用。虽然 JC/T 773、Q/AVIC 06082、ASTM D2344 和 ISO 14130 给出的是层间剪切强度的估计值，因其简便易行，目前在工程上仍大范围地使用它们来评定复合材料层合板的层间剪切强度。下面重点介绍 JC/T 773 和 ASTM D2344。

表 5-7　三种层间剪切性能试验方法的主要技术内容

项目		JC/T 773—2010	Q/AVIC 06082—2015	ASTM D 2344—2016	ISO 14130: 1997	ASTM D5379—2019
适用范围		能发生层间剪切失效的复合材料	芳纶纤维增强聚合物基复合材料层合板	高模量纤维增强的聚合物基复合材料，复合材料形式限定于连续或不连续纤维增强的聚合物基复合材料，其弹性性能关于梁的纵轴均是均衡、对称的。多向和纯单向梁的纵轴均是均衡、对称的。只要梁均可以进行试验，对称的纤维含量至少为10%（最好通过厚度方向的均匀分布），并且层合板相对于梁的跨度方向是对称均衡的（平板或曲板）	纤维增强塑料等热固性基体或热塑性基体的对称均衡复合层合板	高模量连续或不连续纤维增强的聚合物基复合材料，机织物增强复合板、随机短纤维增强复合材料，方法中的 F_{31} 相当于层间剪切性能
试样		平板试样，标准尺寸：20×10×2，非标尺寸：10h×5h×h（h 为试样厚度）	平板试样，标准尺寸：40×12×6	分为平板和曲板两种形式。标准尺寸：40×12×6，非标尺寸：6h×2h×h（h 为试样厚度），试样最小厚度限定为 2.0mm	平板试样，标准尺寸：20×10×2，非标尺寸：10h×5h×h（h 为试样厚度）	V 形槽试样，板厚 76mm
加载方式		短梁三点弯曲	短梁三点弯曲	短梁三点弯曲	短梁三点弯曲	V 形槽剪切
跨厚比		5.0	3.0	4.0	5.0	
压头支座		压头半径 5mm，支座半径 2mm	压头半径为 3.0mm，支座半径为 1.5mm，硬度满足（60～62）HRC	压头半径：3mm，支座半径：1.5mm	压头半径 5mm，支座半径 2mm	
加载速率		1.0mm/min	1.0mm/min	1.0mm/min	1.0mm/min	2.0mm/min
失效模式		仅层间分层为有效，结果以层间剪切强度 τ_{31} 给出	层间分层为有效	层间分层、上表面压缩、下表面拉伸破坏、大塑性变形均为有效，结果以短梁强度给出	单层和多层剪切失效为有效。下表面拉伸，上表面压缩、拉伸混合、压缩混合分层，大的塑性变形均为无效失效模式	在两个 V 形槽间破坏为有效，结果以剪切强度 F_{31} 给出

5.7.3 层间剪切试样

(1) 标准试样

JC/T 773 标准试样为单向纤维增强的平板试样，如图 5-20 所示。ASTM D2344 规定的标准试样分平板和曲板两种，如图 5-21 所示。ASTM D5379 中层间剪切试样的形状及尺寸如图 5-22 所示。

(2) 非标试样

非标试样与标准试样的形状是一样的，尺寸有所差别。JC/T 773 规定了非标试样尺寸为 $10h \times 5h \times h$（h 为试样厚度），ASTM D2344 规定了非标试样尺寸为 $6h \times 2h \times h$（h 为试样厚度），试样最小厚度限定为 2.0mm。

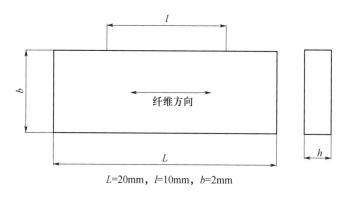

$L=20\text{mm}$，$l=10\text{mm}$，$b=2\text{mm}$

图 5-20　JC/T 773—2010 规定的标准试样

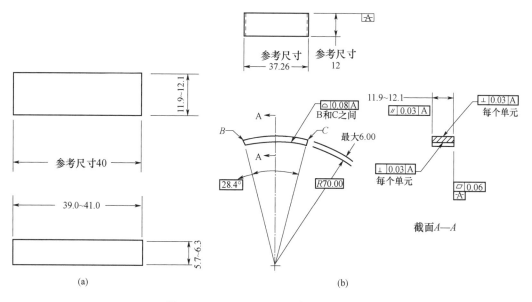

图 5-21　ASTM D2344 规定的标准试样

（a）平板试样；（b）曲板试样

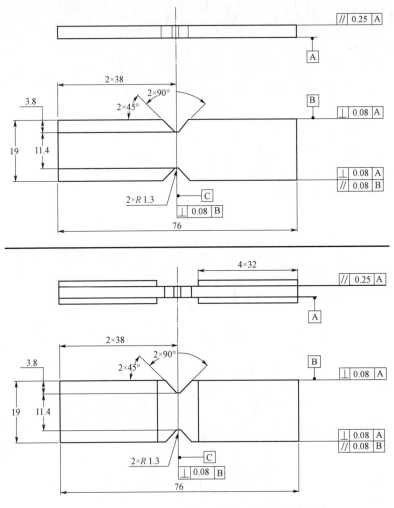

图 5-22　ASTM D5379 中层间剪切试样外形及尺寸

5.7.4　层间剪切试验夹具

层间剪切试验采用短梁三点弯曲加载形式，三点弯曲夹具的压头和支座应按照标准要求加工，加载过程中压头和支座不应对试样造成损伤进而扩展诱发试样破坏，也不应使试样发生扭转等变形。

5.7.5　层间剪切试验过程

（1）试验准备

对试样编号，按照要求进行状态调节，之后测量试样尺寸并记录。然后调整弯曲夹具到层间剪切试验要求的跨厚比，安装试样到夹具上。如果按照试验方法 ISO 19927 进行试验，则此时还应在纯剪切面位置安装挠度测量装置。

（2）加载及停机

按照标准要求的速率对试样加载，试样分层，或者载荷下降了最大载荷的 30%，或者挠度超过了试样的名义厚度时，停止试验，记录全程载荷-挠度曲线。

（3）记录失效模式

短梁剪切试验可能出现三种典型的失效模式，如图 5-23 所示：第一种是层间分层；第二种是弯曲失效模式（上表面压缩破坏或下表面拉伸破坏）；第三种是发生大的弯曲塑性变形。

JC/T 773—2010 规定试样出现层间分层失效模式为有效，结果以层间剪切强度给出；ASTM D2344 规定三种失效模式均有效，结果以短梁强度给出。

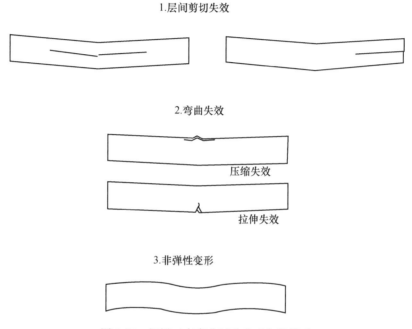

图 5-23　短梁三点弯曲试验典型失效模式

5.7.6　层间剪切试验数据处理与表达

JC/T 773、Q/AVIC 06082、ASTM D2344 和 ISO 14130 规定的层间剪切强度按照式（5-20）计算：

$$\tau_{sbs} = 0.75 \times \frac{P_{max}}{b \times h} \tag{5-20}$$

式中　P_{max}——最大载荷，N；

b——试样宽度，mm；

h——试样厚度，mm。

5.8　开孔拉伸试验

5.8.1　开孔拉伸试验概述

将中心开孔的复合材料试样对中安装于试验机的拉伸试验夹具中，持续施加拉伸载荷直至试样发生穿过孔的破坏，根据采集的载荷等数据信息计算获得材料的开孔拉伸强度数据。

5.8.2　开孔拉伸试验方法

ASTM D5766—2007 Standard Test Method for Open-Hole Tensile Strength of Polymer Matrix Composite Laminates1

GB/T 30968.3—2014 聚合物基复合材料层合板开孔/受载孔性能试验方法　第3部分：开孔拉伸强度试验方法

GB/T 30968.3 是技术等效 ASTM D5766 而制定的，借鉴了其中绝大部分关键技术内容。本节仅以 ASTM D5766 为例来阐述复合材料开孔拉伸试验方法。

适用范围：适用于高模量纤维增强的对称均衡复合材料层合板的开孔拉伸强度测试。

意义和用途：开孔拉伸强度一般用于确定结构设计许用值、材料规范建立、研究和开发、质量检验等，也作为间接衡量复合材料韧性的参数。

试样形式：试样为中心开孔的长方体试样，如图 5-24 所示。

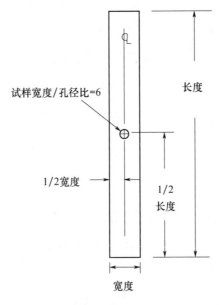

图 5-24　复合材料开孔拉伸试样示意图

试验机、夹具、对中度、加载速率等均参考 ASTM D3039。ASTM D5766 只给出开孔拉伸强度获得方法，没有弹性模量的内容，工程上一般只对对称均衡层合板或典型结构铺层板开展开孔拉伸试验来获得开孔拉伸强度，该铺层类型的试样不是一般结构的基本单元，因此获取该类型试样弹性模量的意义不大。如果需要检测孔的变形情况，可以通过安装跨过孔的引伸计的方法来获取。

失效模式和有效性：试样最终在拉伸载荷作用下发生穿过孔的横向破坏，任何发生在远离孔的材料连续位置的破坏，均没有达到获取孔对材料性能影响程度的目的，是无效的。

5.8.3 开孔拉伸试样

开孔拉伸试样的示意图如图 5-24 所示。长度为 200～300mm，宽度为 36mm，孔径为 6mm，厚度为 2～4mm，推荐名义厚度为 2.5mm。

5.8.4 开孔拉伸试验夹具

参照 ASTM D3039。

5.8.5 开孔拉伸试验过程

（1）准备

按照要求对试样进行状态调节和尺寸测量，特别注意对试样中心孔的检查和测量，任何孔边含有缺陷、分层等的试样均应作废。

（2）装夹试样

将试样放入试验机夹头中，利用限位块等辅助工装，以保证试样的纵轴与试验机加载中心线重合。选用合适的夹紧力夹持试样，避免过大的夹持力引起试样的提前损伤，或由于夹持压力不足而造成试样打滑。

（3）加载

按照 ASTM D3039 推荐的 2mm/min 位移速率加载，直至试样发生穿过孔的断裂，或者载荷降达到了载荷峰值的 30％停机。

（4）记录失效模式

停机取下试样断口后观察记录试样的失效模式，有效的典型失效模式如图 5-25 所示，任何不在孔边破坏的情况均为无效试验。

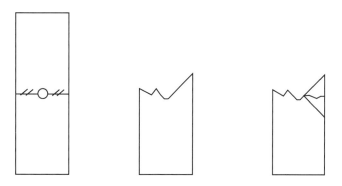

图 5-25 开孔拉伸试样的典型失效模式

5.8.6 开孔拉伸试验数据处理与表达

为了了解开孔拉伸强度获得的具体试样参数，确保数据使用的意义，应给出试样宽度/孔径比和孔径/试样厚度比的数据。

开孔拉伸强度按照式（5-21）进行计算：

$$F_x{}^{OHT_u} = \frac{p_{\max}}{A} \tag{5-21}$$

式中　p_{max}——最大载荷，N；

　　　A——试样不计孔的横截面面积，mm^2。

5.9　开孔压缩试验

5.9.1　开孔压缩试验概述

将夹具夹持的开孔压缩试样对中放置于试验机上下压盘之间，实施压缩载荷直至试样发生穿过孔的压缩破坏，记录载荷-位移曲线，再通过试验前测量的试样尺寸数据计算获得复合材料开孔压缩强度数据。

5.9.2　开孔压缩试验方法

与开孔拉伸试验是为考察孔对拉伸性能的影响类似，开孔压缩试验是为了考察孔对复合材料压缩性能的影响，也间接反映复合材料的韧性。目前国内外依据的标准试验方法如下：

GB/T 30968.4—2014 聚合物基复合材料层合板开孔/受载孔性能试验方法　第4部分：开孔压缩强度试验方法

ASTM D 6484—2020 Standard Test Method for Open-hole Compressive Strength of Polymer Matrix Composite Laminates

ISO 12817—2013 Fibre-reinforced plastic composites—Determination of open-hole-compressionstrength

各标准主要技术内容见表5-8。

表5-8　国内外复合材料主要开孔压缩方法的比较

项目	ASTM D6484—2020	GB/T 30968.4—2014	ISO 12817—2013
适用范围	高模量纤维增强多向的、对称均衡的复合材料层合板	连续纤维增强聚合物基复合材料层合板	纤维增强对称均衡复合材料层合板，或者沿厚度方向为均质材料
意义和用途	用于确定结构设计许用值、材料规范建立、研究和开发、质量检验等	—	—
试样	中心开ϕ6孔的长方体试样，尺寸300×36×4（3～5mm）	同 ASTM D6484	3种：适应3种夹具的3种长方体试样
加载方式	两种：①对试样端面直接压缩加载；②用液压夹头夹持夹具和试样进行剪切加载	同 ASTM D6484	3种加载方式：①对试样端面直接压缩加载；②直接用液压夹头夹持试样进行剪切加载；③同 ASTM D6484
加载速率	2mm/min（10min 试样失效）	1～2mm/min	前两种加载方式：0.5～1.5mm/min；第三种加载方式：同 ASTM D6484

项目	ASTM D6484—2020	GB/T 30968.4—2014	ISO 12817—2013
预加载	端部加载方式：预加载445N，降至135N，然后清零	—	端部加载方式：预加载5000N，然后卸载
失效模式及有效性	不在中心孔处破坏的为无效结果	同ASTM D6484	不在中心孔处破坏的，在中心孔处弯曲破坏的均为无效结果

GB/T 30968.4 是技术等效 ASTM D6484 而制定的，几乎借鉴了全部关键技术内容。ISO 12817 包含了 ASTM D6484 的两种加载形式，还增加了两种试样和加载形式，可选择余地更多。但因为对两种试验方法积累的开孔压缩试验结果不多，所以无法统计性地评估两种试验方法的优劣。

5.9.3 开孔压缩试样

ASTM D6484 规定的试样形状和尺寸如图 5-26 所示。ISO 12817 规定的试样形状均为中心孔长方体试样，具体尺寸见表 5-9。由表可见，ISO 12817 除保留了 ASTM D6484 的试样形式外（方法3），还增加了另外两种试样（方法1和方法2），试样长度均有所变短，加载方式也与 ASTM D6484 有很大不同。

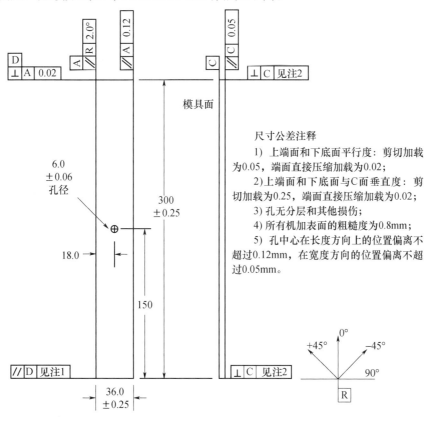

图 5-26　ASTM D6484 规定的试样形状和尺寸

表 5-9　ISO 12817 规定的三种试样尺寸

项目	方法 1	方法 2	方法 3[a]
宽度 b	36.0±0.25	36.0±0.5	36
长度 I	118.0+2.0/−0	125.0±1.0	300
厚度 h	2.5（标准）	4.0（最小）	4
孔径 d	6.0±0.08	6.0±0.02	6

a. 均值；尺寸公差同 ASTM D6484

5.9.4　开孔压缩试验夹具

ASTM D6484 推荐的夹具如图 5-27 所示，具体尺寸和公差参数详见标准正文。将试样和夹具装配完成后，ASTM D6484 提供了两种加载形式：一种为试验机液压夹头直接夹持夹具两端，通过剪切加载方式实现对试样的压缩加载，如图 5-28 所示，该方法的缺点是可能出现液压夹头-夹具-试样夹持系统的打滑；另一种为通过试验机的上下压盘对夹具两个端面直接施加压缩载荷，试样的上下端面与夹具上下端面是平齐的，如图 5-29 所示，该方法的缺点是试样可能发生端面压溃。

ISO 12817 推荐的端面加载方式如图 5-30 所示，试样两端和中间均设计有扶持工装，两端的扶持工装为了避免端面压溃，中间的扶持工装为了防止试样发生屈曲破坏。ISO 12817 推荐的剪切加载方式是对表 5-9 中第二种试样直接用液压夹头夹持进行剪切加载。ISO 12817 推荐的第三种夹持方法是保留了 ASTM D6484 试样形状和尺寸，同时也借鉴了其工装夹具。

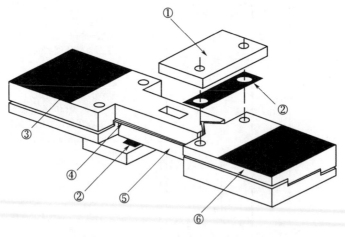

图 5-27　ASTM D 6484 推荐的试验夹具
① 支撑板（2 块）；②一钢垫片（必要时）；③夹持区（2 处）；④试样；
⑤长夹板（2 块）；⑥短夹板（2 块）

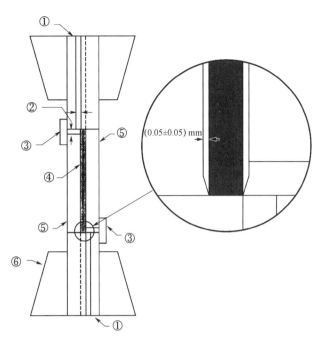

图 5-28　液压夹头夹持夹具的剪切加载方式

①短夹板（2 个）；②长夹板与短夹板之间的间隙（2 处）；③支撑板（2 个）；④试样；

⑤长夹板（2 个）；⑥楔形夹块（4 块）

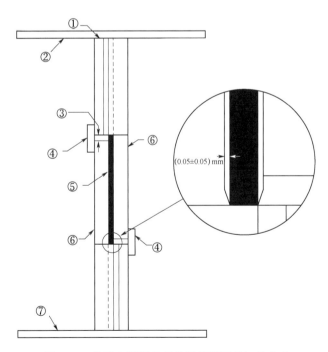

图 5-29　使用上下压盘直接压缩端面的加载方式

①短夹板（2 个）；②上压盘；③长夹板与短夹板之间的间隙（2 处）；

④支撑板（2 个）；⑤试样；⑥长夹板（2 个）

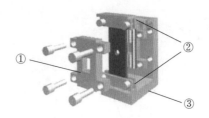

图 5-30　ISO 12817 推荐的端面加载方式
①防面外变形支撑夹具；②端面加载夹具；③L 形基座

5.9.5　开孔压缩试验过程

（1）按照要求对试样进行状态调节和尺寸测量，特别注意对试样中心孔的检查和测量，任何孔边含有缺陷、分层等的试样均应作废。

（2）装夹试样

选定好试验夹具，完成试样和夹具装配，无论液压夹头夹持方式还是上下压盘压缩方式，均须保证试样安装对中。

（3）加载

对于端部加载方式，需对试样进行预加载，其他加载方式按照标准规定的加载速率加载试样直至试样发生中心孔处的破坏，或者载荷下降最大载荷的 30％停机。

（4）记录失效模式

试验停止后将试样从夹具中取出，根据试样断口情况记录失效模式，如图 5-31 所示。图 5-31（a）所示为有效失效模式，均为中心孔处断裂，而图 5-31（b）均为无效失效模式：远离孔破坏或在孔处屈曲破坏。

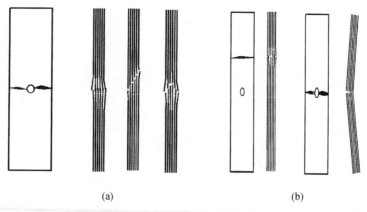

图 5-31　开孔压缩典型失效模式
（a）有效失效模式；（b）无效失效模式

5.9.6　开孔压缩试验数据处理与表达

开孔压缩强度按照式（5-22）计算：

$$\sigma_{DHC}=\frac{F}{wh}\qquad(5-22)$$

式中　F——最大载荷，N；

　　　w——试样宽度，mm；

　　　h——试样厚度，mm。

5.10　冲击后压缩试验

5.10.1　冲击后压缩试验概述

用一定高度的落锤（赋予某条件下的冲击能量）自由落体冲击复合材料试样中心位置，对试样造成一定的冲击损伤（开裂、分层、纤维断裂等），然后对经受冲击的试样开展压缩试验，获得冲击后压缩强度数据。

5.10.2　冲击后压缩试验方法

冲击后压缩强度试验是复合材料研制和结构设计过程中对复合材料损伤容限考核的重要内容，也是间接反映复合材料韧性的重要参量。目前国内外依据的标准试验方法如下：

GB/T 21239—2007 纤维增强塑料层合板冲击后压缩性能试验方法

ASTM D7136—2020 Standard Test Method for Measuring the Damage Resistance of a Fiber－Reinforced Polymer Matrix Composite to a Drop-Weight Impact Event

ASTM D7137—2017 Standard Test Method for Compressive Residual Strength Properties of Damaged Polymer Matrix Composite Plates

ASTM D7136 规定了复合材料冲击试验标准方法，ASTM D7137 规定了复合材料接受了按照 ASTM D7136 完成冲击后的压缩试验方法，所以 ASTM D7136 和 ASTM D7137 合起来才完整地规定了复合材料的冲击后压缩试验要求。GB/T 21239—2007 是在借鉴 ASTM D7136—2005 和 ASTM D7137—2005 的基础上制定的，与新版的 ASTM D7136 和 ASTM D7137 相比，在预加载、对中度保障加载及失效模式和有效性方面需要完善，GB/T 21239—2007 于 2021 年由中国航发北京航空材料研究院启动修订计划，除补充以上所述欠缺外，主要在国家标准中补充复合材料损伤容限试验内容，亦即复合材料结构铺层层合板在条件冲击能量冲击后的压缩强度测定方面的内容，这一点也是对以上三个标准方法的重要补充。表 5-10 列出了现阶段国内外冲击后压缩试验方法的主要技术内容。

表 5-10　冲击后压缩试验方法的主要技术内容

项目	GB/T 21239—2007	ASTM D7136—2020、ASTM D7137—2017
适用范围	具有多个纤维方向，且纤维方向相对试验方向均衡对称的连续纤维增强塑料层合板的	连续纤维增强的均衡对称聚合物基复合材料层合板
意义和用途	—	材料筛选、损伤阻抗、损伤容限性能考核
试样	长方体试样，尺寸 150×100×5（4～6mm）	长方体试样，尺寸 150×100×5（4～6mm）

项目	GB/T 21239—2007	ASTM D7136—2020、ASTM D7137—2017
加载方式	冲击：半球型锤头自由落体冲击； 压缩：夹具扶持下的端面压缩	冲击：半球型锤头自由落体冲击； 压缩：夹具扶持下的端面压缩
加载速率	1.25mm/min	1.25mm/min（10min试样失效）
预加载	施加初载并确保弯曲百分比小于10%	预加载450N，降至150N，确保夹具各部分紧密接触，然后清零；拧紧夹具螺栓，施加压缩载荷到预估破坏载荷的10%，检查弯曲百分比，若超出10%则调整试样和夹具，确保弯曲百分比小于10%
失效模式及有效性	—	不在中心孔处破坏的失效模式无效；弯曲百分比超过10%的试验无效

5.10.3 冲击后压缩试样

GB/T 21239、ASTM D7136 和 ASTM D7137 三个标准规定的试样形式和尺寸相同，如图 5-32 所示。为了监测试样的对中程度，在试样两个面上如图中所示位置粘贴 4 个应变片。试样受冲击的面为非靠模具面。

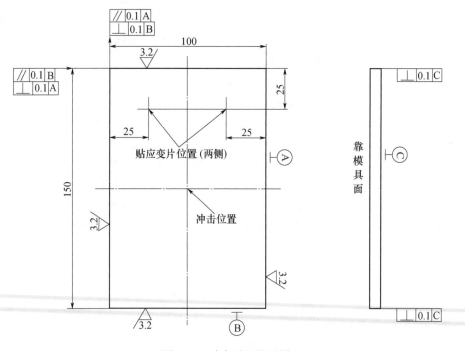

图 5-32　冲击后压缩试样

5.10.4 冲击后压缩试验夹具

如图 5-33 所示为复合材料冲击试验夹具，底座用材为铝或者钢。该夹具的技术要点是四个橡皮头的铰接夹应将试样夹紧在底座上，ASTM D7136 推荐夹紧力至少 1100N，这样保证冲击能量可以充分地作用在试样上。如图 5-34 所示为压缩试验夹具示意图，由于试样比较厚，压缩破坏的载荷一般可能在 10t 以上，因此压缩夹具的技术要点是要有足够的刚度，保证在试验过程中扶持试样，使得试样弯曲百分比始终在 10% 以内。

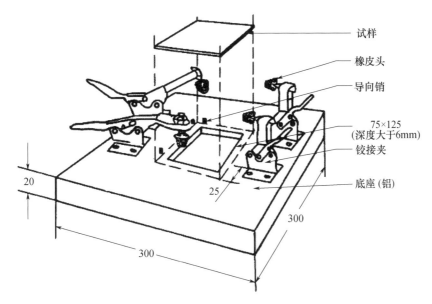

图 5-33　冲击试验夹具

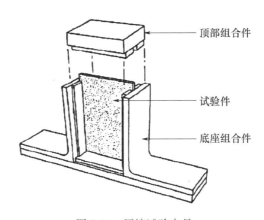

图 5-34　压缩试验夹具

5.10.5　冲击后压缩试验过程

（1）试验准备

按照要求对试样进行状态调节，然后测量试样中心点（冲击点）四周四点的厚度，取平均值；在试样中心线测量试样的宽度。

（2）计算冲击能量和冲击高度

根据试样厚度，按照式（5-23）计算冲击能量。按照式（5-24）计算锤头高度：

$$E = C_E \cdot h \tag{5-23}$$

式中　E——冲击能量，J；

　　　C_E——规定的常数为 6.7J/mm；

　　　h——试样厚度，mm。

$$H = \frac{E}{m \cdot g} \tag{5-24}$$

式中　H——冲击高度，m；

　　　E——冲击能量，J；

　　　m——锤头质量，kg；

　　　g——重力加速度，9.81m/s^2。

（3）冲击试样

将试样放在冲击试验支撑夹具上，使冲头对准试样中心，用铰接夹夹紧试样。锤头自由落下，防止试样受到二次冲击。

（4）损伤测量

必要时测量冲击损伤情况，包括冲击凹坑深度、损伤面积、损伤尺寸等。一般用深度计测定凹坑深度；用超声 C 扫描的方法显示损伤的投影，然后用图像处理软件辅助测定冲击损伤的投影面积；损伤尺寸则用满足精度要求的游标卡尺测量损伤的长度和宽度。

（5）冲击后压缩

按照图 5-32 所示背对背粘贴 4 个轴向应变片，将试样安装在压缩试验夹具中，将夹具对中放置于试验机上下压盘间。预加载 450N，降至 150N，确保夹具各部分紧密接触，然后清零；拧紧夹具螺栓，施加压缩载荷到预估破坏载荷的 10%，检查试样的弯曲百分比，弯曲百分数的正负号表明了试样弯曲的方向。试件两表面应变计读数快速偏离或弯曲百分数迅速增大预示了层合板开始失稳，如果出现其中任何一种情况，或施加最大载荷时的弯曲百分数超过 10%，则要检查夹具、试件和加载平台，以找出可能引发试件弯曲的情况，如存在间隙、紧固件松动或平台不对中。应松开夹具螺栓，调节侧板和滑动板及平台，以尽可能减小层合板在压缩载荷下的弯曲。按照式（5-25）计算弯曲百分比，若超出 10% 则调整试样和夹具，确保小于 10%。

$$B_y = \frac{\varepsilon_1 - \varepsilon_2}{\varepsilon_1 + \varepsilon_2} \tag{5-25}$$

式中　B_y——试样弯曲百分比，%；

　　　ε_1——一个面上两个应变计指示应变的平均值；

　　　ε_2——背面两个应变计指示应变的平均值。

按照规定的速率对试件加载直至达到最大值，并且载荷掉落至距最大值约 30% 时，终止试验，以防止进一步地压缩破坏试样失效那一刻真实的断口形貌，同时也防止损坏试验夹具。记录试验过程中的时间、位移（应变）、载荷、应变等数据信息。

（6）记录失效模式

试验停止后将试样从夹具中取出，根据试样断口情况记录失效模式。在冲击损伤处破坏之前试样发生如下现象原则上为无效试验结果，没有考核出冲击损伤对材料性能的影响：端面压溃；试样远离冲击损伤破坏；试样弯曲百分比超过 10%；分层损伤出现大范围的扩展。后两种现象可通过分析载荷（应力）-应变曲线进行判断。

5.10.6 冲击后压缩试验数据处理与表达

冲击后压缩强度按照式（5-26）计算：

$$\sigma_{CAI} = P/bh \tag{5-26}$$

式中　P——最大压缩载荷，N；

　　　b——试样宽度，mm；

　　　h——试样厚度，mm。

有效压缩弹性模量按照公式（5-27）计算：

$$E_{CAI} = \frac{p_{3000} - p_{1000}}{(\varepsilon_{3000} - \varepsilon_{1000}) \cdot A} \tag{5-27}$$

式中　ε_{3000}——应力-应变曲线线性段上计算弹性模量应变范围的上限值 0.3%，mm/mm；

　　　ε_{1000}——应力-应变曲线线性段上计算弹性模量应变范围的下限值 0.1%，mm/mm；

　　　A——试样横截面面积，mm²；

　　　p_{3000}——与 ε_{3000} 对应的载荷值，N；

　　　p_{1000}——与 ε_{1000} 对应的载荷值，N。

6 芯材和夹层结构力学性能测试技术

6.1 概　　述

6.1.1 夹层结构的特点及应用

夹层结构是一种特殊形式的层合复合材料，它是由几种不同的材料构成并且这些材料相互连接，利用组分的性能来提高整体的性能。夹层结构一般是由薄而强的面板、夹芯材料和胶黏剂三种材料组合而成，常见的夹层结构形式有三层结构的 A 型夹层结构、五层结构的 C 型夹层结构和七层结构的 E 型夹层结构，如图 6-1 所示。

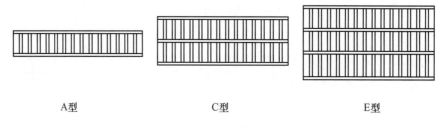

A型　　　　　　　　　　　C型　　　　　　　　　　　E型

图 6-1　夹层结构形式示意图

夹层结构相对其他材料具有下列特点：
(1) 具有较大的弯曲刚度/质量比及弯曲强度/质量比；
(2) 具有良好的吸声、隔声和隔热性能；
(3) 具有大的临界屈曲载荷；
(4) 对湿热环境和低能量冲击敏感。

夹层结构因其质量轻等特点在航空、航天、船舶、建筑、桥梁和家具制造等领域广泛使用，尤其在航空和航天领域应用较为广泛。目前主要飞机制造公司生产的飞机地板、机翼构件基本采用全复合材料夹层结构。国外的 B-58 高速轰炸机应用蜂窝夹层结构材料面积占整个飞机面积的 85％以上，F-111 战斗机采用蜂窝夹层结构材料占整个飞机外形面积的 90％以上，国产的直九由 Nomex 蜂窝组成的夹层结构构件达 280 多个，国产的大型运输机和大型客机的机翼等多个部件均采用了 Nomex 蜂窝夹层结构。在航天领域，国内外主要将蜂窝夹层结构用于航天卫星的本体结构、卫星天线、承力筒等方面，例如法国典型 1 号通信卫星本体结构由蜂窝夹层结构组成，ERS-1 和 ERS-2（Radar Satellite）、美国的 Delta 运载火箭的整流罩、日本三菱的 HI1-A 运载火箭的整流罩均采用了 PMI 泡沫夹层结构。

6.1.2 夹层结构的分类

夹层结构的分类一般按芯材类型来区分，根据芯材的材料特性一般分为三类：硬质泡沫夹层结构、蜂窝夹层结构和轻木夹层结构。常见的硬质泡沫夹层结构其芯材主要有聚氯乙烯、聚氨酯、聚乙烯和聚甲基丙烯酰亚胺。聚氯乙烯（PVC）实际是聚氯乙烯与聚氨酯的混合物，具有较好的静力学和动力学性能，可用于承载要求高的产品。聚醚酰亚胺（PEI）具有较好的防火、阻燃性能，适用于航空与轨道交通领域。聚氨酯（PU）的力学性能一般，但加工及发泡成型较容易且价格低廉，因此常用于载荷较小情况下的夹层结构材料。聚乙烯（PET）的综合性能较 PVC 泡沫差，但更加环保且成本较低，市场常见的 PET 泡沫芯材有 AIREX T90 和 T91。聚甲基丙烯酰亚胺（PMI）具有较高的强度和刚度，在经过高温处理后，可承受 190℃ 固化工艺对泡沫的尺寸稳定性要求，常用于航空领域。

常见的蜂窝夹层结构的芯材主要有 Nomex 蜂窝、铝蜂窝、棉布蜂窝、玻璃布蜂窝等。目前得到广泛应用的蜂窝只有铝蜂窝、Nomex 蜂窝等少数蜂窝芯材料，其余的蜂窝大多停留在试验阶段，如钢质蜂窝虽然制造成本低、强度也较高，但其质轻的优势不明显。织物蜂窝具有较高的抗损伤性，各方面性能均优于铝蜂窝和 Nomex 蜂窝，但其制造工艺复杂，蜂窝骨架织造难度大。Nomex 蜂窝主要由芳纶纸浸润酚醛树脂制备而成，质量轻，比强度、比刚度大，抗冲击、抗疲劳、耐腐蚀性能优良，能耐高温，加工精度高，但制作工艺复杂，剪切模量较低，成本较高，一般与复合材料面板结合制成夹层结构被广泛应用于航空领域。铝蜂窝的力学性能和耐久性相对较好，能导热，制作工艺简单，但耐疲劳、抗冲击性能差，且容易与复合材料面板接触产生电化学腐蚀，一般与铝合金制备成夹层结构在航天和高铁领域应用。玻璃布蜂窝具有较高的强度和刚度，物理性能如介电性能、耐腐蚀性优良，但脆性大、韧性差，加工精度较低。

常见的轻木夹层结构的芯材一般为可再生轻木芯材，轻木芯材是一类天然可再生芯材，具有密度小、生长快、强度好、韧性好的特点，可适用于多种复合材料领域。其细微的蜂窝结构使其拥有令人难以置信的高压缩力、高拉伸性和强剪切度。其中 Balsa 轻木具有天然性、可降解和可再生的特点，其剪切模量最高，可以使夹芯结构具有非常高的刚度。Balsa 轻木最早被应用于“二战”中，用于制造英国皇家空军的蚊式轰炸机，迄今经历了半个多世纪的考验，仍具有不可替代的地位，广泛应用于风电、船舶、轨道交通、航空航天、建筑等各个领域。

6.1.3 夹层结构的力学性能特性

由于夹层结构的成分相对复杂，夹层结构的面板通常是薄的高强度材料，主要承受侧向载荷和平面弯矩，芯材相对面板厚度较大但强度较低，主要承受剪切载荷，胶黏剂主要起胶接作用。为合理、准确反映夹层结构的真实性能，必须对夹层结构的整体性能和相关的组分性能进行测试，这也导致夹层结构试验方法较为复杂。

本章结合夹层结构在航空、航天等领域的应用情况，主要讨论铝蜂窝、Nomex 蜂窝、PMI 泡沫及其夹层结构的力学性能试验方法。芯材的力学性能试验方法主要有蜂窝芯材胶条分离强度和蜂窝芯子平面压缩性能；泡沫芯材拉伸、压缩、弯曲、压缩蠕变等力学性能，夹层结构力学性能试验方法主要有平面拉伸、平面压缩、侧压、平面剪切、弯曲、滚筒剥离和浮滚剥离等试验方法。在上述试验方法中，平面拉伸性能、平面压缩性能和平面剪切性能对芯子和夹层结构是通用的，其技术参数并无差异，因此，上述性能在蜂窝芯材类型性能测试和泡沫芯材类型性能测试这两节中不再描述，统一在夹层结构力学性能测试章节。

6.2　蜂窝芯材力学性能测试

6.2.1　蜂窝胶条分离强度测试

6.2.1.1　基本原理

蜂窝芯材主要是通过在芳纶纸、铝箔或玻璃布上每隔一定的间隔和宽度涂抹胶条，经过多层叠合压成蜂窝块，然后切割至所需厚度，再按特定要求拉开，形成蜂窝格形状的蜂窝板，最后经过浸润树脂固化后，制备成蜂窝芯材。常见的蜂窝芯材有四边形、六边形等，最常见的为六边形。其中两个边为双层壁，被称为胶条或节点。

胶条分离强度也称为节点强度，是直接决定蜂窝的使用和产品质量的主要指标，是蜂窝芯材力学性能的重要指标。胶条分离强度分为单节点和多节点两种类型。

6.2.1.2　国内外试验标准

目前国内外用于检测蜂窝芯材胶条分离强度（节点强度）的试验方法主要有：

ASTM C363/C363M Standard Test Method for Node Tensile Strength of Honeycomb Core Materials

JC/T 781 蜂窝型芯子胶条分离强度试验方法

GJB 130.3 胶接铝蜂窝芯子节点强度试验方法

ASTM C363 适用于测量多节点的胶条分离强度，JC/T 7781 适用于测量单节点和多节点的胶条分离强度，GJB 130.3 适用于测量铝蜂窝单节点的胶条分离强度。

6.2.1.3　试样形状及尺寸

蜂窝胶条分离强度的试样分为单节点试样和多节点试样，其形状如图 6-2 所示。表 6-1 为国内外不同标准规定的胶条分离试样的尺寸。

试样应在整块蜂窝上采用锋利的刀片截取，选取外观质量较差或不整齐的部位，试样宽度方向应与胶条胶接面平行。截取试样时，应沿单蜂窝壁方向且保持试样两侧边存在完整的胶条，以保证试验破坏位置发生在完整的胶条处。

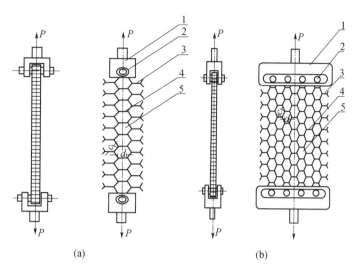

(a)　　　　　　　　　　　　(b)

图 6-2　胶条分离试样形状及加载示意图

（a）单节点试样；（b）多节点试样

1—加载夹具；2—销子；3—切开的胶条；4—完好的胶条；5—试样；

c—蜂格边长；d—蜂格胶条边长；P—载荷

表 6-1　胶条分离强度试样尺寸

参数	试样尺寸
ASTM C363	长 260mm×宽 130mm×厚度（非金属芯子 12mm，金属芯子 16mm）
GJB 130.3	长（200±10）mm×宽度（至少包含一个完整孔格）×厚 15mm
JC/T 781	长度：至少包含 12 个完整蜂格，当蜂格边长 $c<10$mm 时，长度方向的蜂格数量 $n_L=120/c$； 宽度：当蜂格边长 $c<15$mm 时，至少包含 7 个完整蜂格； 　　　当蜂格边长 $c\geqslant15$mm 时，至少包含 5 个完整蜂格 厚度：12～15mm，当蜂窝制品芯子高度<12mm 时，取实际尺寸

6.2.1.4　试验设备及装置

由于蜂窝胶条分离破坏载荷较小，应选取小吨位、大量程的试验机，试验机载荷相对误差不超过±1%，同轴度不超过 10%，试验机应定期检定且在有效期内。

用于胶条分离的夹具一般采用在蜂窝孔格处插入销钉加载，根据蜂窝试样类型分为单蜂格加载和多蜂格加载，如图 6-1 所示。加载销钉的直径应与蜂窝孔格内切圆直径一致且能够很轻易地插入蜂窝孔格，加载销钉表面应光滑。

6.2.1.5　试验过程简述

（1）状态调节

试验前干态试样应在实验室标准环境条件［温度（23±2）℃、相对湿度 50%±10%］下至少放置 24h。其他状态调节环境可由供需双方协商确定。湿态试样状态调节结束后，应将试样用湿布包裹放入密封袋中，直到进行力学性能试验。试样在密封袋内的储存时间不应超过 14d。

（2）试样编号及尺寸测量

将试样编号，在试样工作段横截面任意三处测量厚度，取平均值。

（3）试样安装

将加载夹具与试验机连接，用销子穿入完好的孔格内并把试样安装在加载夹具中。

（4）非实验室标准环境条件

高温试验环境由供需双方协商确定。应采用热电偶或其他测温方式监控试样工作段温度，待监测温度达到试验温度后，对于高温干态试样，至少保温 15min 后开始试验；对于湿态试样，保温 2~3min 后开始试验。低温试验环境由供需双方协商确定。应采用热电偶监控试样工作段温度，待监测温度达到试验温度后，至少保温 15min 后再开始试验。

（5）加载

按照标准规定要求设置试验加载速度，连续加载并记录试样的载荷和位移信息直至试样断裂。

（6）试验有效性判定

常见的破坏模式有芯子胶层拉伸破坏、销子处孔格破坏及其混合破坏模式。销子处破坏的试验应予以作废。同组有效试验不足 5 个时，应补充试验。

6.2.1.6　试验数据处理

节点强度按式（6-1）计算，结果保留三位有效数字：

$$\sigma = \frac{P}{h_c \times n} \tag{6-1}$$

式中　σ——节点强度，N/mm；

　　　P——破坏载荷，N；

　　　h_c——芯子厚度，mm；

　　　n——试样宽度方向完整蜂格数量，单蜂格时为 1。

6.2.1.7　试验影响因素简析

试样尺寸对试验结果存在影响，随着试样长度的增加，胶条分离强度略有提高。宽度越小，强度越低，试验结果的分散性越大，尤其对单蜂格试样其影响更为严重，这主要是由于蜂窝的制造工艺、涂胶工艺和胶条宽度不均匀造成的，还与取样位置关系较大。芯子厚度增加，试验结果偏小，这主要是由于厚度增加，胶条的不均匀性增加造成的。加载速度增大，胶条分离强度相应增大。销钉尺寸对胶条分离强度结果基本无影响，但是容易发生在销钉处破坏。

6.3　PMI 泡沫芯材力学性能测试

聚甲基丙烯酰亚胺（PMI）泡沫塑料是一种轻质、闭孔的硬质泡沫塑料，同其他连续型芯子相比，相同密度下 PMI 泡沫的压缩、拉伸、剪切模量和强度较高，其力学性能与其他类型的芯子差异较大，其拉伸性能主要参考塑料相关方法进行，主要体现在面内拉伸性能、压缩性能和压缩蠕变性能等方面。

6.3.1 PMI 泡沫面内拉伸性能测试

6.3.1.1 基本原理

对哑铃形试样均匀施加静态拉伸载荷，直到试样断裂。测定拉伸强度、拉伸弹性模量、断裂伸长率和绘制应力-应变曲线。

6.3.1.2 国内外标准试验方法

目前国内外用于检测 PMI 泡沫拉伸强度的试验方法主要有：

ASTM D638/D638M Standard Test Method for Tensile Properties of Plastics

ISO 1926 Rigid cellular plastics-Determination of tensile properties

GB 9641 硬质泡沫塑料拉伸性能试验方法

6.3.1.3 试样形状及尺寸

试样形状为哑铃形试样，GB 9641 规定的试样尺寸与 ISO 1926 基本一致，具体尺寸如图 6-3 和图 6-4 所示。

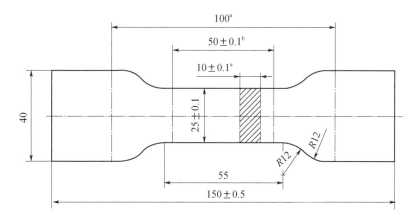

图 6-3 ISO 1926 规定的试样尺寸

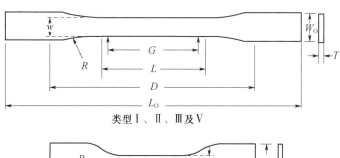

类型 I、II、III 及 V

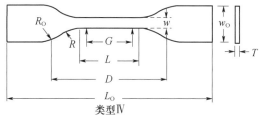

类型 IV

尺寸符号	≤7mm		7~14mm	≥14mm		公差要求
	Ⅰ型	Ⅱ型	Ⅲ型	Ⅳ型	Ⅴ型	
W(工作段宽度)	13	6	19	6	3.18	±0.5
L(工作段程度)	57	57	57	33	9.53	±0.5
W_0(夹持宽度)	19	19	29	19		±6.4
W_0(夹持宽度)	—	—	—	—	9.53	+3.18
L_0(试样总长)	165	183	183	115	63.5	
G(标距长度)	50	50	50	—	7.62	±6.25
G(标距长度)	—	—	—	25		±0.13
D(夹持间距)	115	135	135	65	25.4	±5
R(圆弧过渡段半径)	76	76	76	14	12.7	±1
R_0(过渡段外径,Ⅴ型)	—	—	—	25	—	±1

图 6-4　ASTM D638 规定的试样尺寸

6.3.1.4　试验设备及装置

试验机载荷相对误差不超过±1%,同轴度不超过 10%。试验机的选择应使试样破坏载荷落在满载的 10%~90%,试验机应经检定合格且在有效期内。

6.3.1.5　试验过程简述

(1) 状态调节

试验前,试样应在指定温度下进行烘干处理,推荐烘干条件为 120℃以下至少 3h,烘干后密封存储且距离力学性能时间间隔不超过 6h。其他烘干调节条件也可由供需双方协商确定。

(2) 试样编号及尺寸测量

将试样编号,在试样工作段横截面任意三处测量长度、宽度,取平均值。

(3) 试样安装

将试样放到拉伸夹具中,使得试样的长度方向中心线与试验机的加载线重合,推荐使用夹具对中销来装夹试样。夹持试样时,应保证试样在加载过程中不出现打滑并对试样不造成损伤。

(4) 非实验室标准环境条件

高温试验环境由供需双方协商确定。应采用热电偶监控试样工作段温度,待监测温度达到试验温度后,对于高温干态试样,至少保温 5min 后开始试验;对于湿态试样,保温 2~3min 后开始试验。低温试验环境由供需双方协商确定。应采用热电偶监控试样工作段温度,待监测温度达到试验温度后,至少保温 5min 后再开始试验。

(5) 加载

按照标准规定要求设置试验加载速度,连续加载并记录试样的载荷和位移信息直至试样断裂。

(6) 试验有效性判定

断裂发生在夹持部位、圆弧过渡段处的试样应予以作废,同批有效试样不足 5 个时，应补充试验。

6.3.1.6 试验数据处理

拉伸强度采用式（6-2）计算，结果保留三位有效数字：

$$\sigma_t = F_{max}/bh \tag{6-2}$$

式中 σ_t——极限拉伸强度，MPa；

F_{max}——破坏前的最大载荷，N；

b——试样宽度，mm；

h——试样厚度，mm。

拉伸弹性模量根据试验得到的应力-应变曲线按式（6-3）计算：

$$E_t = \frac{1}{bh}\frac{(F_2 - F_1)}{(\varepsilon_{L2} - \varepsilon_{L1})} \tag{6-3}$$

式中 E_t——拉伸弹性模量，MPa；

ε_{L1}——拉伸应变下限值，以百分数表示，推荐 0.1％；

ε_{L2}——拉伸应变上限值，以百分数表示，推荐 0.3％；

F_1——与 ε_{L1} 对应的载荷，N；

F_2——与 ε_{L2} 对应的载荷，N。

断裂伸长率根据式（6-4）计算：

$$\varepsilon_t = \frac{\Delta L_0}{L_0} \times 100\% \tag{6-4}$$

式中 ε_t——断裂伸长率，用百分数表示；

L_0——引伸计的标距，mm；

ΔL_0——标距长度的增量，mm。

6.3.1.7 试验影响因素简析

PMI 泡沫在不同加载速度下的拉伸强度和模量基本一致，但断裂伸长率存在差异，即随着加载速度的提高，PMI 泡沫断裂伸长率存在降低的趋势。

6.3.2 PMI 泡沫压缩性能测试

6.3.2.1 基本原理

由于 PMI 泡沫属于闭孔刚性材料，其压缩力学行为同其他材料差异较大，具体表现为随着压缩位移的增大，其压缩应力保持不变或缓慢增加，如图 6-5 所示。为合理表征 PMI 泡沫的压缩性能，定义相对变形达到 10％所对应的压缩应力之前的最大压缩应力为压缩强度。对压缩横截面为矩形的试样均匀施加压缩载荷，直至试样断裂或试样相对变形达到 10％，测定压缩强度和压缩模量。

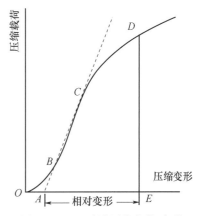

图 6-5 PMI 泡沫压缩载荷-变形曲线示意图

6.3.2.2 国内外标准试验方法

目前国内外用于检测 PMI 泡沫压缩强度的试验

方法主要有：

ASTM D1621 Standard Test Method for Compressive Properties of Rigid Cellular Plastics

ISO 844 Rigid cellular plastics-Determination of compression properties

DIN 53421 Testing of rigid cellular plastics：Compressive Test

GB/T 8813 硬质泡沫塑料　压缩性能的测定

GB/T 8813 等同于国际标准 ISO 844，ISO 844 与 ASTM D1621 在试样尺寸上略有区别，相对而言，ASTM D1621 规定的试样范围较大，未给出推荐的试样尺寸，而 ISO 844 给出了推荐的试样尺寸及公差要求，但试样受压面略大。在加载速度方面，ISO 844 给出了试样厚度的具体要求，而 ASTM D1621 只给出了试样厚度 25.4mm 的加载速度，对于其他厚度的试样未给出推荐速度。在试验停止判断上，ASTM D1621 给出了不同状态下的判断依据，而 ISO 844 只给出了相对固定的一种试验结束判断方法。在压缩强度定义方面，ISO 844 当相对变形量超过 10% 未破坏的试样，未给出压缩强度的定义，只给出了 10% 相对变形量对应压缩应力的计算方法，而 ASTM D1621 将该点定义为压缩强度。

6.3.2.3　试样形状及尺寸

试样形状为长方体，GB/T 8813 规定的试样尺寸与 ISO 844 基本一致，具体尺寸见表 6-2。

表 6-2　PMI 泡沫压缩试样尺寸

标准	试样尺寸
ASTM D1621	受压面为正方形或圆柱体，受压面最小面积 25.8cm^2，最大面积 232cm^2。厚度最小为 25.4mm，不超过试样宽度或直径
ISO 844	受压面为正方形或圆柱体，受压面最小面积 25cm^2，最大面积 230cm^2。厚度最小为 10mm，不超过试样宽度或直径。 首选（100±1）mm×（100±1）mm×（50±1）mm
GB/T 8813	受压面为正方形或圆柱体，受压面最小面积 25cm^2，最大面积 230cm^2。厚度最小为 10mm，不超过试样宽度或直径。 首选（100±1）mm×（100±1）mm×（50±1）mm

6.3.2.4　试验设备及装置

试验机载荷相对误差不超过±1%，同轴度不超过 10%。试验机的选择应使试样破坏载荷落在满载的 10%～90%，试验机应经检定合格且在有效期内。

6.3.2.5　试验过程简述

（1）状态调节

试验前，试样应在指定温度下进行烘干处理，推荐烘干条件为 120℃下至少 3h，烘干后密封存储且距离力学性能时间间隔不超过 6h。其他烘干调节条件也可由供需双方协商确定。

（2）试样编号及尺寸测量

将试样编号，在试样工作段横截面任意三处测量长度、宽度，取平均值。

（3）试样安装

将试样平放在压缩平台上，使试样的轴线与上下压盘轴线重合。

（4）非实验室标准环境条件

高温试验环境由供需双方协商确定。应采用热电偶监控试样工作段温度，待监测温度达到试验温度后，对于高温干态试样，至少保温 5min 后开始试验；对于湿态试样，保温 2～3min 后开始试验。低温试验环境由供需双方协商确定。应采用热电偶监控试样工作段温度，待监测温度达到试验温度后，至少保温 5min 后再开始试验。

（5）加载

按照标准规定要求设置试验加载速度，连续加载并记录试样的载荷和位移信息直至相对变形达到 15％时停止试验。

6.3.2.6 试验数据处理

采用式（6-5）计算压缩强度，结果保留三位有效数字：

$$\sigma_c = \frac{F_{max}}{A} \tag{6-5}$$

式中 σ_t——压缩强度，MPa；

F_{max}——最大压缩载荷，N，参照图 2；

A——试样初始横截面面积，mm^2。

压缩弹性模量根据试验得到的应力-应变曲线按式（6-6）计算：

$$E_c = h_0 \times \frac{\Delta\sigma}{\Delta h} \tag{6-6}$$

式中 E_c——压缩弹性模量，MPa；

$\frac{\Delta\sigma}{\Delta h}$——载荷-位移曲线直线上升段的斜率，MPa/mm；

h_0——试样初始厚度，mm。

6.3.3 PMI 泡沫压缩蠕变性能测试

6.3.3.1 基本原理

为降低工艺成本，采用共固化工艺是目前航空航天泡沫夹层结构制造的发展趋势。在共固化过程中，PMI 泡沫芯材必须能承受长时间温度和压力的相互作用，这就对 PMI 泡沫芯材的耐高温压缩蠕变性能提出了很高的要求。在规定的温度环境下，对试样施加压缩载荷至指定的压缩应力水平，测量试样的压缩变形与时间的关系。

6.3.3.2 国内外标准试验方法

目前国内外用于检测 PMI 泡沫压缩强度的试验方法主要有：

ISO 7616 Cellular plastics，rigid-Determination of compressive creep under load

DIN 53424 Testing of rigid cellular materials：Determination of Dimensional Stability an elevated Temperatures with Flexural Load and with compressive Load

DIN 53425 Testing of rigid cellular materials：Time-depending Creep Compression Test under Heat

GB/T 20672 硬质泡沫塑料   在规定负荷和温度条件下压缩蠕变的测定

GB/T 15048 硬质泡沫塑料压缩蠕变试验方法

目前国内常用的压缩蠕变标准有 GB/T 20672 和 GB/T 15048，其中 GB/T 20672 等同于国际标准 ISO 7616，而 GB/T 20672 引用了 GB/T 15048 "其他试验条件" 的技术内容，在相同的测试条件下，GB/T 15048 与 GB/T 20672 的测试结果一致。DIN 53425 在技术参数上等同于国际标准 ISO 7616。DIN 53424 是以测试在弯曲或压缩载荷下泡沫的高温尺寸稳定性为目的，其测试原理和方法与热变形温度类似，该标准在测试手段上是测试一定载荷下泡沫尺寸随温度的变化过程，并以弯曲载荷下达到变形量或压缩载荷下达到 5% 厚度变化的温度值作为材料的高温尺寸稳定性温度，其高温下的变形也存在一定的蠕变特点，从侧面上反映泡沫材料的高温压缩蠕变性能，但不能准确反映泡沫材料的压缩蠕变性能。

6.3.3.3 试样形状及尺寸

试样形状为长方体，表 6-3 给出了不同标准规定的试样尺寸。GB/T 15048 推荐的试样横截面尺寸相对较大，在厚度方面，DIN 53424 规定的试样厚度较小。

表 6-3 PMI 泡沫压缩蠕变试样尺寸

标准	试样尺寸
ISO 7616 DIN 53425 GB/T 20672	正方体或长方体，受压截面边长为（50±1）mm； 标准厚度为 50mm，最小厚度为 20mm；厚度超过 50mm 时，试样边长应等于厚度，厚度偏差不超过 1%
DIN 53424 （压缩载荷部分）	长方体，（40±1）mm×（40±1）mm×（20±0.5）mm
GB/T 15048	长方体或圆柱体，横截面至少为 25cm², 标准试样厚度 50mm，最小厚度为 20mm

6.3.3.4 试验设备及装置

加载装置由两块金属平行加载板、导向装置和砝码组成，两块平行板应能垂直压缩试样，其中一块加载板在导向装置上能够实现移动。两块金属板在试验过程中不应变形。加载装置力值精度相对误差不超过 ±1%。

6.3.3.5 试验过程简述

（1）状态调节

试验前，试样应在指定温度下进行烘干处理，推荐烘干条件为 120℃下至少 3h，烘干后密封存储且距离力学性能时间间隔不超过 6h。其他烘干调节条件也可由供需双方协商确定。

（2）试样编号及尺寸测量

将试样编号，在试样工作段横截面任意三处测量长度、宽度，取平均值。

（3）试样安装

将试样平放在压缩平台上，使试样的轴线与上下压盘轴线重合。

（4）加载

试样均匀无冲击地放到加载装置上，按标准中规定的压力施加载荷，记录试样的厚度为 h_1。将装有试样的加载装置放入环境试验箱，设置环境试验箱的温度为标准中规定的温度。当环境试验箱温度达到设定温度后，开始计时，当达到规定的时间时，在未卸载的条件下取出试样及加载装置，在 60s 内测量试样的厚度记为 h_2。

6.3.3.6 试验数据处理

压缩蠕变百分率采用式（6-7）计算，结果保留三位有效数字：

$$D_d = \frac{h_1 - h_2}{h_1} \times 100\% \tag{6-7}$$

式中　D_d——指定温度、应力和时间下的压缩蠕变百分率，%。

6.4　夹层结构力学性能测试

6.4.1　夹层结构平面拉伸性能测试

6.4.1.1　基本原理

在芯子或夹层结构表面粘接金属加载块，沿芯子或夹层结构厚度方向施加拉伸载荷，使得芯子或夹层结构的面板与芯子胶接面发生拉伸破坏，从而测得芯子或夹层结构的平面拉伸强度、夹层结构面板与芯子胶接的平面拉伸强度。

6.4.1.2　国内外试验标准方法

目前国内外用于检测芯子及夹层结构平面拉伸强度的试验方法主要有：

ASTM C297/C297M Standard Test Method for Flatwise Tensile Strength of Sandwich Constructions

GB/T 1452　夹层结构平拉强度试验方法

GJB 130.4　胶接铝蜂窝夹层结构平面拉伸试验方法

其中 ASTM C297 适用于测量夹层结构及芯子的平面拉伸强度，GB/T 1452 适用于测量夹层结构平面拉伸强度，GJB 130.4 适用于测量铝蜂窝夹层结构平面拉伸强度。

6.4.1.3　试样形状及尺寸

平面拉伸试样一般为长方体或圆柱体，试样胶接面为正方形或圆形，表 6-4 为国内外标准规定的平面拉伸试样尺寸。

表 6-4　平面拉伸试样尺寸

标准	试样尺寸
ASTM C297	连续型粘接面（如轻木、泡沫）：粘接面最小面积为 625mm² 非连续型粘接面（如蜂窝）： 　芯格尺寸≤3.0mm，粘接面最小面积为 625mm²； 　3.0mm＜芯格尺寸≤6.0mm，粘接面最小面积为 2500mm²； 　6.0mm＜芯格尺寸≤9.0mm，粘接面最小面积为 5625mm²； 　9.0mm≤芯格尺寸，可以要求蜂窝有较少的芯格数目厚度应与制品厚度一致

标准	试样尺寸
GJB 130.4	粘接面尺寸：60mm×60mm 或者 φ60mm 厚度：厚度应与制品厚度一致。当制品厚度未定时，芯子厚度为 15mm，面板厚度为 0.5mm
GB/T 1452	粘接面尺寸：60mm×60mm 或者 φ60mm，但对于蜂窝、波纹等格子型芯子至少应包括 4 个完整格子 厚度：厚度应与制品厚度一致。当制品厚度未定时，芯子厚度为 15mm，面板厚度为 0.3～1.0mm

当将芯子或夹层结构与加载夹具进行粘贴时，加载块的胶接面应喷砂、打磨或其他表面处理以提高胶接面强度，可采用乙醇或丙酮对加载块的胶接面进行清洗，胶接时应保证加载块的中心线与试样的中心线重合，胶接固化工艺与胶膜的固化工艺一致，固化温度和压力不应影响试样的性能。平面拉伸试样组合件如图 6-6 所示。

6.4.1.4 试验设备及装置

试验机载荷相对误差不超过±1%，同轴度不超过 10%。试验机的选择应使试样破坏载荷落在满载的 10%～90%，试验机应经检定合格且在有效期内。

加载夹具应能消除附加弯矩，在加载过程中不对试样施加附加偏心载荷，推荐采用带有万向节的加载夹具，如图 6-7 所示。

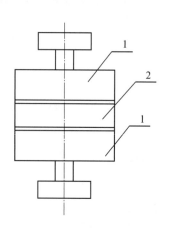

图 6-6 平面拉伸试样组合件示意图

1—加载块；2—试样

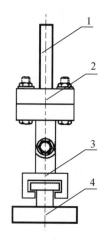

图 6-7 平面拉伸加载示意图

1—加载连接杆；2—万向节；

3—连接夹具；4—加载块

6.4.1.5 试验过程简述

（1）状态调节

试验前干态试样应在实验室标准环境条件〔温度（23±2）℃、相对湿度 50%±10%〕下至少放置 24h。其他状态调节环境可由供需双方协商确定。湿态试样状态调节结束后，应将试样用湿布包裹放入密封袋中，直到进行力学性能试验。试样在密封袋内的储存时间不应超过 14d。

（2）试样编号及尺寸测量

将试样编号，在试样工作段横截面任意三处测量边长或直径，取平均值。

（3）试样安装

平面拉伸试样组合件放到拉伸夹具中，使组合件中心线与试验机的加载线重合。

（4）非实验室标准环境条件

高温试验环境由供需双方协商确定。应采用热电偶监控试样工作段温度，待监测温度达到试验温度后，对于高温干态试样，至少保温 15min 后开始试验；对于湿态试样，保温 2～3min 后开始试验。低温试验环境由供需双方协商确定。应采用热电偶监控试样工作段温度，待监测温度达到试验温度后，至少保温 15min 后再开始试验。

（5）加载

按照标准规定要求设置试验加载速度，连续加载并记录试样的载荷和位移信息直至试样断裂。

（6）试验有效性判定

常见的破坏模式有芯子拉伸破坏、芯子与面板胶接破坏、面板分层破坏、面板或芯子与加载块脱粘破坏及其混合破坏模式。面板或芯子与加载块脱粘破坏的试验应予以作废。同组有效试验不足 5 个时，应补充试验。

6.4.1.6 试验数据处理

平面拉伸强度按式（6-8）计算，结果保留三位有效数字：

$$\sigma_t = \frac{F_{\max}}{A} \tag{6-8}$$

式中　σ_t——平面拉伸强度，MPa；

$F_{\max}$——最大载荷，N；

A——试样横截面面积，mm^2。

6.4.1.7 试验影响因素简析

试样形状对平面拉伸强度基本无影响，但是不同形状试样的平面拉伸强度结果分散性略有差异。相对而言，圆形试样的分散性略大，主要是由于圆形试样的边缘加工不整齐造成的。加载速度对平面拉伸强度影响较大，平面拉伸强度随着加载速度的增加而增大。

6.4.2 夹层结构平面压缩性能测试

6.4.2.1 基本原理

芯材及夹层结构的平面压缩性能是其最基本的材料性能，平面压缩试验适用于金属或非金属蜂窝等格子型芯材及夹层结构的性能检测。通过压缩夹具沿垂直夹层结构或芯子厚度方向施加压缩载荷，使得夹层结构或芯子发生破坏，获得平面压缩强度。通过测变形附件测量压缩变形，从而测得平面压缩模量。

6.4.2.2　国内外标准试验方法

目前国内外用于检测芯子及夹层结构平面拉伸强度的试验方法主要有：

ASTM C365/C365M Standard Test Method for Flatwise Compressive Properties of Sandwich Cores

GB/T 1453 夹层结构或芯子平压性能试验方法

GJB 130.5 胶接铝蜂窝夹层结构和芯子平面压缩性能试验方法

其中 ASTM C365 适用于测量夹层结构及芯子的平面压缩强度、2%偏移平面压缩应力及平面压缩模量，GB/T 1453 适用于测量夹层结构平面压缩强度、夹层结构平压模量及芯子平压模量，GJB 130.5 适用于测量铝蜂窝夹层结构平面压缩强度、夹层结构平压模量及芯子平压模量。

6.4.2.3　试样形状及尺寸

平面压缩试样一般为长方体或圆柱体，试样胶接面为正方形或圆形。表 6-5 为国内外标准规定的平面压缩试样尺寸。

表 6-5　平面压缩试样尺寸

标准	试样尺寸
ASTM C365	连续型粘接面（如轻木、泡沫）：粘接面最小面积为 625mm² 非连续型粘接面（如蜂窝）： 　芯格尺寸≤3.0mm，粘接面最小面积为 625mm²； 　3.0mm<芯格尺寸≤6.0mm，粘接面最小面积为 2500mm²； 　6.0mm<芯格尺寸≤9.0mm，粘接面最小面积为 5625mm²； 　9.0mm≤芯格尺寸，可以要求蜂窝有较少的芯格数目 厚度应与制品厚度一致
GJB 130.5	粘接面为正方形或圆形，粘接面为 60mm×60mm 或直径为 ϕ60mm 铝蜂窝芯子只用方形 芯子厚度为 15mm，面板厚度为 0.5mm 两面板的平行度不大于 0.2mm
GB/T 1453	粘接面为正方形或圆形，粘接面为 60mm×60mm 或直径为 ϕ60mm 对于蜂窝等格子型芯子，粘接面长度或直径至少应包括 4 个完整格子 厚度与夹层结构制品厚度相同。当夹层结构制品厚度未定时，芯子厚度为 15mm，面板厚度为 0.3~1.0mm 专测芯子平压模量时，推荐试样厚度为 50mm 试样两表面的平行度公差为 0.10mm

6.4.2.4　试验设备及装置

试验机载荷相对误差不超过±1%，同轴度不超过 10%。试验机的选择应使试样破坏载荷落在满载的 10%~90%，试验机应经检定合格且在有效期内。在压缩夹具上安装变形测量装置，在变形测量装置上安装引伸计测量夹层结构或芯子的平面压缩变形，如图 6-8 所示。

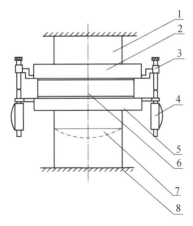

图 6-8 平面压缩试验装置示意图

1—上压头；2—上垫块；3—测变形附件；4—变形计；5—下垫块；
6—试样；7—球形支座；8—试验机平台

6.4.2.5 试验过程简述

（1）状态调节

试验前干态试样应在实验室标准环境条件［温度（23±2)℃、相对湿度50％±10％］下至少放置24h。其他状态调节环境可由供需双方协商确定。湿态试样状态调节结束后，应将试样用湿布包裹放入密封袋中，直到进行力学性能试验。试样在密封袋内的储存时间不应超过14d。

（2）试样编号及尺寸测量

将试样编号，在试样工作段横截面任意三处测量边长或直径，取平均值。

（3）试样安装

将平面压缩试样放置于试验机的球形支座上，使试样置于上下压块的中心，并使试样预压块对齐，调整球形支座，使得上下压块平行并垂直于加载方向，保证载荷均匀施加于试样表面。

（4）非实验室标准环境条件

高温试验环境由供需双方协商确定。应采用热电偶监控试样工作段温度，待监测温度达到试验温度后，对于高温干态试样，至少保温15min后开始试验；对于湿态试样，保温2～3min后开始试验。低温试验环境由供需双方协商确定。应采用热电偶监控试样工作段温度，待监测温度达到试验温度后，至少保温15min后再开始试验。

（5）加载

按照标准规定要求设置试验加载速度，连续加载并记录试样的载荷和位移信息直至试样断裂。

（6）试验有效性判定

常见的破坏模式有芯子压缩破坏、试样边缘或边角破坏及其混合破坏模式。试样边缘或边角破坏的试验应予以作废。同组有效试验不足5个时，应补充试验。

6.4.2.6 试验数据处理

平面压缩强度按式（6-9）计算，结果保留三位有效数字：

$$\sigma_{\mathrm{c}} = \frac{F_{\max}}{A} \qquad\qquad (6\text{-}9)$$

式中　σ_{c}——平面压缩强度，MPa；

　　$F_{\max}$——最大载荷，N；

　　　A——试样横截面面积，mm^2。

若在试验停止之前变形达到2%，按式（6-10）计算2%变形对应的平面压缩应力，结果保留三位有效数字：

$$\sigma_{2\%} = \frac{F_{2\%}}{A} \qquad\qquad (6\text{-}10)$$

式中　$\sigma_{2\%}$——2%变形平面压缩应力，MPa；

　　$F_{2\%}$——2%变形对应的载荷，N；

　　　A——试样横截面面积，mm^2。

用芯子试样测量时，按式（6-11）计算平面压缩弹性模量，结果保留三位有效数字：

$$E_{\mathrm{c}} = \frac{\Delta P}{A} \times \frac{h_{\mathrm{c}}}{\Delta h_{\mathrm{c}}} \qquad\qquad (6\text{-}11)$$

式中　E_{c}——芯子平面压缩模量，MPa；

　　h_{c}——芯子厚度，mm；

　　ΔP——载荷-变形曲线初始线性段的载荷增量值，N。

　　Δh_{c}——载荷-变形曲线初始线性段对应 ΔP 的变形增量值，mm。

用夹层结构试样测量时，按式（6-12）计算平面压缩弹性模量，结果保留三位有效数字：

$$E_{\mathrm{c}} = \frac{\Delta P}{A} \times \frac{H - t_{f1} - t_{f2}}{\Delta h_{\mathrm{c}}} \qquad\qquad (6\text{-}12)$$

式中　E_{c}——芯子平面压缩模量，MPa；

　　H——夹层结构厚度，mm；

　　t_{f1}——上面板厚度，mm；

　　t_{f2}——下面板厚度，mm；

　　ΔP——载荷-变形曲线初始线性段的载荷增量值，N；

　　Δh_{c}——载荷-变形曲线初始线性段对应 ΔP 的变形增量值，mm。

6.4.2.7　试验影响因素简析

虽然试样放置于球形支座上且经过仔细调整，但在试验过程中无法直接判断试样与加载方向是否垂直，对试验结果影响较大。加载不垂直或试样厚度不均匀容易导致试样受载不均匀，出现局部受载，最终压塌破坏，影响其平面压缩强度测量。芯子及夹层结构的平面压缩强度随着加载速度的增加而增大，因此不同加载速度得到的平面压缩强度不具有可比性。

6.4.3　夹层结构侧压性能测试

6.4.3.1　基本原理

通过专用的支承夹具将夹层结构试样两端夹紧，沿平行于夹层结构面板方向施加压缩载荷，使得夹层结构压缩破坏或夹层结构面板屈曲、褶皱、脱粘翘曲破坏，获得夹层结构或面板的侧压强度。通过在面板上粘贴应变计，获得夹层结构的侧压变形，从而测得夹层结构侧压模量。

6.4.3.2　国内外标准试验方法

目前国内外用于检测芯子及夹层结构平面拉伸强度的试验方法主要有：

ASTM C364/C364M Standard Test Method for Edgewise Compressive Strength of Sandwich Constructions

GB/T 1454 夹层结构侧压性能试验方法

GJB 130.10 胶接铝蜂窝夹层结构侧压性能试验方法

其中 ASTM C364 适用于测量夹层结构面板侧压强度，GB/T 1454 适用于测量夹层结构和面板的侧压强度及侧压模量，GJB 130.10 适用于测量铝蜂窝夹层结构的侧压强度和侧压模量。

6.4.3.3　试样形状及尺寸

侧压试样一般为长方体，表 6-6 为国内外标准规定的侧面压缩试样尺寸。

表 6-6　侧面压缩试样尺寸

标准	试样尺寸
ASTM C364	试样总长度≤8 倍厚度 50mm≤试样宽度≤试样总长度，≥2 倍厚度，对于蜂窝芯子≥2 个完整格子 试样两受载端面应相互平行，平行度公差为 0.02mm，且应与面板平面及侧面垂直度公差为 0.02mm
GJB 130.10	试样总长度 240mm，其中未支承长度为 200mm，两端支承长度为 20mm 宽度 60mm，芯子厚度 15mm，面板厚度 0.5mm 也可根据制品厚度，试样宽度≥50mm 且≥2 倍厚度，未支承长度≤12 倍厚度，端部支承长度不小于试样厚度 试样两受载端面应相互平行，平行度公差不超过 0.10mm，且应与面板平面及侧面垂直度公差为 0.2mm
GB/T 1454	试样总长度为未支承长度加上 2 倍支承高度，支承高度为 10～20mm；试样未支承长度：试样宽度：试样厚度＝6:4:1 试样宽度为 60mm，对于格子型芯子应至少包括 4 个完整格子 应与夹层结构制品厚度一致，当制品厚度未定时，芯子厚度 15mm，面板厚度 0.5～1.0mm 试样两受载端面应光滑无毛刺，相互平行，平行度公差为 0.10mm，且应与面板平面及侧面垂直度公差为 0.2mm

6.4.3.4　试验设备及装置

试验机载荷相对误差不超过±1%，同轴度不超过 10%。试验机的选择应使试样破坏载荷落在满载的 10%～90%，试验机应经检定合格且在有效期内。推荐采用端部为扁平形式的支承夹具，调节夹块的横截面尺寸应不小于 6mm，在扁平夹具上通过螺钉将调节夹块与试样表面紧密接触，如图 6-9 所示。

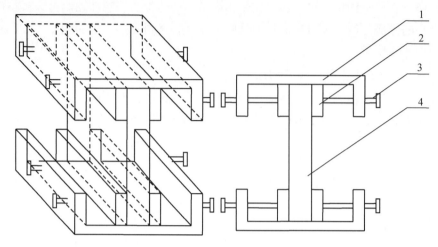

图 6-9 侧面压缩试验装置示意图

1—扁平支承夹具；2—调节夹块；3—螺钉；4—试样

6.4.3.5 试验过程简述

（1）状态调节

试验前干态试样应在实验室标准环境条件［温度（23±2）℃、相对湿度 50％± 10％］下至少放置 24h。其他状态调节环境可由供需双方协商确定。湿态试样状态调节结束后，应将试样用湿布包裹放入密封袋中，直到进行力学性能试验。试样在密封袋内的储存时间不应超过 14d。

（2）试样编号及尺寸测量

将试样编号，在试样工作段横截面任意三处测量长度、宽度或直径，取平均值。

（3）试样安装

将试样两端对中放置在支承夹具两调节夹块中间的槽内，分别对称地拧紧螺钉，螺钉的拧紧力矩为 1~3N·m，将装配好的夹具对中放在试验机的支座上。

（4）非实验室标准环境条件

高温试验环境由供需双方协商确定。应采用热电偶监控试样工作段温度，待监测温度达到试验温度后，对于高温干态试样，至少保温 15min 后开始试验，对于湿态试样，保温 2~3min 后开始试验。低温试验环境由供需双方协商确定。应采用热电偶监控试样工作段温度，待监测温度达到试验温度后，至少保温 15min 后再开始试验。

（5）加载

按照标准规定要求设置试验加载速度，连续加载并记录试样的载荷和位移信息直至试样断裂。

（6）试验有效性判定

侧压试验常见的破坏模式主要有端头压坏、夹层结构压缩破坏、面板屈曲破坏、面板与芯子脱粘破坏、芯子压缩破坏、芯子剪切破坏及混合破坏模式。端头破坏的试验应予以作废。同组有效试验不足 5 个时，应补充试验。

6.4.3.6 试验数据处理

夹层结构侧压强度按式（6-13）计算，结果保留三位有效数字：

$$\sigma = \frac{P_{\max}}{W \times t} \tag{6-13}$$

式中 σ——夹层结构侧压强度，MPa；

$P_{\max}$——最大载荷，N；

W——夹层结构宽度，mm；

t——夹层结构厚度，mm。

面板侧压强度按式（6-14）计算，结果保留三位有效数字：

$$\sigma = \frac{P_{\max}}{2 \times W \times t_{f}} \tag{6-14}$$

式中 σ——夹层结构侧压强度，MPa；

$P_{\max}$——最大载荷，N；

W——夹层结构宽度，mm；

t_{f}——夹层结构面板厚度，mm。

夹层结构侧压弹性模量按式（6-15）计算，结果保留三位有效数字：

$$E = \frac{(P_{3000} - P_{1000})}{(\varepsilon_{3000} - \varepsilon_{1000}) \times W \times t} \tag{6-15}$$

式中 E——夹层结构侧压弹性模量，MPa；

P_{3000}——对应 ε_{3000} 时的载荷，N；

P_{1000}——对应 ε_{1000} 时的载荷，N；

ε_{3000}——面板上 4 个应变计的平均应变最接近 $3000\mu\varepsilon$ 时的应变，$\mu\varepsilon$；

ε_{1000}——面板上 4 个应变计的平均应变最接近 $1000\mu\varepsilon$ 时的应变，$\mu\varepsilon$；

W——夹层结构宽度，mm；

t——夹层结构厚度，mm。

6.4.3.7 试验影响因素简析

侧压试样两端的平面的平行度、垂直度对侧压强度影响较大，若试样两端面的平行度及垂直度较差，容易在试验过程中出现非正常变形，导致侧压试验结果偏低。另一方面侧压夹具的安装对试验结果影响较大，拧紧螺钉使垫块夹紧试样，但螺钉过紧则可能试样预夹具不到位，过松则夹具容易脱落，试验失败。放在球形支座上的方形夹具，在安装时应仔细调节对中，若夹具调整不到位，容易获得较低的试验结果。

6.4.4 夹层结构芯子剪切性能测试

6.4.4.1 基本原理

在芯子或夹层结构表面粘接金属加载板，通过专用夹具对金属加载板施加拉伸或压缩载荷，使得加载作用线接近试样的对角线，芯子或夹层结构产生剪切，从而获得芯子或夹层结构的剪切强度。通过在金属加载板上安装变形测量装置，获得剪切弹性模量。

6.4.4.2 国内外标准试验方法

目前国内外用于检测芯子及夹层结构平面拉伸强度的试验方法主要有：

ASTM C273/C273M Standard Test Method for Shear Properties of Sandwich Core Materials

GB/T 1455 夹层结构或芯子剪切性能试验方法

GJB 130.6 胶接铝蜂窝夹层结构和芯子-平面剪切性能试验方法

其中 ASTM C273 适用于测量夹层结构及芯子的平面剪切强度和模量，GB/T 1455 适用于测量夹层结构及芯子的平面剪切强度和模量，GJB 130.6 适用于测量铝蜂窝夹层结构的平面剪切强度和模量。

6.4.4.3　试样形状及尺寸

平面剪切试样一般为长方体，表 6-7 为国内外标准规定的平面剪切试样尺寸。芯子或夹层结构与加载金属板进行胶接时，加载板的胶接面应喷砂或打磨处理，可采用乙醇或丙酮对加载板的胶接面进行清洗。胶接固化时金属板的自由端比试样长出 5mm，胶接固化工艺与胶膜的固化工艺一致，固化温度和压力不应影响试样的性能。

表 6-7　平面剪切试样尺寸

标准	试样尺寸
ASTM C273	试样长度≥12 倍厚度 试样宽度≥50mm 试样厚度与制品厚度一致
GJB 130.6	推荐试样尺寸为 150mm×50mm×13mm 当芯子厚度＞12mm 时，试样长度≥12 倍厚度，试样宽度≥2 倍厚度
GB/T 1455	试样长度≥12 倍厚度 试样宽度为 60mm，对于格子型芯子应至少包括 4 个完整格子 试样厚度与制品厚度一致，当制品厚度未定时，芯子厚度为 12mm，面板厚度为 1mm，长度为 150mm

6.4.4.4　试验设备及装置

试验机载荷相对误差不超过±1％，同轴度不超过 10％。试验机的选择应使试样破坏载荷落在满载的 10％～90％，试验机应经检定合格且在有效期内。

根据加载形式的不同，加载金属板分为拉剪金属板和压剪金属板。金属板与试样的胶接面应喷砂或其他处理方式以提高金属板胶接强度，可采用高强铝合金或 45 钢，对于高密度芯子（大于 64kg/m³）推荐使用 45 钢。拉剪金属板形状为长方形，长度比试样至少长 50mm，压剪金属板比试样至少长 25mm，加载端加工成 45°角，并通过紧固件加载。压剪金属板如图 6-10 所示。金属板宽度应与试样宽度一致，推荐金属板厚度不小于（15±0.1）mm。

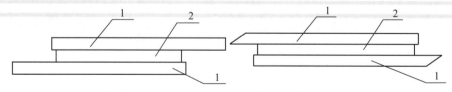

图 6-10　拉剪及压剪金属板示意图

1—金属板；2—试样

6.4.4.5　试验过程简述

（1）状态调节

试验前干态试样应在实验室标准环境条件［温度（23±2）℃、相对湿度50％±10％］下至少放置24h。其他状态调节环境可由供需双方协商确定。湿态试样状态调节结束后，应将试样用湿布包裹放入密封袋中，直到进行力学性能试验。试样在密封袋内的储存时间不应超过14d。

（2）试样编号及尺寸测量

将试样编号，在试样工作段横截面任意三处测量长度、宽度或直径，取平均值。

（3）试样安装

将变形测量装置与引伸计安装到剪切试样金属板上，再将试样组合件安装至加载夹具上。对于硬质泡沫芯子及其夹层结构，推荐采用压缩剪切的加载方式。

（4）非实验室标准环境条件

高温试验环境由供需双方协商确定。应采用热电偶监控试样工作段温度，待监测温度达到试验温度后，对于高温干态试样，至少保温15min后开始试验，对于湿态试样，保温2～3min后开始试验。低温试验环境由供需双方协商确定。应采用热电偶监控试样工作段温度，待监测温度达到试验温度后，至少保温15min后再开始试验。

（5）加载

按照标准规定要求设置试验加载速度，连续加载并记录试样的载荷和位移信息直至试样断裂。

（6）试验有效性判定

常见的破坏模式有芯子剪切破坏、芯子与面板脱粘破坏、面板或芯子与金属板脱粘破坏、面板分层破坏及混合破坏模式。面板或芯子与金属板脱粘破坏的试验应予以作废。同组有效试验不足5个时，应补充试验。

6.4.4.6　试验数据处理

平面剪切强度按式（6-16）计算，结果保留三位有效数字：

$$\tau_f = \frac{P_{max}}{l \cdot b} \tag{6-16}$$

式中　τ_f——平面剪切强度，MPa；

　　P_{max}——最大载荷，N；

　　l——试样长度，mm；

　　b——试样宽度，mm。

采用芯子试样时，芯子剪切弹性模量按式（6-17）计算，结果保留三位有效数字：

$$G_c = \frac{h}{l \times b} \times \frac{\Delta P}{\Delta u} \tag{6-17}$$

式中　G_c——剪切弹性模量，MPa；

　　h——芯子厚度，mm；

　　ΔP——载荷-变形曲线初始线性段的载荷增量值，N；

　　Δu——载荷-变形曲线初始线性段对应ΔP的变形增量值，mm。

采用夹层结构形式时，芯子剪切弹性模量按式（6-18）计算，结果保留三位有效数字：

$$G_c = \frac{(H - t_{f1} - t_{f2})}{l \times b} \times \frac{\Delta P}{\Delta u} \qquad (6\text{-}18)$$

式中　G_c——剪切弹性模量，MPa；

　　　H——夹层结构厚度，mm；

　　　t_{f1}——夹层结构上面板厚度，mm；

　　　t_{f2}——夹层结构下面板厚度，mm；

　　　ΔP——载荷-变形曲线初始线性段的载荷增量值，N；

　　　Δu——载荷-变形曲线初始线性段对应 ΔP 的变形增量值，mm。

6.4.4.7　试验影响因素简析

试样的厚度对试验结果存在明显的影响，由于试样存在一定的厚度，当进行拉剪或压剪时必然存在扭矩的作用，使得试样产生偏转，导致剪应力不在同一平面上，试样厚度越大，扭矩就越大，得到的剪切性能就越低。随着加载速度的增加，试样的剪切强度及剪切模量也随之增加。夹层结构形式与芯子试样对夹层结构的剪切强度基本无影响，但对剪切模量影响较大，因为夹层结构形式得到的剪切模量是芯子、胶黏剂和面板的复合模量。

6.4.5　夹层结构梁弯曲方法测定芯子强度

6.4.5.1　基本原理

通过对夹层结构的短梁试样的三点弯曲试验，使得夹层结构芯子发生剪切破坏，从而测得芯子的剪切强度。

6.4.5.2　国内外标准试验方法

目前国内外采用三点弯曲方法测量芯子剪切强度的试验方法主要有：

ASTM C393/C393M Standard Test Method for Core Shear Properties of Sandwich Constructions by Beam Flexure

GB/T 1456 夹层结构弯曲性能试验方法

GJB 130.9 胶接铝蜂窝夹层结构弯曲性能试验方法

其中 ASTM C393 适用于采用三点弯曲或四点弯曲测量夹层结构的芯子剪切强度，GB/T 1456 适用于采用短梁三点弯曲方法测定夹层结构芯子的剪切应力，GJB 130.9 适用于测定夹层结构的剪切强度、弯曲强度、夹层结构抗弯刚度及剪切刚度和芯子剪切模量。

6.4.5.3　试样形状及尺寸

夹层结构弯曲试样一般为长方体，表 6-8 为国内外标准规定的试样尺寸。

表 6-8　弯曲试样尺寸

标准	试样尺寸
ASTM C393	试样跨距为 150mm，推荐试样尺寸为 200mm 长、75mm 宽，试样厚度与制品厚度一致
GJB 130.9	试样长度为（跨距＋50mm）或（跨距＋厚度的一半）二者中数值较大者 2 倍厚度＜试样宽度＜厚度的一半 厚度与制品厚度一致，当制品厚度未定时，芯子厚度为 15mm

续表

标准	试样尺寸
GB/T 1456	6mm≤试样厚度≤10mm，试样跨距为100mm；10mm<试样厚度<20mm，试样跨距为160mm；20mm≤试样厚度≤40mm，试样跨距为200mm 试样长度为跨距加40mm或厚度的一半，取其中数值较大者 试样宽度小于跨距的一半，试样宽度为60mm，对于格子型芯子应至少包括4个完整格子 厚度与制品厚度一致，当制品厚度未定时，芯子厚度为15mm，面板厚度为0.3～1.0mm

6.4.5.4　试验设备及装置

试验机载荷相对误差不超过±1%，同轴度不超过10%。试验机的选择应使试样破坏载荷落在满载的10%～90%，试验机应经检定合格且在有效期内。图6-11所示为夹层结构短梁三点弯曲试验装置示意图。加载与支撑装置由圆柱杆、钢质加载块和橡胶垫组成。钢质加载块沿试样长度方向的长度为（25±0.2）mm，沿试样宽度方向的宽度与试样等宽，圆柱杆选用钢质材料，钢质加载块与圆柱杆接触面应光滑以保证圆柱杆转动。在钢质加载块与试样中间衬垫橡胶垫以防止试样面板局部压坏。橡胶垫的邵氏硬度不低于60，推荐厚度为3～5mm，长度应能覆盖钢质加载块。

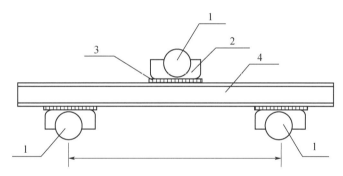

图6-11　短梁三点弯曲加载示意图
1—圆柱杆；2—钢质加载块；3—橡胶垫；4—试样

6.4.5.5　试验过程简述

（1）状态调节

试验前干态试样应在实验室标准环境条件［温度（23±2）℃、相对湿度50%±10%］下至少放置24h。其他状态调节环境可由供需双方协商确定。湿态试样状态调节结束后，应将试样用湿布包裹放入密封袋中，直到进行力学性能试验。试样在密封袋内的储存时间不应超过14d。

（2）试样编号及尺寸测量

将试样编号，在试样工作段横截面任意三处测量长度、宽度或直径，取平均值。

（3）试样安装

根据所测性能参数，选择相应的弯曲加载方式。按规定的跨距调整支座，精确至0.5mm。

（4）非实验室标准环境条件

高温试验环境由供需双方协商确定。应采用热电偶监控试样工作段温度，待监测温度达到试验温度后；对于高温干态试样，至少保温 15min 后开始试验；对于湿态试样，保温 2～3min 后开始试验。低温试验环境由供需双方协商确定。应采用热电偶监控试样工作段温度，待监测温度达到试验温度后，至少保温 15min 后再开始试验。

（5）加载

按照标准规定要求设置试验加载速度，连续加载并记录试样的载荷和位移信息直至试样断裂。

（6）试验有效性判定

测定芯子剪切强度时，非芯子剪切破坏的试验应予以作废。同组有效试验不足 5 个时，应补充试验。

6.4.5.6　试验数据处理

芯子剪切强度按式（6-19）计算，结果保留三位有效数字：

$$\tau_c = \frac{F_{\max}}{(d+c) \cdot b} \tag{6-19}$$

式中　τ_c——芯子剪切强度，MPa；

$F_{\max}$——破坏前的最大载荷，N；

d——夹层结构厚度，mm；

c——芯子厚度，mm；

b——试样宽度，mm。

6.4.5.7　试验影响因素简析

三点弯曲试验方法可以在夹层结构的芯子中产生最大剪切应力，为减少由弯曲产生的正应力，应选用小跨距。芯子的厚度对夹层结构的芯子剪切性能影响较大，采用三点弯曲加载方式虽然可以测量芯材的剪切强度，但由于面板或芯子影响，测量的结果存在误差。

6.4.6　夹层结构长梁弯曲性能测试

6.4.6.1　基本原理

通过对夹层结构的长梁试样的三点弯曲试验，使得夹层结构面板发生破坏，从而测得面板的弯曲应力。

6.4.6.2　国内外标准试验方法

目前国内外采用三点弯曲方法测量面板弯曲应力的试验方法主要有：

ASTM D7249/D7249M Standard Test Method for Facing Properties of Sandwich Constructions by Long Beam Flexure

GB/T 1456 夹层结构弯曲性能试验方法

GJB 130.9 胶接铝蜂窝夹层结构弯曲性能试验方法

其中 ASTM D7249 适用于采用三点弯曲或四点弯曲测量夹层结构的面板弯曲应力，GB/T 1456 适用于采用长梁三点弯曲方法测定夹层结构弯曲面板的应力，GJB 130.9 采用长梁四点弯曲方法测定夹层结构弯曲面板的应力。

6.4.6.3 试样形状及尺寸

夹层结构弯曲试样一般为长方体，表6-9为国内外标准规定的试样尺寸。

表6-9 弯曲试样尺寸

标准	试样尺寸
ASTM D7249	试样支撑跨距为560mm，宽75mm，加载跨距为100mm 试样厚度与制品厚度一致
GJB 130.9	加载跨距为100mm，支撑跨距为200mm 2倍厚度＜试样宽度＜厚度的一半 厚度与制品厚度一致，当制品厚度未定时，芯子厚度为15mm
GB/T 1456	6mm≤试样厚度≤10mm，试样跨距为300mm，10mm＜试样厚度＜20mm，试样跨距为400mm，20mm≤试样厚度≤40mm，试样跨距为500mm 试样长度为跨距加40mm或厚度的一半，取其中数值较大者 试样宽度小于跨距的一半，试样宽度为60mm，对于格子型芯子应至少包括4个完整格子 厚度与制品厚度一致，当制品厚度未定时，芯子厚度为15mm，面板厚度为0.3～1.0mm

6.4.6.4 试验设备及装置

试验机载荷相对误差不超过±1%，同轴度不超过10%。试验机的选择应使试样破坏载荷落在满载的10%～90%，试验机应经检定合格且在有效期内。图6-12所示为夹层结构长梁四点弯曲试验装置示意图。加载与支撑装置由圆柱杆、钢质加载块和橡胶垫组成。钢质加载块沿试样长度方向的长度为（25±0.2）mm，沿试样宽度方向的宽度与试样等宽，圆柱杆选用钢质材料，钢质加载块与圆柱杆接触面应光滑以保证圆柱杆转动。在钢质加载块与试样中间衬垫橡胶垫以防止试样面板局部压坏。橡胶垫的邵氏硬度不低于60，推荐厚度为3～5mm，长度应能覆盖钢质加载块。

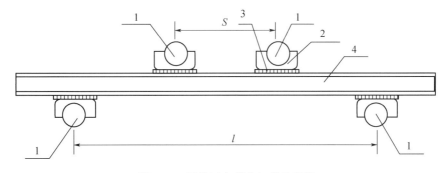

图6-12 长梁四点弯曲加载示意图
1—圆柱杆；2—钢质加载块；3—橡胶垫；4—试样

6.4.6.5 试验过程简述

（1）状态调节

试验前干态试样应在实验室标准环境条件〔温度（23±2）℃、相对湿度50%±

10%〕下至少放置24h。其他状态调节环境可由供需双方协商确定。湿态试样状态调节结束后，应将试样用湿布包裹放入密封袋中，直到进行力学性能试验。试样在密封袋内的储存时间不应超过14d。

（2）试样编号及尺寸测量

将试样编号，在试样工作段横截面任意三处测量长度、宽度或直径，取平均值。

（3）试样安装

根据所测性能参数，选择相应的弯曲加载方式。按规定的跨距调整支座，精确至0.5mm。

（4）非实验室标准环境条件

高温试验环境由供需双方协商确定。应采用热电偶监控试样工作段温度，待监测温度达到试验温度后，对于高温干态试样，至少保温15min后开始试验；对于湿态试样，保温2~3min后开始试验。低温试验环境由供需双方协商确定。应采用热电偶监控试样工作段温度，待监测温度达到试验温度后，至少保温15min后再开始试验。

（5）加载

按照标准规定要求设置试验加载速度，连续加载并记录试样的载荷和位移信息直至试样断裂。

（6）试验有效性判定

测定芯子剪切强度时，非芯子剪切破坏的试验应予以作废。同组有效试验不足5个时，应补充试验。

6.4.6.6　试验数据处理

夹层结构面板极限应力按式（6-20）计算，结果保留三位有效数字：

$$\sigma = \frac{F_{\max}(l-s)}{2(d+c) \cdot t \cdot b} \tag{6-20}$$

式中　　σ——面板弯曲强度，MPa；

　　$F_{\max}$——破坏前的最大载荷，N；

　　　l——支撑跨距，mm；

　　　s——加载跨距，mm；

　　　d——夹层结构厚度，mm；

　　　t——面板厚度，mm；

　　　c——芯子厚度，mm；

　　　b——试样宽度，mm。

6.4.6.7　试验影响因素简析

三点弯曲试验方法可以在夹层结构的芯子中产生最大剪切应力，为减少由弯曲产生的正应力，应选用小跨距。芯子的厚度对夹层结构的芯子剪切性能影响较大，采用三点弯曲加载方式虽然可以测量芯材的剪切强度，但由于面板或芯子影响，测量的结果存在误差。

6.4.7　夹层结构滚筒剥离性能测试

6.4.7.1　基本原理

用带有凸缘和加载带的滚筒夹具进行滚筒剥离试验。将夹层结构长面板一侧连接到滚筒夹具的滚筒上，另一端与试验机拉伸夹具连接，施加拉伸载荷，使夹层结构面板和芯子发生剥离，从而测得夹层结构的滚筒剥离强度。

6.4.7.2 国内外标准试验方法

目前国内外用于检测芯子及夹层结构平面拉伸强度的试验方法主要有：

ASTM D1781 Standard Test Method for Climbing Drum Peel for Adhesives

GB/T 1457 夹层结构滚筒剥离强度试验方法

GJB 130.7 胶接铝蜂窝夹层结构滚筒剥离试验方法

其中 ASTM D1781 和 GB/T 1457 适用于夹层结构的滚筒剥离强度的测定，GJB 130.7 适用于铝蜂窝夹层结构滚筒剥离强度的测定。

6.4.7.3 试样形状及尺寸

滚筒剥离试样一般为长方体，表 6-10 为国内外标准规定的滚筒剥离试样尺寸。

表 6-10 滚筒剥离试样尺寸

标准	试样尺寸
ASTM D1781	试样总长为 305mm，宽度为 76mm，试样两端各含 25mm 的夹持区 厚度应与制品厚度一致
GB/T 1457	试样总长为 300mm，两端各含 30mm 的夹持区 试样宽度为 60mm；当格子边长或波距较大时（格子边长大于 8mm，波距大于 20mm），试样宽度为 80mm 试样厚度应与制品厚度一致，当制品厚度未定时，取 20mm，面板厚度≤1mm
GJB 130.7	试样总长 360mm，两端各有 30mm 夹持区 试样宽度为 75mm 试样芯子厚度为 15mm，长面板厚度为 0.3mm，短面板厚度＞0.5mm

6.4.7.4 试验设备及装置

试验机载荷相对误差不超过±1％，同轴度不超过 10％。试验机的选择应使试样破坏载荷落在满载的 10％～90％，试验机应经检定合格且在有效期内。滚筒剥离夹具由凸缘、滚筒、加载带和试样夹持装置组成，如图 6-13 所示。推荐滚筒筒体外侧直径为（100±0.20）mm，滚筒筒体宽度至少比试样宽 30mm，滚筒凸缘直径为（125±0.2）mm，加载带为柔性钢带，钢带应具有足够的强度以防止试验过程中发生断裂，推荐厚度不小于 0.3mm。筒体内径应增加配重块以便保证滚筒轴线不摆动，滚筒和配重的总质量不超过 3.6kg，推荐采用铝合金材质。

6.4.7.5 试验过程简述

（1）状态调节

试验前干态试样应在实验室标准环境条件［温度（23±2）℃、相对湿度 50％±10％］下至少放置 24h。其他状态调节环境可由供需双方协商确定。湿态试样状态调节结束后，应将试样用湿布包裹放入密封袋中，直到进行力学性能试验。试样在密封袋内的储存时间不应超过 14d。

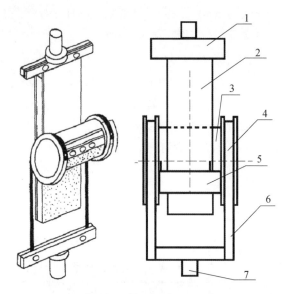

图 6-13 滚筒剥离夹具

1—拉伸夹具；2—试样；3—滚筒筒体；4—滚筒凸缘；5—试样夹持装置；6—加载带；7—拉伸夹具

（2）试样编号及尺寸测量

将试样编号，在试样工作段横截面任意三处测量长度、宽度或直径，取平均值。

（3）试样安装

将试样预制分层的长面板端放入滚筒夹具中，使用滚筒夹具上的试样夹持装置锁紧。将滚筒夹具的加载端与试验机拉伸夹具连接，将试样的空白端与试验机夹具连接。

（4）非实验室标准环境条件

高温试验环境由供需双方协商确定。应采用热电偶监控试样工作段温度，待监测温度达到试验温度后，对于高温干态试样，至少保温 15min 后开始试验；对于湿态试样，保温 2~3min 后开始试验。低温试验环境由供需双方协商确定。应采用热电偶监控试样工作段温度，待监测温度达到试验温度后，至少保温 15min 后再开始试验。

（5）加载

按照标准规定要求设置试验加载速度，加载至试样剥离 150~180mm，停止试验并卸载，得到剥离载荷-位移曲线。选取与夹层结构被剥离面板相同材质、相同尺寸的面板，得到克服面板和滚筒自重的剥离载荷-位移曲线。

（6）试验有效性判定

常见的破坏模式有芯子破坏、芯子与面板脱粘破坏、面板分层破坏及混合破坏模式。面板分层破坏的试验应予以作废。同组有效试验不足 5 个时，应补充试验。

6.4.7.6 试验数据处理

根据夹层结构试样剥离试验所得剥离载荷-位移曲线，曲线上第一个峰值以后的剥离位移为有效剥离位移，在有效剥离位移的 15%~85% 区间通过求积法或作图法计算得到平均剥离载荷 P_b，如图 6-14 所示。

根据空白面板剥离试验所得剥离载荷-位移曲线，曲线上第一个峰值以后的剥离位移为有效剥离位移，在有效剥离位移的 15%~85% 区间通过求积法或作图法计算得到

平均抗力载荷 P_0，如图 6-15 所示。

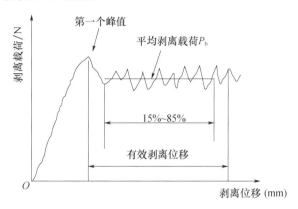

图 6-14 剥离载荷-位移曲线示意图

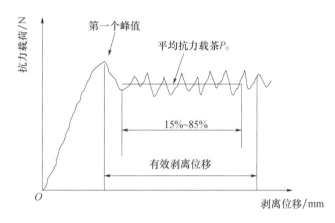

图 6-15 抗力载荷-位移曲线示意图

采用式（6-21）计算平均滚筒剥离强度，结果保留三位有效数字：

$$\overline{M}=\frac{(P_b-P_0) \cdot (D-d)}{2 \cdot b} \qquad (6-21)$$

式中　$\overline{M}$——平面滚筒剥离强度，N·mm/mm；

　　　P_b——根据图 6-14 计算得到了平均剥离载荷，N；

　　　P_0——根据图 6-15 计算得到了平均抗力载荷，N；

　　　D——滚筒凸缘直径加上加载带的厚度，mm；

　　　d——滚筒直径加上长面板的厚度，mm；

　　　b——试样宽度，mm。

6.4.7.7　试验影响因素简析

空白面板试验所得到的剥离载荷包含滚筒装置的自身重力和面板自身的抗弯阻力。对柔性较好的面板，采用空白面板或剥离过的面板重复剥离一次，得到的抗剥离载荷差别不大。而对刚性大的面板，其影响较大。滚筒剥离强度随着剥离速度的增大而增加。同时滚筒剥离夹具的质量对不同剥离强度的夹层结构影响不同，如果夹层结构的剥离强度较低，则滚筒的质量影响较大。

7 耐环境性能

7.1 概　述

尽管聚合物基复合材料以高比强度和高比模量等优异特性在国民经济领域应用日益广泛，用量也越来越多，却依然存在诸多缺点需要在工程应用中引起足够重视，如：聚合物基复合材料对热氧、湿热、紫外光、沙尘、霉菌、盐雾、介质、辐射等环境比较敏感，复合材料及其结构长期处于以上环境会发生老化，使复合材料性能变差影响使用。聚合物基复合材料发生老化的主体主要是高分子材料基体，高分子材料一般在低于其玻璃化转变温度的热氧（如热空气）条件下，可能发生速率缓慢、数量较少的氧化反应，也可能使复合材料组分材料因热膨胀系数不匹配引发热应力导致复合材料出现物理损伤；高分子材料在湿和热并存的环境中，除了可能出现热氧环境下的老化机制外，还会因各组分材料湿膨胀系数不匹配引发湿应力导致复合材料出现物理损伤，另外，随着聚合物基体逐渐吸湿，水分对高分子材料可能存在塑化作用和水解机制；很多高分子材料具有光敏基团，在紫外光的长期照射下可能会发生光降解；一般情况下高分子材料硬度都不高，在砂尘作用下会因摩擦、冲击等发生物理损伤；霉菌对高分子材料的老化作用一般情况下是微生物作用下的化学降解；盐雾对高分子材料的老化机制可能是电化学腐蚀，也可能是水分的作用；油类等介质对高分子材料的老化机制可能是溶解、溶胀；辐射对复合材料的老化作用一般指在太阳光、紫外线、电子、原子氧等作用下，聚合物基体发生光老化、热老化、光氧老化和热氧化等复杂的反应，进而复合材料的结构发生变化，导致复合材料的光学性能、热学性能和力学性能变差。

鉴于此，聚合物基复合材料及其结构在研制和应用阶段，必须评估其耐环境性能，这样才能全面可靠地评价其在环境作用下的贮存和使用寿命。

本章描述的聚合物基复合材料的耐环境性能试验包括如下两类环境试验：第一类是无载荷作用的自然环境下的曝露试验；第二类是模拟贮存或使用环境的在实验室条件下的加速老化试验。这两类环境试验完整的实施途径通常是先检测聚合物基复合材料的原始物理、化学或力学性能数据，然后将聚合物基复合材料试样在环境条件下放置一段时间，最后从环境条件下取出试样再次测定性能数据。环境对复合材料的老化作用效果是以复合材料试样性能的变化来表征的。因环境作用后复合材料的物理、化学和力学性能测试技术在前面章节已有详细阐述，本章仅交代复合材料试样在环境条件下的放置细节或者耐环境试验技术要点。

对聚合物基复合材料环境试验的设计须考虑试验的目的、加速试验环境与使用环境下材料老化机理的一致性、复合材料的使用工况等。试验目的不同，同类环境试验设计的具体技术细节可能差距很大。如湿热加速老化试验,如果目的是快速比较两种复合材料的耐湿热性能优劣而不去考虑环境作用后性能数据高低的物理意义,可以设计将复合材料在96℃水中浸泡3d,然后取出测定其性能;如果目的是相对快速评估复合材料在自然环境下服役的耐湿热性能,则可以设计将复合材料在71℃、85%RH湿热空气条件下放置一定的时间,然后取出测定其性能。加速试验环境与使用环境下材料老化机理的一致性,主要是针对加速试验环境条件的要求,加速环境对复合材料的老化作用机理须与使用环境对材料的老化作用机理一致,否则将失去加速老化试验的意义。考虑复合材料的使用工况,主要是针对表征环境老化作用效果的载体——复合材料试样的种类而言的,使用环境下复合材料承受的决定其使用寿命的关键应力形式须在复合材料试样种类中体现,如复合材料结构在使用环境中主要承受压缩载荷,而压缩载荷是决定其使用寿命的关键参量,那么在环境试验中至少必须安排复合材料压缩试样。

聚合物基复合材料种类很多,物理化学属性各异,复合材料及结构研制不同阶段环境试验的目的也有差别,在军民复合材料装备中使用的自然环境和使用工况存在很大不同,因此,针对聚合物基复合材料的热氧、湿热、紫外光、沙尘、霉菌、盐雾、介质等环境试验方法,很难制定适用于所有聚合物基复合材料的各项试验技术参数定量化的、技术内容统一的标准试验方法,现有的相关试验方法一般都是关于某一类或几类环境试验的指南性规定。

针对已有相关国家级标准试验方法的环境试验,本章将按照标准试验方法的规定阐述相关环境试验的主要技术内容;针对没有相关标准方法的环境试验,本章将依据工程研究经验,阐述实施相关环境试验时的技术要点。

7.2 耐热氧试验

7.2.1 耐热氧试验概述

将试样置于恒温或者一定交变温度谱的热空气环境箱中,定期取样,测定不同老化时间试样的物理、化学和力学性能,结合原始性能数据找出复合材料的老化机理和性能变化规律,还可以进一步建立老化模型预测复合材料的贮存和使用寿命。其中,耐热氧试验最高温度的确定原则是不超过材料的玻璃化转变温度。

7.2.2 耐热氧试验方法

目前国内外尚没有国家级的针对纤维增强聚合物基复合材料的耐热氧标准试验方法,相近的塑料热老化试验方法主要包括以下几个:

GB/T 7141—2008 塑料热老化试验方法

ASTM D5510-94 (2001) Standard Practice for Heat Aging of Oxidatively Degradable Plastics

ASTM D3045-92 (2003) Standard Practice for Heat Aging of Plastics Without Load

GB/T 7141—2008 参考 ASTM D5510-94 (2001) 而制定,二者基本上技术等效。以 GB/T 7141—2008 为例介绍这两种方法的基本情况。GB/T 7141—2008 规定了塑料

仅在不同温度的热空气中曝露较长时间时的曝露条件。本标准规定了热曝露的方法，未规定后续的性能测试方法和试样。本标准适用于评价易氧化的塑料。

为测定塑料对氧化和降解的阻抗特性，须开展将塑料在热空气中曝露一段时间的试验，ASTM D3045-92（2003）的目的之一是定义这种试验的热曝露条件，仅指定热曝露的程序，并不指定热曝露试验之后其他性能的试验方法和试样，热空气对材料特定性能的影响不由本方法解决。本方法规定了通过某性能的变化来比较材料的热老化特性的指南，推荐了在单一温度热空气条件下比较材料热老化特性的步骤，也推荐在一系列温度条件下确定材料热老化特性的步骤，而这一系列温度条件下的试验是为了估算在某个较低的温度条件下材料达到某性能指标时的时间。该方法不评估材料在应力、环境、温度和时间等因素交互作用下的热老化特性。

7.2.3　耐热氧试验试样

试样的选择取决于通过何种性能的变化来评估材料的老化特性。GB/T 7141—2008、ASTM D5510-94（2001）和 ASTM D3045-92（2003）均规定在某温度下某取样时刻点安排的试样数量不少于 3 件，试样厚度应相当于但不大于实际应用的最小厚度，不同材料不在同一老化箱内一起开展耐热氧试验，以避免交叉污染。

7.2.4　耐热氧试验设备

GB/T 7141—2008 和 ASTM D5510-94（2001）规定试验结果受热老化箱的影响，不同老化箱的试验结果不可比。这两种方法提供了两种类型的老化箱：一种是重力对流式热老化箱；另一种是强制通风式热老化箱。ASTM D3045-92（2003）要求是带风扇的热空气流动的环境箱。以上三种方法均规定试样悬挂，彼此之间不接触。

7.2.5　耐热氧试验过程要点

（1）ASTM D3045-92（2003）

单一温度的试验，所有试样应在同一时间放入同一老化箱中。对于一系列温度的热曝露试验，为了获得某性能变化和温度的关系，一起至少开展 4 个温度条件试验。最低温度的选择应使材料在 9～12 个月达到预期的性能保持率指标；紧挨着的较高温度的选择应使材料在 6 个月内发生达到预期的性能保持率指标；更高温度和最高温度的选择应分别使材料在 3 个月和 1 个月达到预期的性能保持率指标。温度选择的实际效果和相同材料的数据积累及经验有关。每个温度下绘制性能和热老化时间数据，并拟合它们的关系曲线，拟合的 r^2 值至少 80%，如图 7-1 所示。然后根据预期的性能保持率指标在每条曲线上找得老化时间。再根据 Arrhenius 模型绘制预期性能保持率指标条件下的老化时间和温度的关系，如图 7-2 所示，要求取置信水平 95% 的结果。

根据图 7-2 曲线，即可预测某较低温度条件下材料发生老化，达到以上性能保持率指标所需要的时间。

（2）GB/T 7141—2008

对于一系列温度的热曝露试验，为了获得某性能变化和温度的关系，一起至少开展 4 个温度条件试验。最低温度的选择应使材料在 6 个月达到预期的性能保持率指标；紧挨着的较高温度的选择应使材料在 1 个月内达到预期的性能保持率指标；更高温度和最高温度的选择应分别使材料在 1 周和 1 天达到预期的性能保持率指标。除了以上热老化的温度和预期达到性能保持率指标时间与 ASTM D3045-92（2003）不同外，其他方面尤其是老化试验数据的处理和对较低温度条件下达到某性能指标的老化时间的估算方法都是相同的。

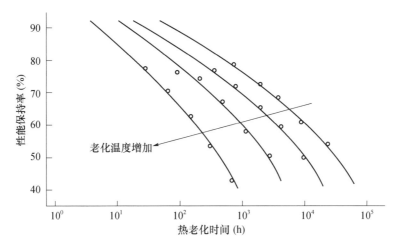

图 7-1　某性能保持率和老化时间的关系

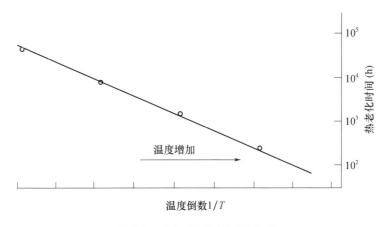

图 7-2　老化时间和温度的关系

7.3　耐湿热试验

7.3.1　耐湿热试验概述

将试样置于恒温恒湿或者一定交变温湿度谱的湿热空气环境箱中，定期取样，测定不同老化时间试样的物理、化学和力学性能，结合原始性能数据找出复合材料的老化机理和性能变化规律，还可以进一步建立老化模型预测复合材料的贮存和使用寿命。其中，耐湿热试验最高温度的确定原则是不超过材料的玻璃化转变温度。

7.3.2　耐湿热试验方法

目前检索到的国内外国家级的针对纤维增强聚合物基复合材料的耐长期湿热加速老化标准试验方法，仅有一个中国国家标准：

GB/T 2573—2008 玻璃纤维增强塑料老化性能试验方法

GB/T 2573—2008 提供了玻璃纤维增强塑料大气曝露、湿热、耐水性和耐水性加速四项老化性能试验方法，本书关注的湿热老化试验方法是其中之一。该方法适用于评定玻璃纤维增强塑料在无外载条件下大气曝露、在恒定或交变湿热条件下，以及在水介质条件下对外观、物理或力学性能的影响。

聚合物基复合材料力学性能对湿热敏感，因此复合材料研制过程中和结构设计中通常将复合材料吸湿后高温下的力学性能作为重点考核内容，以确认湿热环境对复合材料力学性能的影响。而该工作的先期步骤就是对聚合物基复合材料试样进行吸湿平衡处理，目前针对聚合物基复合材料试样吸湿平衡处理所依据的国内外主要标准方法包括以下四个：

HB 7401—1996 树脂基复合材料层合板湿热环境吸湿试验方法

ASTM D5229—2020 Standard Test Method for Moisture Absorption Properties and Equilibrium Conditioning of Polymer Matrix Composites Materials

DOT/FAA/AR-03/19 Material Qualification and Equivalency for Polymer Matrix Composite Material Systems：Updated Procedure

SACMA SRM 11R-94 Environment Conditioning of Composites Test Laminates

HB 7401—1996 是国内唯一的行业及以上级吸湿试验标准方法，该方法采用在单一环境中一步法吸湿，因吸湿判据过于宽松，达到吸湿平衡的时间较短，实际吸湿量并不高，一般在 20d 左右即达到"吸湿平衡状态"；美国的材料供应商协会标准 SACMA RM 11R 与 HB 7401—1996 类似，吸湿平衡称重的时间间隔相同，平衡判据略有差异，二者的吸湿平衡时间和实际吸湿量差距不大；ASTM D5229—2014 和 DOT-FAA-AR-03-19 的第 3.2 节是美国的行业以上级复合材料吸湿标准试验方法和技术文件，根据以上 ASTM 和 FAA 吸湿方法，吸湿判据更严格，吸湿平衡时间更长，吸湿量更高，各类复合材料达到吸湿平衡的时间为 45～80d。

7.3.3　耐湿热试验试样

选择何种试样和试样尺寸，由老化后开展的其他性能试验来定。试样应随机取样、分组、具有同批性。长期老化试样每组试样数量不少于 5 个。试样应清除油污灰尘，在湿热箱内试样之间、试样与箱壁之间不互相接触。

吸湿平衡的复合材料试样通常除了用于后续性能测试的试样外，还会安排随炉件进行吸湿质量的监测。HB 7401—1996、DOT/FAA/AR-03/19 和 SACMA SRM 11R-94 规定随炉件的尺寸为 50mm×50mm，ASTM D5229—2020 推荐尺寸为 100mm×100mm。一般随炉件至少 3 个试样，试样的质量至少 5g。

7.3.4　耐湿热试验设备

试验箱内温度和湿度应由装在箱内工作空间的传感器加以监测和控制。1.5～2.5h内温度变化范围应在25～60℃；温度不变或上升期间，相对湿度应保持在93%；降温期间，相对湿度应保持在80%～96%之间；试验内各处温度和湿度应保持均匀，箱内空气应持续搅动，箱内任一部位的空气流速应在0.5～1.0m/s。试验箱内不得有冷凝水，冷凝水不得滴于试样上。未经净化的冷凝水不得重复使用。用蒸馏水或去离子水调节箱内湿度。传感器的湿球纱布使用期不得超过30d。

吸湿平衡的试验设备一般为恒温恒湿箱，温湿度通常不固定，但工程上为71℃、相对湿度85%，这个条件是对最严酷温度和湿度自然条件的模拟。

7.3.5　耐湿热试验过程要点

7.3.5.1　长期湿热试验

（1）GB/T 2573—2008规定了恒温恒湿试验条件为：（60±2）℃、相对湿度93%±3%。还规定了交变湿热条件，因不是本书的讨论重点，不做赘述。老化时间起始点为温湿度达到目标条件算起。

（2）试验过程中开关箱门时间尽可能短暂，防止试样凝结水珠。

（3）湿热老化试验结束后取出试样，开展其他性能测试应在试样从湿热老化箱中取出30min内完成。

7.3.5.2　吸湿平衡

（1）HB 7401—1996是参考ASTM D570-88（塑料吸湿标准试验方法）和SACMA SRM11-88制定的，该方法推荐了两种复合材料吸湿条件，一是70℃蒸馏水，二是温度71℃、湿度95%RH，吸湿平衡判据为日均复合材料吸湿量变化不超过0.05%，吸湿饱和判据为日均复合材料吸湿量变化不超过0.02%。

（2）ASTM D5229—2020没有规定吸湿条件，默认由使用者确定。若需要测定复合材料吸湿参数，如扩散系数、平衡吸湿量等，则需将复合材料先烘干至工程干态再行吸湿。吸湿平衡判据为：当已知材料扩散系数，每天称量1次，试样吸湿量变化不超过0.02%，则认为吸湿平衡；若未知材料扩散系数，每7d称量一次，试样吸湿量变化不超过0.02%，则认为吸湿平衡。通常研究对象的湿扩散系数都是未知的，因此采用该方法达到吸湿平衡的时间一般要超过70d。也许ASTM D30委员会已经意识到按照ASTM D5229—2020之前版本吸湿平衡时间过长的缺点，在最新版方法中，以注释的形式提及了可采用"二步法"（第一步在高湿条件下吸湿，第二步在目标湿度下吸湿）使复合材料达到吸湿平衡的简要设想。

（3）DOT/FAA/AR-03/19推荐吸湿条件为温度62.8℃、湿度85%RH。吸湿平衡判据为：每7d称量一次，试样吸湿量变化不超过0.05%，则认为达到吸湿平衡。

（4）SACMA SRM 11R—1988规定：推荐吸湿湿度条件为95%RH，温度由用户指定，但限定最高温度不超过吸湿平衡材料的玻璃化转变温度减去28℃。吸湿平衡判据为：每天称量一次，试样吸湿量变化不超过0.01%，则认为达到吸湿平衡。

7.4 耐紫外光试验

7.4.1 耐紫外光试验概述

将试样置于紫外光辐照的环境箱中（该环境可以是单纯紫外光辐照，也可以是紫外光辐照和温度、湿度的耦合），定期取样，测定不同老化时间试样的物理、化学和力学性能，结合原始性能数据找出复合材料的老化机理和性能变化规律，还可以进一步建立老化模型预测复合材料的贮存和使用寿命。其中，紫外灯波长的确定原则是对材料所使用环境下紫外光波长具有代表性。

7.4.2 耐紫外光试验方法

目前国内外还没有国家级的针对纤维增强聚合物基复合材料的耐紫外光标准试验方法，仅有中国的针对塑料、涂料、橡胶的荧光紫外灯老化试验方法：

GB/T 14522—2008 机械工业产品用塑料、涂料、橡胶材料人工气候老化试验方法

该标准规定了机械工业产品用塑料、涂料、橡胶材料人工气候老化试验方法之一——荧光紫外灯曝露试验方法，适用于塑料、涂料、橡胶材料等耐候性比较和筛选试验。

7.4.3 耐紫外光试验试样

试样的选择同样是根据后续测试的性能而定。同组试样的数量由后续测定性能的试验方法确定。

7.4.4 耐紫外光试验设备

（1）光源

低于 400nm 的辐射占总辐射的 80%。分三种紫外灯：

UVA-340nm 荧光紫外灯：辐射能量主峰在 340nm 波长处，低于 300nm 的辐射占总辐射量 2% 以内。该类型光源主要模拟日光中的中短波紫外线。

UVA-351nm 荧光紫外灯：辐射能量主峰在 351nm 波长处，低于 300nm 的辐射占总辐射量 2% 以内。该类型光源主要模拟透过玻璃后的日光中的中短波紫外线。

UVA-313nm 荧光紫外灯：辐射能量主峰在 313nm 波长处，低于 300nm 的辐射占总辐射量 10% 以上。

使用过程中应保持紫外灯的清洁，定期按照要求更换灯管，不同类型的紫外灯不可混用。

（2）试验箱

试验箱应耐紫外老化，灯具和试样架的设计应使试样受到紫外光的辐照均匀。试验箱内应有黑板温度计、辐射计等，以随时监测试样表面温度和紫外光辐照度。还可以提供潮湿环境协同作用于试样等。

除非试验材料在不同设备之间的试验结果的再现性和相关性已经确定，不同试验机

上的试验结果不可比较。

7.4.5 耐紫外光试验过程要点

（1）试样标识

应在试样光照背面标识试样，不易褪色，避免试样混淆。

（2）试样位置更换

辐照度最大的区域通常为曝露区的中心位置，如果距离曝露区中心最远处的辐照度不足最大辐照度的 90%，则需要更换试样位置；如果距离曝露区中心最远处的辐照度是最大辐照度的 70%～90%，则需要定期更换试样位置，确保每根试样辐照量均等，或者只在 90% 以上辐照度区域放置试样。

7.5 耐介质试验

耐介质性通常通过在规定温度或（和）应力下，将试样在化学介质中曝露（浸泡或浸润）规定时间后，测量试样的质量、尺寸或性能的变化来加以判定。目前大多参照 ASTM C581-00 或 GB/T 3857—2005 进行。

试样一般是 130mm×130mm 或 80mm×15mm、厚 3.0～4.4mm 的试片，容器选用对化学介质是惰性的、不被化学试剂腐蚀的，通常是玻璃或不锈钢器皿，常温试验用密闭容器，高温试验用带有排气孔的容器。试验前观察试样无气泡和纤维裸露，测量尺寸（精确到 0.01mm）和质量（精确到 0.0001g）。之后将试样浸没在化学介质中，样板垂直于水平面放置，相互平行，间距至少保持在 6.5mm，边缘与容器或液面的间隔不小于 13mm。

常温浸泡试验进入时即开始计时，加温试验则到达规定温度时开始计时。到达规定时间后取出，进而进行外观观察、质量、尺寸、力学性能等测试，以评价其耐介质性。

7.6 盐雾试验

盐雾中的湿气和 Cl^- 离子的穿透作用会导致复合材料的膨胀、起泡等，降低材料的物理性能或力学性能。因此环境试验中还需考核复合材料的耐盐雾性能。具体的试验方法可参照 GJB 150.11A—2009 进行。

目前的盐雾试验通常是通过人工模拟海洋环境条件来考核产品或材料性能的室内加速试验。GB/T 10125—2012 和 ISO 9227：2006 规定了中性盐雾（NSS）、乙酸盐雾（AASS）和铜加速乙酸盐雾（CASS）的试验方法。中性盐雾［（50±5）g/L NaCl 溶液，pH6.5～7.2］试验适用于金属及其合金、金属覆盖层、转化膜、阳极氧化膜、金属基体上的有机涂层等，同样对复合材料较为适用。乙酸盐雾［（50±5）g/L NaCl 溶液，乙酸调 pH3.1～3.3］和铜加速乙酸盐雾［（50±5）g/L NaCl 溶液＋（0.26±0.02）g/L $CuCl_2 \cdot 2H_2O$，乙酸调 pH3.1～3.3］试验主要适用于铜＋镍＋铬或镍＋铬装饰性镀层，也适用于铝的阳极氧化膜。

盐雾试验一般采用连续喷雾和间断喷雾两种方式。间断喷雾采用喷雾和干燥交替进行的方式，使金属表面形成周期性的干湿交替，可以保证试件表面液膜的更新，加快氧的扩散和吸附，促进电化学腐蚀的进行；此外，这种方式更接近于实际工作和贮存条件，反映腐蚀产物的吸湿性对腐蚀的作用。而连续喷雾，可使试件表面一直保持湿润和足够的液膜厚度，而且连续喷雾的试验条件比较稳定，容易控制。因此，早期的盐雾试验均采用连续喷雾方式，但是从腐蚀效应和模拟性角度考虑，盐雾应采用间断喷雾的试验方法。

尽管恒定盐雾试验已被普遍认可，但其对大气曝露的模拟性不好。主要原因是盐雾试验不具有"润湿—干燥"循环过程。而在自然大气条件下，试样上由雨、雾等形成的液膜有一个由厚变薄、由湿变干的周期性循环过程。因此提出了带有干燥过程并周期性地盐水喷雾的循环盐雾试验。与恒定盐雾试验相比，这种方法可更好地模拟和加速大气腐蚀。GB/T 20853—2007、ISO16701：2003、GB/T 20854—2007 和 ISO 14993：2001 分别规定了不同的干湿循环盐雾试验方法，在中性盐雾试验的基础上增加了干湿循环步骤。ASTM G85—2009 也规定了两种循环盐雾试验方法，一种是稀释电解液循环盐雾试验，类似于以上标准规定的干湿循环盐雾试验，最大的不同是溶液为 0.05％NaCl ＋ 0.25％硫酸铵，远稀于常规盐雾，适用于评价涂层产品；另一种是循环乙酸盐雾试验，在乙酸盐雾试验的基础上增加了干湿循环步骤。

盐雾试验持续时间：对于盐雾试验，延长试验持续时间就意味着试验严酷度的提高，应该根据产品所处环境的恶劣程度来确定相应的试验持续时间，以有效考核产品抗盐雾大气影响的能力。

盐雾试验后，试件表面有盐溶液，局部有白色积盐，为避免盐水继续腐蚀表面，并便于外观检查，可用自来水轻轻冲洗试件表面，或用干净的毛刷和纱布清理表面积盐，但是不应使用温度过高的水，因为水温过高会使部分腐蚀产物溶解，破坏试件的表面腐蚀状态；同时不应使用流速过快的水流冲洗试件表面，因为水流过快会对试件表面产生冲刷作用，破坏表面腐蚀产物。

7.7 霉菌试验

材料或构件的霉菌试验测试，一方面用于评定材料制件的长霉程度，即考核抗霉能力大小，主要体现在试件是否长霉、长霉的速度、长霉的面积以及长霉对材料制件表面的损伤程度等；另一方面评定长霉后是否对材料制件的性能和使用产生影响。一般霉菌对有机纤维，特别是天然纤维增强复合材料而言是非常重要的，比如木塑复合材料含有丰富的碳素、氮素，为霉菌生长提供了丰富的营养物质。在高温潮湿的气候条件下，易受霉菌的侵染及危害，其表面产生肉眼可见的霉菌斑点，影响木塑复合材料及其制品的美观和性能，随着时间的推移，木塑复合材料及其制品中的天然纤维素会被分解，严重影响木塑制品和含有木塑部件的产品质量。

霉菌试验一般是选择合适的样品，之后给样品接种合适的霉菌，把接种后的样品曝露在适合霉菌生长的环境中，到达规定的时间后，采用光学显微镜等检测评价霉菌的生长等级。由于测试过程涉及使用霉菌，为安全与准确，一般由受过微生物学培训的人员使用霉菌和接种样品。

试验过程通常是将试样制成 50mm×50mm 的方片。用 75％酒精擦拭样品表面进行清洁消毒，向灭菌后的平皿中倒入体积约 20mL 的营养盐琼脂培养基，当培养基凝固后，在无菌条件下将 3 个平行试样分别放置在 3 个平皿培养基表面中央。具体步骤可参照 ASTM G21-09、GB/T 24128—2009 或 GJB 150.10A—2009。

向每个试样表面和培养基表面均匀喷洒 0.4～0.6mL 混合孢子液，使整个试样表面和培养基表面湿润。盖好已接种的试验样品的平皿，并将它置于温度 28～30℃、相对湿度≥85％的条件下培养。试验的培养时间为 28d。当试样表面长霉面积达到 30％时，也可在少于 28d 时终止试验。然后取出，在显微镜下进行观察，按表 7-1 进行判断。

表 7-1　等级判定标准

等级	霉菌生长情况	
	ASTM G21-09 或 GB/T 24128—2009	GJB 150.10A—2009
0 不长霉	未见霉菌生长	未见霉菌生长
1 微量生长	霉菌生长和繁殖稀少或局限，生长范围小于试件总面积的 10％。基质很少被利用或未被破坏。几乎未发现化学、物理与结构的变化	长霉面积<10％
2 轻微生长	霉菌的菌落断续蔓延或松散分布于基质表面，霉菌生长占总面积的 30％以下，中量程度繁殖	10％≤长霉面积<30％
3 中量生长	霉菌较大量生长和繁殖，占总面积的 70％以下，基质表面呈化学、物理与结构的变化	30％≤长霉面积<60％
4 严重生长	霉菌大量生长繁殖，占总面积的 70％以上，基质被分解或迅速劣化变质	60％≤长霉面积<100％

其中培养基一般采用马铃薯葡萄糖琼脂（PDA）：马铃薯 200g、蔗糖 20g、琼脂 20g、水 1000mL。营养盐培养基为：磷酸二氢钾 0.7g、七水合硫酸镁 0.7g、硝酸铵 1.0g、氯化钠 0.005g、七水合硫酸亚铁 0.002g、七水合硫酸锌 0.002g、水合硫酸锰 0.001g、磷酸氢二钾 0.7g、琼脂 15g、水 1000mL。

霉菌按《真菌鉴定手册》进行初步鉴定。菌种分子生物学鉴定：参照《现代分子生物学实验技术》中的方法分别提取总 DNA，用 18S rDNA 的通用引物进行 PCR 序列扩增，测序后在 NCBI 上进行序列比对（Blast）分析。

菌种可根据使用环境不同、受微生物污染的菌种可能不同的特点进行选择，或根据国内外工业材料及制品防霉测试标准中的规定进行选择，见表 7-2。当无法判断对组成构件的材料敏感的菌种时，可相应按标准任意选择一组菌种作为试验菌种。

表 7-2　不同防霉标准选用菌种情况

标准号	菌种类型
ISO 846：1997	黑曲霉（Aspergillus niger）、绳状青霉（Penicillium funiculosum）、宛氏拟青霉（Paecilomyces varioti）、绿粘帚霉（Gliocladium virem）、球毛壳霉（Chaetomium globosum）

续表

标准号	菌种类型
ASTM G21-96	黑曲霉（*Aspergillus niger*）、青霉菌属（*Penicillium pinophilum*）、球毛壳霉（*Chaetomium globosum*）、绿粘帚霉（*Gliocladium virem*）、出芽短梗霉（*Aureobasidium pullulans*）
JIS Z2911—2010	黑曲霉（*Aspergillus niger*）、球毛壳霉（*Chaetomiumglobosum*）、黄青霉（*PeniciUium funiculosum*）、绿粘帚霉（*Gliocladium virem*）、宛氏拟青霉（*Paecilomyces varioti*）
ISO 16869：2008	黑曲霉（*Aspergillus niger*）、绳状青霉（*Penicillium funiculosum*）、球毛壳霉（*Chaetomium globosum*）、宛氏拟青霉（*Paecilomyces varioti*）、长梗木霉（*Trichoderma longibrachiatum*）
GB/T 24128—2009	黑曲霉（*Aspergillus niger*）、青霉菌属（*Penicillium pinophilum*）、球毛壳霉（*Chaetomium globosum*）、绿粘帚霉（*Gliocladium virem*）、出芽短梗霉（*Aureobasidium pullulans*）
GB/T 19275—2003	黑曲霉（*Aspergillus niger*），绳状青霉（*Penicillium funiculosum*），球毛壳霉（*Chaetomium globosum*），宛氏拟青霉（*Paecilomyces varioti*），绿色木霉（*Trichoderma viride*）
GJB 150.10A—2009	（1）黑曲霉（*Aspergillus niger*）、土曲霉（*Aspergillus terreus*）、宛氏拟青霉（*Paecilomyces varioti*）、绳状青霉（*Penicillium funiculosum*）、赭绿青霉（*Penicillium ochrochloron*）、短柄帚霉（*Scopulariopsis brevicaulis*）绿色木霉（*Trichoderma viride*） （2）黄曲霉（*Aspergillus flavus*）、杂色曲霉（*Aspergillus versicolor*）、绳状青霉（*Penicillium funiculosum*）、球毛壳霉（*Chaetomium globosum*）、黑曲霉（*Aspergillus niger*）
HB 5830.13—86	黑曲霉（*Aspergillus niger*）、黄曲霉（*Aspergillus flavus*）、杂色曲霉（*Aspergillus versicolor*）、绳状青霉（*Penicillium funiculosum*）球毛壳霉（*Chaetomium globosum*）

霉菌试验涉及活的微生物，它易受外界环境的影响。因此，当使用同一试件进行包括霉菌试验在内的多项环境试验时，应安排试验顺序。试验顺序应尽可能地使各试验间相互影响程度降到最小，通常，霉菌试验安排在其他试验之后。但由于盐雾试验后大量聚集的盐分会影响霉菌的发芽和生长，而沙尘常含有霉菌生长的营养物质，会对试验造成长霉假象，影响到试验结果的真实性，所以，霉菌试验尽可能不与盐雾、沙尘或湿热试验使用同一试件。若霉菌试验与湿热、盐雾、沙尘试验需要使用同一试件，则试验顺序依次为湿热、霉菌、盐雾和沙尘试验。

霉菌菌丝及其孢子非常微小，直径一般在 $1\sim10\,\mu m$ 之间，很容易释放到空气中，易污染环境并对人体造成危害。为防止霉菌及孢子溢出试验箱外而污染环境，试验箱通气孔处应增加过滤装置，过滤物通常采用细颗粒吸附碳。由于霉菌试验涉及活体微生物，它们易受温湿度环境的影响。因此，对试验箱内温湿度条件控制要求较高，控制试验箱环境条件的传感器与记录湿度和温度传感器分开是十分必要的。试验箱工作空间风速宜控制在 $0.5\sim1.7 m/s$ 之间，以保证试验箱内温、湿度均匀。如果风速过小，箱内会产生温度梯度，影响霉菌生长和试验结果的重现性；如果风速过大，会吹

192

落试件上的霉菌孢子而影响试验结果，尤其在孢子萌发的初期或试验的前10d影响更严重。

7.8　气候老化试验

聚合物基复合材料在自然环境下使用，受到热、氧、光、微生物、力、化学介质其至电等环境因素的综合作用，这些环境因子通过不同机制作用于复合材料，导致其性能下降、状态改变，直至损坏变质，出现发硬、变黏、变脆、变色和失去光泽等现象，这些变化和现象被称为自然环境老化或气候老化。

复合材料气候老化试验方法一般包括自然环境试验和人工模拟自然环境的方法进行处理两大类。其中，人工模拟老化试验是根据试验需求，在实验室条件下控制温度、湿度、光辐射、盐雾、淋雨、微生物等环境因素，形成非自然的实验室模拟环境，让复合材料在其中老化的试验方法。人工模拟环境试验的优点在于控制精度较高，重现性好，试验周期短；缺点在于可能与自然环境老化的机理不符。自然环境老化试验是根据复合材料或产品的实际使用环境，选择在跟实际使用环境相近似的典型自然环境试验站（点）进行的暴露试验。气候老化试验的结果更加切实可靠。

7.8.1　自然气候老化试验

自然气候老化试验时一般将试样（尺寸和数量根据试验后所需进行了相关试验标准进行）放置在暴露架上，其架面具有一定倾角。支架可用钢铁或木材制造，并涂上防腐漆；也可用铝合金、不锈钢或钢筋混凝土制造，应经得起当地最大风力的吹刮，架面的方位朝正南，与水平面的倾角一般采用45°，结构可参考图7-3。

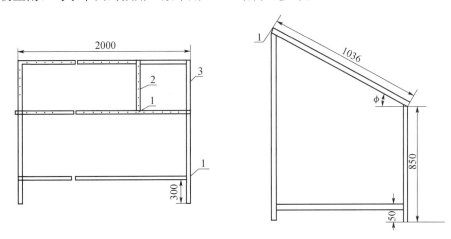

图 7-3　暴露架

试验场地应选择在能代表某一气候类型最严酷的地区或近似于实际应用的地区建立。场地应平坦空旷，用朝南45°角暴露时，暴露面的东、南、西方向无仰角大于20°、北方方向无仰角大于45°的障碍物。场地应无有害气体和尘粒的影响。

暴露架之间行距以1m为宜，试验开始时间正好在春末夏初，试验期限应根据实验目的、要求和结果而定。同时应记录暴露期间的气温、相对湿度、降雨量、日照时数、太阳辐射量以及风力、风向等信息。

7.8.2　人工气候老化试验

人工模拟自然环境的方法进行处理，即在实验室模拟户外气候条件进行的加速老化试验。通常采用气候老化试验箱，该装置采用氙弧灯、紫外荧光灯或碳弧灯照射模拟日光的紫外线照射。周期性地向试样喷洒水、盐溶液来模拟降水和盐粒子的作用。

自然气候中，太阳光辐射被认为是高分子材料老化的主要原因，对于人工气候老化和人工暴露辐射而言，模拟太阳光辐射至关重要。氙弧辐射源经过两种不同的光过滤系统来改变其产生的辐射光谱分布。分别模拟太阳辐射的紫外和可见光的光谱分布（方法A），或以3mm厚窗玻璃滤过后太阳辐射的紫外和可见光的光谱分布（方法B）。方法A用于模拟人工气候老化。一般是102min辐照、18min喷淋，不同标准规定了不同的试验辐照量、温度和相对湿度。方法B用于模拟窗玻璃下的暴露辐射，试验为连续辐照，不同标准规定了不同的试验辐照量、温度和相对湿度。荧光紫外灯分为Ⅰ型荧光紫外灯（UVA灯）和Ⅱ型荧光紫外灯（UVB灯）。荧光紫外灯老化试验一般分为三种：第一种采用UVA340或组合灯进行辐照/冷凝或辐照/喷淋/冷凝或辐照/喷淋循环试验模拟人工气候；第二种采用UVA351灯进行连续辐照试验模拟窗玻璃下的暴露辐射；第三种采用UVB313灯进行辐照/冷凝循环试验，不同的标准规定了不同的试验循环步骤、辐照量、温度和相对湿度。

碳弧灯试验规定了以开放式碳弧灯为光源，模拟和强化自然气候中光、热、空气、温度、湿度和降雨量等主要因素的人工气候加速老化试验方法。一般喷水时间/不喷水时间为18min/102min或12min/48min。也可选用暗周期循环暴露程序，在试验箱内有较高的相对湿度，并在表面形成凝露。

8 光学非接触变形测试技术在复合材料上的应用

8.1 概念、分类及发展历程

现有的工程测试方法从广义上可以分为点测量方法和全场测量方法。一般全场测量方法以光作为传感信号，同时是非接触式的。与点测量相比，光学测量还具有数据处理量小等优势。为了更好地了解固体的失效机理以及定量表征一些工程参数，需要对一些力学量（变形、应变、应力等）进行全场测量。对于工程结构或构件中大的应力梯度（例如裂尖附近、几何不连续结构等）往往是结构失效的源头。在这些情况下，往往需要全场数据来计算失效参数，如应力强度因子等，为设计提供参考。本章对现有的主要光学非接触测试技术及其在复合材料测试领域的应用进行介绍。

光学测试方法包括光弹性法、云纹法（包括几何云纹法和云纹干涉法等）、全息干涉法、散斑法（包括电子散斑干涉法和数字图像相关法等）、焦散线法、相干梯度敏感等。一些光学投影法，如光栅投影法，也可归为光学测量法。光弹性法可以用来测量物体的应力场，云纹方法、全息干涉法、散斑法可以用来测量物体的位移场（包括面内位移和面外位移）。通过微分计算，由位移场得到应变场。此外，还可以分离出平面外位移和斜率，获得形貌信息。三维形貌测量采用光栅投影法。焦散线和相干梯度敏感由于其自身的特点，主要应用于断裂力学中，如高应力集中问题、应力强度因子测量等，但总体上其应用不如其他光学方法广泛。

近二十年来，由于激光技术、计算机技术和图像处理技术的发展及其在光学测量领域的应用，现代光学测试技术如莫尔条纹等应运而生，发展了干涉法、全息干涉法、散斑干涉法、数字图像相关法。光学测试方法以其非接触、全场测量、无附加质量、精度高、速度快等优点越来越受到研究者的重视。其应用也在不断扩大。目前，光学测试技术和方法有着广泛的应用，如在材料科学、生物科学、医学、工程、航空航天、土木工程以及新兴的电磁屏蔽材料等领域，相关技术在复合材料测试领域的应用也越来越广泛。

8.2 基本原理及特点

8.2.1 数字图像相关（digital image correlation，DIC）

传统的复合材料力学性能测试以电阻应变测试方法和引伸计测试方法为主，这种测量方法虽然是一种成熟的力学性能测试方法，但是由于此类接触式测量方法以点测量为基础，无法获取全场变形信息，使其在复合材料这种各向异性的材料力学性能测试领域受到一定的局限。近年来，光学测试方法以其全场、非接触的优点逐渐受到科学界及工程界的重视，其中数字图像相关方法是一种变形测试方法，由 Yamaguchi、Peters 和 Ranson 等人在 20 世纪 80 年代初提出，后经许多学者的发展成为一种比较成熟的变形场测试方法，并成功应用于复合材料等各种材料力学性能测试中。由于可以通过比较变形前后物体表面的两幅数字图像直接获取位移和应变信息，该方法具有的优点是：（1）非接触、全场测量。（2）试验设备简单，对环境要求低。试件表面的散斑模式可以通过人工制斑技术获得或者直接以试件表面的自然纹理作为标记，避免了对环境的较高要求，容易实现现场测量。（3）较易实现测量过程的自动化。因不需要胶片记录，回避了烦琐的显定影操作；也不需要进行干涉条纹定级和相位处理，能充分发挥计算机在数字图像处理中的优势和潜力。（4）与显微设备相结合，可在宏观、细观、微观范围内进行测量。因此该方法提出后受到广泛的关注，在对不同试验条件下材料力学性能的测试中得到广泛的应用，充分显示了该方法的适用性和优越性。

数字图像相关方法的基本原理是利用变形前后图像上的散斑灰度特征，在变形前后图像上建立起对应关系，然后根据此对应关系寻找变形前后图像上的对应点，从而得到其位移值。变形前图像又称为源图像或参考图像，变形后图像称为目标图像。

在二维数字图像相关方法算法中，如何建立变形前后图像间的对应关系将会影响计算精度，这是二维算法的一个关键步骤。对应关系的建立，通常是基于如下两个前提条件：（1）物体表面上的同一个点在变形前后图像上的灰度保持不变；（2）随机分布的散斑使得图像上的任一个包含有足够多的像素点的子集，在灰度分布上具有唯一性。

为了尽可能实现条件（1）的要求，在实际的测量中，通常需要稳定、均匀的照明。条件（2）中提到的"子集"，在二维数字图像相关方法中一般称为相关区域或相关计算区域，通常是一个 $M \times M$ 的方形区域，区域的大小，对测量精度有一定影响。如果区域太小，包含的信息量不够，难以准确匹配二幅散斑图的相关区域；区域太大，则会造成比较严重的平均效果，同样，亦难以准确匹配二幅散斑图的相关区域，这两种情况都会降低测量精度。

目前常用的各种二维数字图像相关方法算法，基本上都是以位移为参数，建立变形前后图像上的像素点间的映射关系，如图 8-1 所示，变形前图像上的像素点 (x, y) 的位移为 (u, v)，对应于变形后图像上的点 (x', y')。

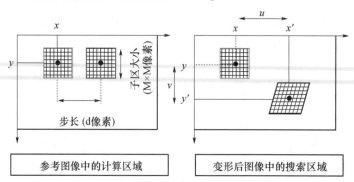

图 8-1　数字图像相关方法原理

$$x' = x + u \tag{8-1}$$
$$y' = y + v \tag{8-2}$$

建立映射关系后，再选择一个相关公式，计算变形前后图像子区间的相关系数，当相关系数取极值时，认为子区间的匹配是最佳的，然后可以得到位移等变形量。目前，相关运算方法归纳起来有以下几个主要途径：（1）双参数法；（2）粗细搜索法；（3）Newton-Raphson 方法；（4）十字搜索法；（5）爬山搜索法；（6）相关系数梯度法；（7）遗传算法；（8）分形算法。

8.2.2 数字体相关方法（digital volume correlation，DVC）

数字体相关方法是一种三维位移和应变场测量的有效方法，最初由 Bak 等在 1999 年提出。DVC 方法由于能够定量测量材料内部三维变形场和应变场，因此得到了实验力学界的广泛关注，并被用于生物组织、复合材料、金属材料、泡沫材料、岩石材料等的力学性能测试中。DVC 方法是 DIC 方法的延伸，因此它们的基本原理相似，都是由数字图像获取和数值分析组成的。主要差异在于 DVC 方法使用 3D 体像素数据，而 DIC 使用 2D 图像像素。参考体像素上被测点的三维数据被作为子集数据来寻找其在变形后体像素中的对应点。DVC 通过最佳相关计算出参考体像素和变形体像素中对应子集的变形。为了计算 u，DVC 将优化相关函数使其达到极值。设 $f(x)$ 是参考体像素中的相关点 p 的子集，$g(x)$ 是相同大小变形后的体像素。

8.2.3 莫尔云纹法

莫尔云纹光学测量技术是 19 世纪出现的一种光学测量技术。莫尔云纹法主要包括几何云纹法和云纹干涉测量等。网格线是各种云纹中位移的载体通过对变形前后网格线变化的分析，得到变形场。所以云纹这种方法也称为稠密网格法。几何云纹由于"阴影现象"的存在，由两组复合光栅组成。通过对条纹的分析，可以得到物体的位移场。传统的几何云纹法基本是成熟的技术，现在由于高密度光栅的应用，莫尔发展了干涉测量技术。近年来，由于高分辨率显微术设备的应用，样品被放大后，光栅用原子点阵网格线代替。用于测量纳米尺度位移的技术又称纳米云纹技术方法，它使云纹技术在纳米技术领域发挥着至关重要的作用。莫尔干涉测量是在 20 世纪 80 年代早期由 Post 发展起来的。将高密度衍射光栅技术引入光学测量中，提出了莫尔条纹法，该方法继承了经典光学方法的非接触、大跨度、全场、实时、不受试件材料的限制等优点，结合灵敏度高、条纹质量好等优点，自诞生以来就得到了研究人员的广泛应用。通常，莫尔条纹采用的是频率为 600～2400 线/mm 的高密度光栅干涉测量法。所以，云纹干涉法的测量灵敏度比传统的几何云纹法更高。理论上，虚拟参考光栅的最大频率可达 4000 线/mm。相应的测量灵敏度可达 0.25 微米/条。在过去的二十年里，人们对云纹干涉测量进行了大量的研究，并取得了重要进展。目前，云纹干涉测量理论已经基本完善，其应用范围正在扩大。莫尔干涉测量在从宏观到微观、从常温到高低温、从静态到动态等领域得到了成功的应用。因此，莫尔干涉测量被誉为 80 年代以来实验力学最重要的发展。它在智能高分子与涂料、微观力学、断裂力学、微电子封装等领域发挥着重要作用。莫尔干涉测量法以试样表面的高密度光栅作为变形的传感元件，主要用于测量面内位移。因此，高质量、高灵敏度的莫尔光栅及其复制成为该方法的关键技术之一。随着工程技术和微观领域研究的发展，对光栅作为变形传感元件的要求也越来越高。云纹光栅的制作通常采用光刻法，即刻蚀莫尔法光栅采用激光全息干涉系统和光阻抗蚀剂。如果引入高折射率介质，高灵敏度的全息云纹可以得到光栅。在工程领域，大量的变形是三维的，因此，三维位移的测量就显得尤为重要。1981 年，Basehore 在云纹技术中引入了全息干涉法，首先测量平面内位移和平面外位移。研究人员随后提出了各种云纹干涉法测量三维位移场。

条纹的形成不是基于几何光学，而是基于光的波动理论。目前对云纹干涉条纹的解释主要有两种：基于虚拟网格空间概念的解释和基于波前理论的解释。这里给出了莫尔的光路和位移场表达式，介绍了一种基于虚拟网格空间概念的干涉法测量面内位移场。

图 8-2 所示为云纹干涉法的基本原理，即所谓的双光束准直对称入射光路。莫尔干涉法只使用一个光栅，即试样光栅。在阐述虚拟空间概念的基础上，将试样置于双光束对称入射光路中形成虚拟网格空间，试样光栅与虚拟网格的叠加形成莫尔条纹。特别是在变形前，调整入射角，在初始条件下，这将使形成的参考网格（空间虚拟网格）的频率等于试样光栅的 2 倍，即变形后的莫尔干涉条纹是参考光栅和试样光栅干涉的结果。位移与条纹的关系为

$$u = N_x p_r = \frac{N_x}{f_r} = \frac{N_x}{2f_s} \tag{8-3}$$

$$v = N_y p_r = \frac{N_y}{f_r} = \frac{N_y}{2f_s} \tag{8-4}$$

式中　u、v——两个方向上的位移；

　　N_x、N_y——两个方向上的条纹级数；

　　　　p_r——参考光栅的晶格间距；

　　f_r、f_s——参考光栅和样品光栅的频率。

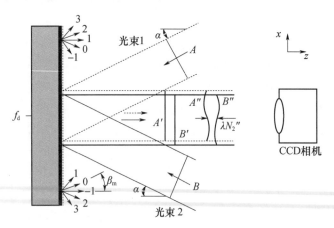

图 8-2　云纹干涉测量原理

8.2.4　光弹性法

光弹性法的原理是基于某些透明材料（如环氧树脂）在机械变形后产生的光学各向

异性特性。根据不同方向偏振光的光程差确定主应力差。利用同一彩色条纹图像可以得到模型的应力状态和分布。光弹性实验方法是一种光学与力学紧密结合的实验技术，具有实时、无损、全场等优点。1816 年研究人员发现，在偏振光场中，玻璃负载会产生色带。边缘分布与载荷和板的几何形状有关。实验表明，条纹的双折射现象与各点的应力状态有关。1853 年，麦克斯韦在实验的基础上建立了应力光学定律。光弹性力学得到了迅速的发展，直到 1906 年弹性材料被发现。光弹性法需要用光弹性材料（如环氧树脂、聚碳酸酯）制作与实物几何模型相似的模型物体，并将模型放入光弹性实验系统中进行测量。光弹性法可以解决物体的平面应力测量和三维测量问题。它也可以用于热应力问题（热光弹性）、动力问题（动光弹性）、弹塑性应力问题（弹塑性光塑性）。近年来，由于模型复杂、实验设备复杂，光弹性方法的应用较少。光弹性方法的活跃研究方向主要是光弹性条纹的自动数据采集和处理。光弹性方法在工程中的应用主要集中在大型构件的静态和动态应力分析及微尺度应力测量。根据光弹性的经典概念，等色条纹的数学方程一般写为

$$\tau_{\max} = \frac{K f_\sigma}{2h} \tag{8-5}$$

式中　K——光力学常数；

　　　f_σ——条纹值；

　　　h——板厚度。

此外，使用以下公式计算最大剪应力：

$$(\tau_{\max})^2 = (\sigma_r - \sigma_\theta)^2 + 4 (\tau_{r\theta})^2 \tag{8-6}$$

结合方程式（8-5）和方程式（8-6）得出：

$$\left(\frac{K f_\sigma}{2h} \right)^2 = (\sigma_r - \sigma_\theta)^2 + 4 (\tau_{r\theta})^2 \tag{8-7}$$

8.2.5　投影栅线法

光学投影法主要用于漫射物体的三维形貌和面外变形测量。主要测量原理是将光斑、窄带或二维光学图样（结构光编码图样、散斑、网格线、网格等）投射到被测物体表面，由于被测物体表面的几何结构调制，这些光和二维光学图样发生变形（图 8-3）。通过位移分析可以解调出被测物体的三维形貌或变形。三维形貌光学测量方法有很多种，包括激光逐点扫描法、光截面法、编码图形投影法、散斑投影法、条纹投影法等，条纹投影法的核心内容是相位测量，可分为相位测量法。

在条纹投影法中，光栅被投影到物体表面，通过解调相位信息得到物体的形状，因此这种方法也称为相位测量法。由于条纹投影法的测量精度高，测量系统和原理相对简单，近年来在三维形貌测量中得到了广泛的应用。条纹结构包括正弦结构（正弦光栅）、线性结构（包括等腰三角形结构和直角三角形齿形结构）和矩形结构（矩形光栅）。其中，正弦光栅投影由于其相位解调理论相对成熟，应用较为广泛。正弦光栅投影的相位解调方法主要有莫尔轮廓法、傅里叶变换法和相移法。前两种方法在过去得到了广泛的应用，但也存在一些不足。相移法在一定程度上克服了前两种方法的缺点，它可以测量陡峭和突变物体的形态，精度高。它也需要相对较少的计算量。但这种方法至少需要三

个变形条纹图，不能用于动态测量。在早期的光学投影方法中，采用投影仪将光学图形投影到物体表面，给投影带来不便。而且，物理光学图形的制作也是一件非常困难的事情，如正弦光栅。严格正弦光栅制作难度很大，这种投影方法的精度和可靠性较低。而相移的实现需要机械部件的配合。目前，随着光电技术的发展，液晶投影仪等数字投影设备可以通过编程实现多种标准光学图形的投影，精确的相移也成为一件非常简单的事情，它大大提高了光学投影法的测量精度和灵活性，促进了光学投影法的更广泛应用。

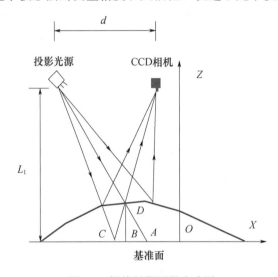

图 8-3　栅线投影测量光路图

8.2.6　焦散线

焦散线是一种基于纯几何光学映射关系的实验方法。它将物体的复杂变形情况，特别是应力集中区域的复杂变形情况转化为非常简单清晰的阴影光学图形。焦散线法是根据光照在结构奇异区域所形成的焦散线来分析奇异特征参数的方法。该方法对应力梯度敏感，适用于定量求解应力集中问题。裂纹尖端的应力强度信息可由几何长度（焦散斑直径）确定，数据简单。它不仅测量精度高，光路和器件简单，而且只需要普通的白光光源，结合高速摄影装置可以解决动态断裂问题。焦散线方法已成功应用于各种静态和动态断裂实验。

焦散线方法由 Manogg 于 1964 年首次提出，并被用于研究裂纹尖端的应力集中问题。Theocaris 和 Rosakis 扩展了研究静态和动态载荷条件下不同材料性能的方法。焦散线法是研究奇异应力场，特别是裂纹尖端应力场的有力工具。焦散线法由于其对应力的依赖性，在相同裂纹尖端应力场的照片上与光弹性法相比有其独特的优缺点。焦散斑是裂纹尖端应力强度的直接定量测量。而光弹性图像中有大量的彩色条纹，比焦散图像更为复杂。因此光弹性条纹的计算是一项繁重的工作，而且误差很大。焦散线能清晰地反映应力集中区，但由于应力梯度较小，远场区的应力不会出现焦散现象，所以它不能提供信息。但光弹性成像能准确地提供远区信息。总之，这两种方法的适用范围有其特殊性，它们是相辅相成的。

透明样品的阴影光学焦散线的几何光学原理如图 8-4 所示。对于含有裂纹的透明试样，射线偏离裂纹尖端周围的局部区域，并在距试样一定距离的参考面上形成一条称为焦散线的奇异曲线。裂纹尖端的传输焦散参数方程如下：

$$X = \lambda x_1 + z_0 cd \frac{\partial \varepsilon_{33}}{\partial x_1} \tag{8-8}$$

$$Y = \lambda x_2 + z_0 cd \frac{\partial \varepsilon_{33}}{\partial x_2} \tag{8-9}$$

式中　X、Y——基准面上的坐标系；

x_1、x_2——试样平面上的坐标系；

λ——比例因子（平行光、会聚光或发散光）；

d——试样的厚度；

z_0——试样平面到基准面的距离；

c——试样的应力光学常数；

ε_{33}——试样裂纹尖端的面外应变分量。

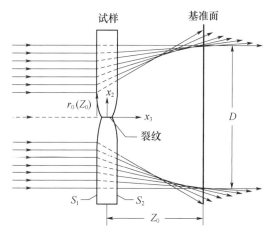

图 8-4　透射式焦散线光路

8.2.7　相干梯度敏感

相干梯度敏感（CGS）干涉测量技术是一种在线空间滤波、非接触、全场双光栅剪切干涉方法。其原理是通过光干涉控制方程建立面内应力梯度或面外位移梯度与微小光偏转的关系。利用两个平行光栅对试样变形产生的折射光束进行重构，产生干涉条纹。该方法对应力梯度或位移梯度敏感，适用于应力集中程度高等断裂问题。条纹分布直接反映了透射层内应力梯度场和反射层的面外位移梯度场。与其他光学测量方法相比，CGS 技术具有以下优点：对外界振动不敏感；光路简单；灵敏度可调；其测量结果具有实时性和全场性。

如图 8-5 所示，相干激光束通过扩束器（带滤光孔）形成平行光通过光学透镜。平行光束穿过带有垂直裂纹的透明试样。受试件变形和应力场的影响，平行光束的方向和相位会发生变化。虽然试件的出射光束不再是平行光束，但由于方向偏差很小，为简单起见，仍将具有试件变形信息的光束视为平行光束。

从样品上的点 (x, y) 射出的光束具有光程差 $\delta S(x, y)$。同样，从样品上的点 $(x, y+\varepsilon)$ 射出的光束也有光程差 $\delta S(x, y+\varepsilon)$。

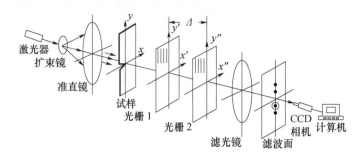

图 8-5　透射式 CGS 光路图

如图 8-6 所示，平行光束从样品中射出，通过两个间距 Δ 和栅距为 p 的平行高密度 Ronchi 光栅将产生衍射。光程差光束 $\delta S(x, y)$ 用实线表示，光程差光束 $\delta S(x, y+\varepsilon)$ 用点画线表示。首先，对光程差光束 $\delta S(x, y)$ 的衍射进行了分析：第一衍射光栅将光分解为一束直光束和多束衍射光束。为了便于理解，只分析了 ± 1 级和 0 级衍射光束。这个 ± 1 级衍射光束和 0 级衍射光束分别被第二个衍射光栅衍射成三束。

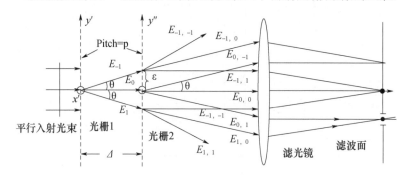

图 8-6　CGS 原理图

透射式 CGS 的控制方程为

$$cd\frac{\partial(\overline{\sigma_x}+\overline{\sigma_y})}{\partial x}=\frac{mp}{\Delta} \tag{8-10}$$

$$cd\frac{\partial(\overline{\sigma_x}+\overline{\sigma_y})}{\partial y}=\frac{np}{\Delta} \tag{8-11}$$

在透射情况下，相干梯度传感条纹的物理意义表示试样在 x 或 y 方向上的主应力梯度。

对于反射 CGS，光程差是由泊松效应引起的试样厚度变化引起的：

$$\delta S(x, y)=2w \tag{8-12}$$

其中，w 是平面外位移。所以反射 CGS 的控制方程是：

$$\frac{\partial w}{\partial x}=\frac{mp}{\Delta} \tag{8-13}$$

$$\frac{\partial w}{\partial y}=\frac{np}{\Delta} \tag{8-14}$$

在反射情况下，相干梯度传感条纹的物理意义表示样品在 x 或 y 方向的平面外位移梯度。

8.2.8 数字梯度敏感

DGS 方法最早由 Tippur 提出，用于 PMMA 的静态和动态断裂问题、PMMA 的静态和动态应力集中问题，以及透明材料的无损检测。同样，Tippur 提出了反射 DGS 方法来解决膜材料平面外位移测量问题。Hao 等人将该方法推广到解决聚合物复合材料中的纤维拔出问题和裂纹-夹杂物相互作用问题。

DGS 法的试验装置如图 8-7 所示，它包括散斑靶、透明样品和 CCD 相机。在散斑靶表面涂上一层黑白随机斑点。透明样品放置在散斑靶的前面，距离为 Δ，平行于散斑靶平面。在透明样品后面放置一个远距相机，距离为 L。然后将焦平面调整到散斑靶平面。冷光源提供充足而均匀的光。

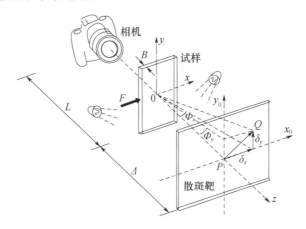

图 8-7　DGS 法试验装置示意图

如图 8-8 所示，试样平面坐标系为 xy，散斑靶平面坐标系为 $x_0 y_0$，光轴沿 z 方向。假设散斑靶上的斑点穿过厚度为 B、折射率为 n 的试样，在像面上成像。初始状态作为

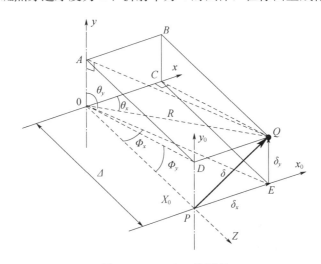

图 8-8　DGS 法工作原理

参考状态。然后，将散斑靶上的点 O 对应于试样上的点 P，作为参考状态点，在像面上成像。在加载过程中，试样的折射率和厚度会随着应力状态的变化而变化，从而引起光在试样中的偏转。参考条件下的光与变形条件下的光相对应，光偏转角可以通过测量散斑目标与试样之间的距离和矢量来确定。

DGS 方法的控制方程表示为

$$\phi_x = \frac{\delta_x}{\Delta} = C_\sigma B \frac{\partial (\sigma_{xx} + \sigma_{yy})}{\partial x} \tag{8-15}$$

$$\phi_y = \frac{\delta_y}{\Delta} = C_\sigma B \frac{\partial (\sigma_{xx} + \sigma_{yy})}{\partial y} \tag{8-16}$$

δ_x 和 δ_y 可以由数字图像相关计算得到，Δ 是预先测量的，C_σ 是材料性质决定的参数，也是已知的。因此，可以得到光线偏转角以及应力梯度。

8.3　应用实例

8.3.1　数字图像相关方法在复合材料力学性能测试中的应用

8.3.1.1　复合材料准静态力学性能测试

准静态力学性能测试主要包括复合材料的拉伸、压缩、弯曲和剪切性能测试，这些测试对于表征复合材料的基本力学性能具有重要意义。

北京航空材料研究院郭广平等根据 ASTM 标准提出一种基于引伸计原理的弹性常数测试方案，基于此方案利用数字图像相关方法测试了三种不同复合材料的拉伸弹性模量和泊松比，并将数字图像相关方法测试结果与应变片测试结果进行对比。研究结果表明，数字图像相关方法应变测试精度可达到 $25\mu\varepsilon$，完全满足航空复合材料弹性常数测试精度要求。郭广平等还将数字图像相关方法用于复合材料高温拉伸性能测试，其使用的实验装置及散斑场如图 8-9 所示，测量结果如图 8-10 所示。研究结果表明，在高温 $120\,^\circ\!\mathrm{C}$ 下数字图像相关所测得的应变曲线与引伸计所测曲线基本吻合，能够较好地反映航空复合材料在高温条件下的变形响应。

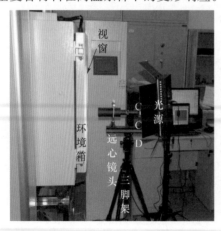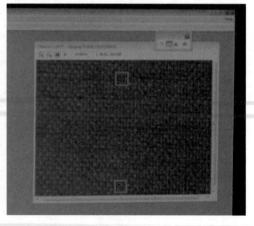

图 8-9　复合材料高温拉伸数字图像相关试验装置及散斑场

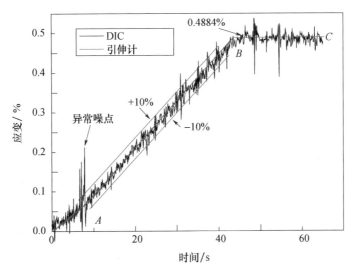

图 8-10　DIC 高温拉伸变形与引伸计比较

　　近年来，许多学者将数字图像相关方法用于监测复合材料拉伸过程的全场应变，进而研究复合材料拉伸失效模式及破坏位置，其中包括单向层合板失效、织物层合板失效、编织复合材料失效以及短切纤维复合材料失效等。Périé 等将数字图像相关方法用于监测复合材料在双向拉伸时的应变场，进而提出一种各向异性损伤失效准则。

　　对于复合材料压缩力学性能测试，由于测试空间狭小，例如 ASTM D6641—2016 标距段 13mm，SACMA SRM 1R-94 标距段 4mm，限于标距段平均应变测量、市售最小的引伸计为标距段 10mm，此时利用引伸计进行应变测量实际操作已非常困难。而依靠传统的应变片测量手段，限于局部小范围变形、试样在吸湿后或试验在湿热环境中时应变片与试件之间的胶接面会出现问题：因水的存在黏结效果不好，高温环境又使胶黏剂刚性降低。两种情况均导致胶接面不能将试样的变形刚性传递给应变片，导致测量获得试样变形较小的假象。因此，数字图像相关方法由于其具有全场、非接触的优点，可以完全克服引伸计和应变片的缺点，使其在复合材料压缩力学性能测试中得到应用。郭广平等将数字图像相关方法用于复合材料压缩力性能测量，并将数字图像相关方法测试结果与应变片测试结果进行了对比，研究结果表明数字图像相关方法测量所得压缩模量与应变片测量结果误差在 6％以内，完全满足航空复合材料测试要求。图 8-11 所示为复合材料压缩数字图像相关试验装置及散斑场，图 8-12 所示为数字图像相关方法测试结果与应变片测试结果的对比。

　　在复合材料弯曲性能测试方面，数字图像相关方法被用于监测层间应变分布。吕永敏将数字图像相关方法与有限元结合研究了三种不同铺层热塑性纤维增强复合材料层合板弯曲层间变形和应力分布。Scalici 等利用数字图像相关方法研究了拉挤成型复合材料弯曲行为。Gong 等利用数字图像相关方法试验研究了复合材料层合板层间分层损伤扩展行为。

　　在复合材料剪切力学性能测试中，传统的应变片仅仅给出测量点的应变值，无法获取层间全场应变，对层间破坏位置也无法预测。数字图像相关方法由于其全场测量的优点，使其在复合材料层间剪切性能测试中得到了应用。He 等将数字图像相关方法用于复合材料短梁剪切试验，通过对比数字图像相关方法测试所得层间全场应变分布与有限元所得应变分布反演复合材料剪切常数。北京航空材料研究院的郝文峰等针对短梁剪切试验中层间应变梯度大、单点测量结果无法表征层间变形及失效模式等问题，开展了数字图像相关方法在复合材料层合板层间剪切性能试验中的应用研究，搭建了短梁剪切试验数字图像相关非接触测试平台，试验获得了 CCF300/5228 复合材料层间剪切强度和层间全场位移分布及应变分布，最后通过有限元模拟验证了试验结果。

图 8-11　压缩试验 DIC 装置及散斑场

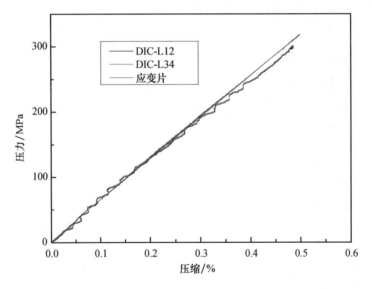

图 8-12　DIC 压缩变形与应变片比较

8.3.1.2　复合材料疲劳与断裂性能测试

复合材料疲劳性能测试是验证复合材料服役安全性的重要指标，传统的疲劳试验由于是单点测量，无法获取全场应变演化信息，对复合材料疲劳失效位置难以预测。另外，由于复合材料疲劳试验分散性大，使得复合材料疲劳性能测试费用高、耗时长。数字图像相关方法由于具有全场、非接触的优点，使得其可以用于对复合材料疲劳性能测试的全过程监测，能够得到复合材料疲劳全寿命下的全场应变，对分析复合材料疲劳失效机理、疲劳破坏的位置等具有重要意义。北京航空材料研究院的郝文峰等将数字图像相关方法用于表征复合材料中纤维束与基体的相互作用，得到了单纤维束-基体在压-压疲劳和弯曲疲劳载荷作用下的全场应变分布，进而分析了纤维束与基体在疲劳载荷作用下的失效模式及其相互作用。图 8-13 所示为压-压疲劳残余位移场，图 8-14 所示为弯曲疲劳残余位移场。

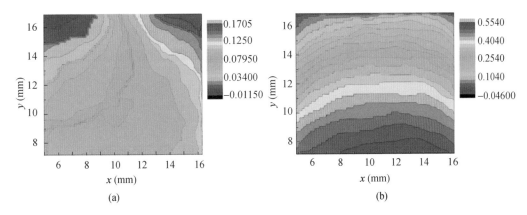

图 8-13　64800 周压-压疲劳残余位移场
（a）x 方向位移；（b）y 方向位移

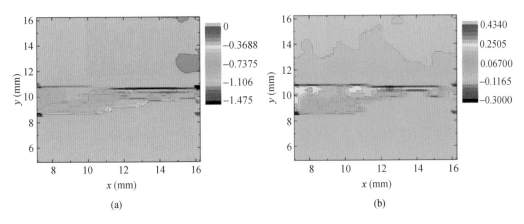

图 8-14　21600 周三点弯曲疲劳残余位移场
（a）x 方向位移；（b）y 方向位移

数字图像相关方法用于复合材料断裂性能的表征是数字图像相关方法在复合材料力学性能测试中成功应用的最典型例子。由于数字图像相关方法的全场测量特点，能够实时监测复合材料裂纹的萌生与扩展。同时，利用数字图像相关方法测量所得全场应变信息可以提取裂纹尖端应力强度因子演化，进而对定量表征复合材料断裂性能提供新的手段。北京航空材料研究院的郝文峰等将数字图像相关方法用于芳纶纤维织物复合材料层合板的断裂问题研究，得到了单边裂纹层合板和双边裂纹层合板在拉伸载荷作用下的裂纹尖端变形场分布，通过数字图像相关方法所得全场变形提取了裂纹尖端应力强度因子演化。图 8-15 所示为单边裂纹层合板在 1000N 时的位移场分布，图 8-16 所示为双边裂纹层合板在 100N 时的位移场分布。另外，郝文峰等还分析了数字图像相关计算中，子区域大小、步长大小对应力强度因子计算结果的影响。

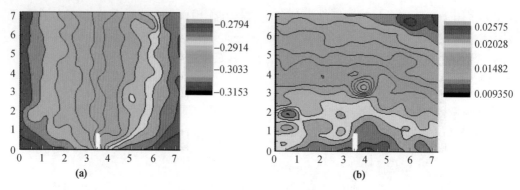

图 8-15　DIC 计算位移场（1000N）

（a）u 场；（b）v 场

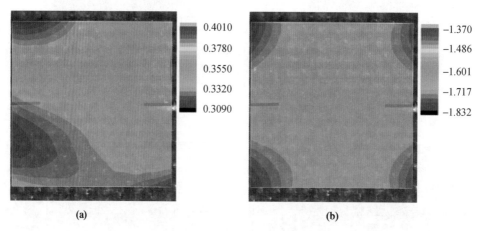

图 8-16　DIC 计算位移场（100N）

（a）u 场；（b）v 场

　　复合材料动态断裂试验一直是实验力学领域的一个难题，因为裂纹在高速扩展下缺少有效的试验手段来表征裂纹扩展信息。数字图像相关方法由于其试验装置简单、抗干扰能力强，使得其在复合材料动态裂纹扩展试验领域得到了广泛的应用。Tippur 等利用数字图像相关方法与高速相机结合研究了单向纤维复合材料层合板动态断裂问题，试验得到了复合材料动态Ⅰ型和混合型裂纹尖端应变场随时间演化信息，并提取了动态应力强度因子。通过试验所得应变场信息分析了复合材料动态裂纹扩展路径以及复合材料动态断裂失效机理。

8.3.1.3　复合材料典型结构件力学性能测试

　　复合材料结构件力学性能测试是复合材料工程应用的一个重要环节，传统的测试方法需要在结构件表面粘贴应变片。但由于复合材料结构的复杂性以及失效模式的多样化，事前无法预测破坏位置，使得传统测试方法无法准确获取失效极限应变信息。数字图像相关方法以其全场、非接触的优势弥补了传统方法的不足，使其在复合材料结构件力学性能测试中得到了广泛的应用。北京航空材料研究院的郝文峰等将数字图像相关方法用于复合材料曲梁的四点弯曲试验，得到了复合材料曲梁在试验过程中的层间全场应变分布（图 8-17），实时监测了破坏层层间应变演化，对比分析了数字图像相关方法测量结果与应变片测试结果的误差。

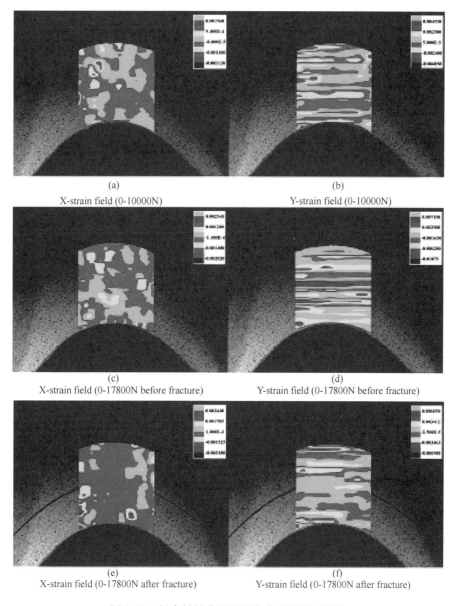

图 8-17　复合材料曲梁四点弯曲层间应变演化

　　清华大学姚学锋等将数字图像相关方法用于复合材料 T 形接头破坏试验，得到了复合材料 T 形结构失效时搭接区域的应变分布。数字图像相关方法在复合材料搭接接头力学性能表征与测试中得到了广泛的应用，如单搭接接头、双搭接接头等。同时，数字图像相关方法在复合材料开孔件及开孔补强件的力学性能测试中也得到了广泛的应用。姚学锋等还将三维数字图像相关方法用于复合材料压力容器力学性能测试中，得到了压力容器在充压过程中的全场变形信息。

8.3.2　数字体相关方法在复合材料力学性能测试中的应用

　　最近，原位 X 射线计算机断层扫描（CT）显示了其在复合材料三维损伤分析中的潜力。然而，X射线断层图像中的损伤表征并不总是简单的，它需要对3D图像进行后处理。Mehdikhani等探索了数字体积相关（DVC）在检测和表征纤维增强复合材料损伤方面的潜力，其中纤维提供所需的三维散斑图案。通过3D图像的"数字变形"进行初步分析，以验证DVC在量化碳/环氧层压板中的变形和损伤方面的适用性，并估计测量误差。然后，利用同步辐射CT在层压板原位拉伸加载过程中获得的真实变形图像，通过DVC进行分析，以检测不同的损伤机制。使用基于子集的DVC在中尺度上进行粗略分析，然后通过基于有限元的DVC在微观尺度上进行更详细的研究。随着局部应变放大，损伤出现在DVC应变场中。通过位移场中的跳跃可以可靠地估计裂纹张开位移。在纤维增强复合材料的X射线断层图像中，DVC被证明是一种很有前途的损伤表征工具，特别是在灰度阈值等简单方法不适用的情况下（图8-18）。

Ji等将数字体积相关（DVC）技术用于研究碳纤维增强环氧树脂复合材料内部的变形行为。在对对称角铺设层合复合材料试样进行拉伸试验时，使用同步辐射记录X射线图像。对射线照片进行处理以重建3DμCT图像。重建过程利用滤波反投影（FBP）算法结合相位恢复方法来增强CT图像的对比度。相位对比度至关重要，因为自然微结构图案类似于用于数字图像相关（DIC）分析的散斑图案。在进行DVC分析之前，在CT图像中校正样本的轻微错位，通常在宏观尺度上可以忽略不计。通过实现子体素配准方法来实现小于一个像素的分辨率，从而提高DVC结果的准确性。将DVC结果与有限元分析（FEA）结果进行了比较。尽管整体结果与FEA结果一致，但很少有子体积在DVC体积内无法找到正确的对。单独检查和比较原始2D断层图像，以表明高相关系数值并不总是保证正确匹配。详细讨论了误导性相关性，从而说明了DVC和DIC技术的验证和局限性。

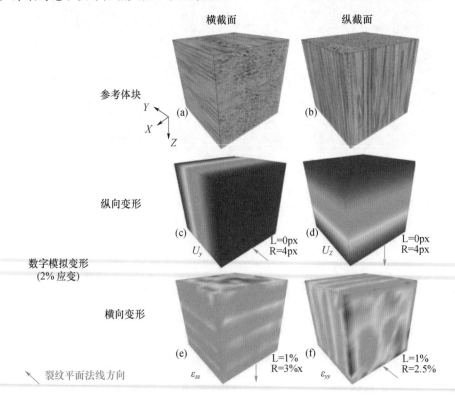

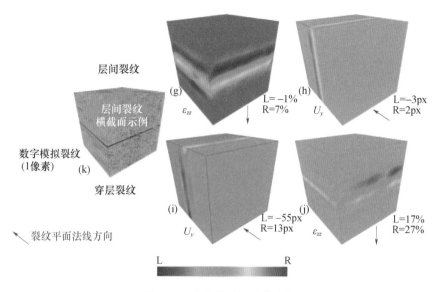

图 8-18　内部位移场和应变场

8.3.3　焦散线方法在复合材料力学性能测试中的应用

焦散线方法特别适用于复合材料断裂力学性能测试，清华大学姚学锋教授在这方面开展了大量的工作。姚学锋教授用焦散线法研究了正交异性复合材料 I 型裂纹尖端的应力奇异性。利用正交异性复合材料的弹性裂纹解和反射焦散线的基本原理，导出了焦散线的参数方程及其在裂纹尖端附近的初始曲线，得到了确定 I 型应力强度因子的理论公式。模拟了三种正交各向异性复合材料的理论焦散线和初始曲线。分析了裂纹尖端应力奇异性的一些特征。在三点弯曲载荷作用下，对玻璃纤维-环氧树脂编织复合材料中沿材料轴方向的裂纹进行了烧碱实验，并与数值结果进行了比较。图 8-19 所示为不同材料参数的复合材料 I 型裂纹尖端理论焦散线，图 8-20 所示为实验所得焦散斑，图 8-21所示为焦散线实验所提取的应力强度因子。姚学锋教授及其合作者将焦散线方法拓展至 II 型裂纹、混合型裂纹等新的复合材料力学领域。江苏大学郝文峰等人将焦散线用于研究复合材料中基体裂纹与纤维及夹杂等相互作用的研究中（图 8-22），利用焦散线研究了动态 I 型基体-裂纹-纤维束的相互作用。首先，利用相变增韧理论推导了纤维束前动态 I 型基体裂纹尖端的应变场。其次，建立了纤维束前方 I 型动态基体裂纹尖端的焦散方程，研究了纤维束和裂纹扩展速度对初始曲线和动态基体裂纹尖端焦散曲线的影响。最后，利用光学焦散实验记录了扩展裂纹尖端周围的一系列动态焦散斑，并从这些动态焦散斑中提取了动态应力强度因子。武汉大学原亚南等推导了正交各向异性双材料界面裂纹尖端应力强度因子的理论方程，并研究了不同裂纹扩展速度、正交各向异性双材料等参数对焦线初始曲线和焦散线形状的影响。此外，还对复合材料/环氧树脂双材料在低速冲击载荷下进行了动态烧碱实验，并用高速摄像机拍摄了动态界面裂纹的演化过程，与理论结果吻合良好。研究结果证实了焦散线方法在亚音速裂纹扩展速度下的各向同性和正交各向异性材料、各向同性正交各向异性双材料以及均质各向同性和正交各向异性材料中的应用。

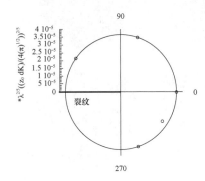
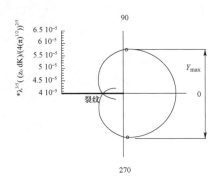

材料 1

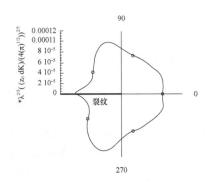
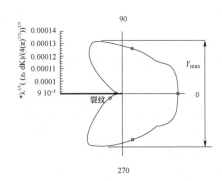

材料 2

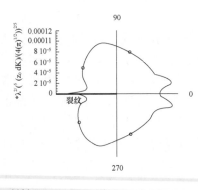
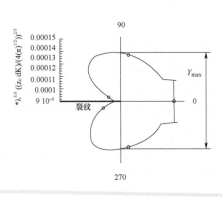

材料 3

(a)   (b)

图 8-19 不同材料理论焦散线
（a）初始曲线；（b）焦散线

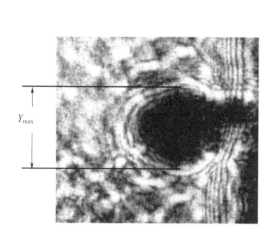

图 8-20　实验焦散斑

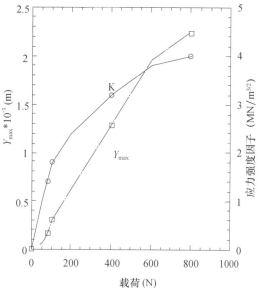

图 8-21　应力强度因子随载荷变化

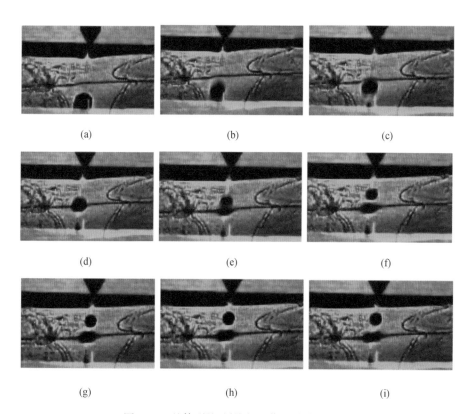

图 8-22　基体裂纹-纤维相互作用动态焦散斑

(a) $t=70\mu s$；(b) $t=80\mu s$；(c) $t=90\mu s$；(d) $t=100\mu s$；(e) $t=110\mu s$；

(f) $t=120\mu s$；(g) $t=130\mu s$；(h) $t=140\mu s$；(i) $t=150\mu s$

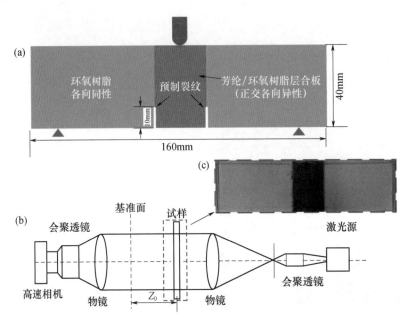

图 8-23　界面裂纹动态焦散线实验装置

8.3.4　其他光学方法在复合材料及结构力学性能测试中的应用

投影栅线法在复合材料屈曲等力学性能测试中的应用较为广泛，郝文峰等利用栅线投影测量方法研究了蜂窝夹层板、工字形及 T 形加筋板三种不同结构形式复合材料襟翼壁板在压缩载荷下的屈曲失稳行为，得到了不同形式结构件屈曲的全场离面位移分布规律，分析了各自的屈曲失稳模式。研究结果表明，栅线投影测量方法在大尺度复合材料结构失稳变形测试中具有可行性；在相同面板尺寸条件下，工字形加筋复合材料襟翼壁板屈曲临界载荷最大、承载能力最强。对于新一代飞机系列，机翼前缘考虑使用纤维增强塑料。然而，这个前缘很容易受到鸟击的影响。Paepegem 等介绍了利用投影云纹技术测量鸟击复合材料板的瞬时面外挠度。关于高速图像采集、撞击室振动、投影和观察角度的非常严格的限制，使装置的开发变得非常复杂。此外，高帧速率（12000f/s）需要非常密集的照明。在优化结构中，利用特殊的卤化物氢化物灯设计了一种周期渐变光栅，通过冲击室的一个侧窗投射到铆接在钢框架中的复合板上。数字高速摄像机安装在撞击室的顶部，通过镜子记录物体表面的投影图像上面有条纹图案。开发了基于局部傅里叶变换的数值程序来处理数字图像，以提取相位和平面外位移。由于投影莫尔图案的载波频率特性，相位评估是可能的。该载波频率允许利用适当的掩模在频域中通过加法和乘法分离不需要条纹图案。对鸟撞铝板的数值计算进行了校准，可在试验后检查铝板的塑性变形。Rahmani 等提出了一种基于数字投影云纹（DPM）的试验方法，用于分析柔性泡沫芯夹层梁的非线性行为。这种芯相对于面板来说非常灵活。其行为与位移和应力形式的局部效应有关。这些效应反过来影响夹层梁的整体性能。在此研究中，夹层梁的三点弯曲结果与使用 ABAQUS 有限元程序获得的有限元结果一致。基于高阶夹层板理论（HSAPT）的理论预测也与试验和有限元结果吻合良好。结果表明，该方法的计算结果是非常准确的。

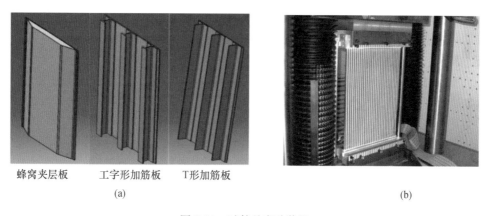

蜂窝夹层板　　　工字形加筋板　　　T形加筋板

(a)　　　　　　　　　　　　　　　　　(b)

图 8-24　试件及实验装置

（a）复合材料襟翼壁板试验件；（b）实验装置

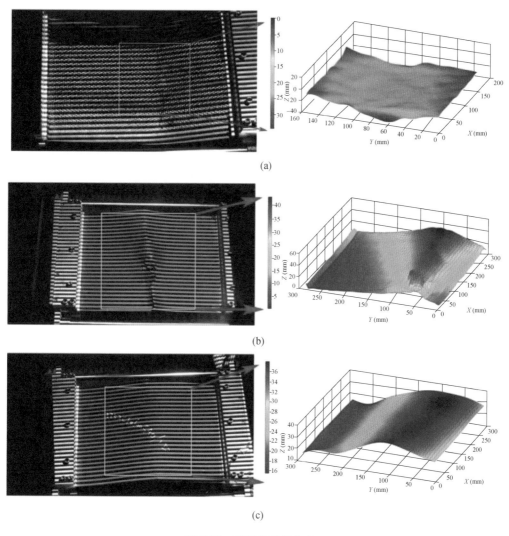

(a)

(b)

(c)

图 8-25　离面位移场分布

（a）蜂窝结构屈曲破坏离面位移；（b）工字形加强肋结构屈曲破坏离面位移；（c）T形加强肋结构屈曲破坏离面位移

Tippur 等提出一种基于数字图像相关方法的数字梯度敏感（digital gradient sensing，DGS）方法，此种方法在相干梯度敏感方法理论基础上应用数字图像相关方法建立了光线偏转角与应力梯度的关系。郝文峰和陈新文等采用数字梯度传感（DGS）技术测量了环氧树脂和芳纶纤维/环氧树脂复合材料的固化应力和变形。首先阐述了 DGS 方法的工作原理，并基于光线的角度偏转推导了控制方程。然后测量了环氧树脂固化应力引起的光线角度偏转，分析了纤维束和芳纶纤维织物对形成过程中应力分布的影响。实验结果表明，光线的角偏转与环氧树脂固化应力的不均匀分布有关。纤维束和织物类型对固化应力分布有重要影响。这些结果对预测纤维增强复合材料的固化应力和变形具有重要意义。

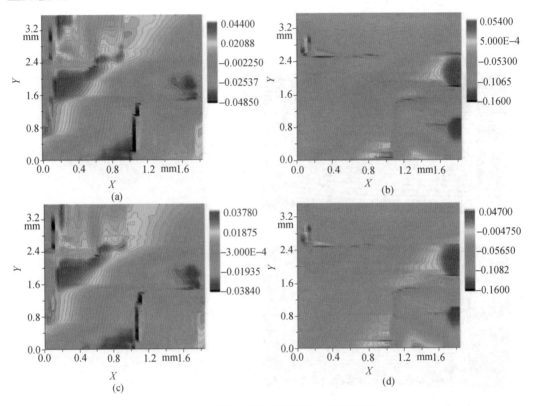

图 8-26 织物复合材料固化引起光线偏转角

光弹法在复合材料力学性能测试中也起独特的作用。González-Chi 等应用光弹法研究了纤维表面处理对聚酯纤维/环氧树脂复合材料界面性能的影响。他们通过对聚酯纤维表面进行化学和拓扑改性，改善了聚酯纤维与环氧树脂基体之间的界面黏结。最大界面剪切强度通过光弹性测量来评估拉拔单纤维复合材料试样的界面性能。当采用等离子体处理或表面改性纤维时，界面剪切强度增加。此外，随着对自由纤维施加的载荷增加，纤维处理导致纤维-基体界面处的脱粘面积减少。郝文峰等用光弹性方法研究了垂直于纤维束的基体裂纹的应力场。首先，基于相变增韧理论和 Eshelby 等效夹杂法，推导了纤维束附近基体裂纹尖端的应力强度因子。其次，利用中心含有纤维束的试样进行了光弹性试验，得到了纤维束附近裂纹尖端周围典型的等色条纹图。最后，基于平面应力假设进行了数值模拟,并将光弹性测量的应力强度因子与数值和理论结果进行了比较。这些结果对于纤维增强复合材料中裂纹-纤维相互作用的机理研究起到重要作用。

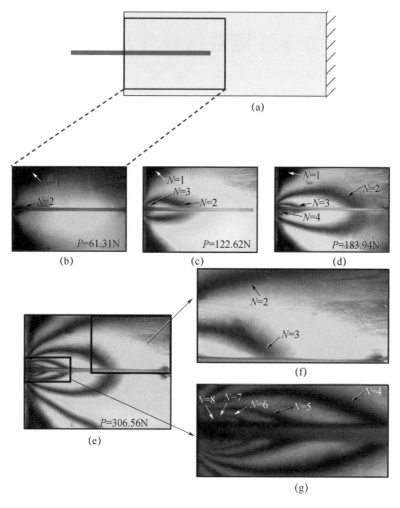

图 8-27　光弹条纹图

9 复合材料力学性能数据处理与许用值确定方法

9.1 概 述

复合材料力学性能数据是材料应用评价和设计的重要基础，材料性能表征也是材料研制和结构设计最关心的内容之一。与各向同性的金属不同，对于聚合物基复合材料来说，其性能表征也有较大不同。其特殊性在于：

（1）聚合物基复合材料一般由基体和增强材料两种组分构成，为了保证结构性能，性能表征必须从组分开始；

（2）由于复合材料对于湿、热比较敏感，需要同时考虑湿热影响，另外由于复合材料层间性能较弱，还需要考虑抗冲击性能；

（3）由于复合材料的可设计性，在结构应用时其层压板可由不同比例、不同纤维方向的铺层构成，这也决定了结构的基本元素层压板性能表征的复杂性；

（4）复合材料结构更强调积木式试验验证，复合材料性能表征包括组分、单层、层压板、结构元件和组合件（或更高级别）5 类，种类和数量均比金属要多。

与金属结构不同，复合材料许用值通常包含材料许用值和设计许用值两部分。FAA 在咨询通告 AC 20.107B 复合材料飞机结构中，对复合材料的许用值和设计值进行了定义：

（1）许用值（Allowables）：在概率基础上（如分别具有 99% 概率和 95% 置信度，与 90% 概率和 95% 置信度的 A 或 B 基准值），由层压板或单层级的试验数据确定的材料值。导出这些值要求的数据量由所需的统计意义（或基准）决定。

（2）设计值（Design Value）：为保证整个结构的完整性具有高置信度，由试验数据确定并被选用的材料、结构元件和结构细节的性能。这些值通常基于为考虑实际结构状态而经过修正的许用值，并用于分析计算安全裕度。

材料许用值是复合材料选材和结构设计的基础，设计值是以材料许用值为基础，进一步考虑结构在实际服役过程中可能发生的冲击损伤、缺口敏感性以及环境因素的影响，并且根据结构细节等客观实际确定合理的安全系数，最终得到复合材料结构的设计值。

为获得材料许用值和设计许用值，如图 9-1 所示，通常采用积木式设计验证方法。在复合材料结构研制各阶段中，按照"积木式"方法，依次开展试样、细节件、次部件和部件级多个层次的递进式的验证试验。通过多层级的试验验证，尽早发现并解决工艺、设计等方面的问题，缩短研制周期。

复合材料种类众多，本节主要介绍连续纤维增强聚合物基复合材料层压板的相关力学性能表达要点和材料许用值的确定方法。复合材料设计许用值，由于与材料的应用部位、连接形式、使用工况和设计师经验等相关，较为复杂，《复合材料飞机结构耐久性/

损伤容限设计指南》一书中有较为详细的论述，在此不再赘述。

　　复合材料材料许用值的路线图如图 9-2 所示。在确定材料许用值之前，应该建立材料规范和工艺规范，在操作人员、生产装置、生产环境、原材料质量等影响因素均得到有效控制的前提下，建立质量控制程序，避免材料和工艺变化的影响，保证材料的稳定可靠，只有满足上述要求后才有可能建立许用值。

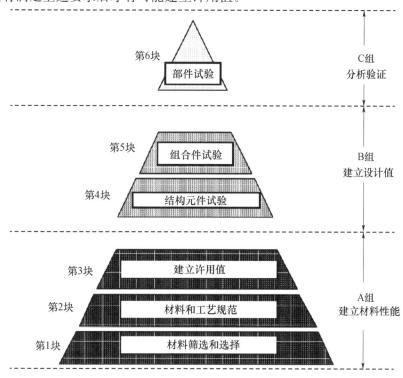

图 9-1　积木式设计验证方法

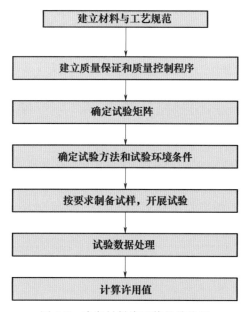

图 9-2　确定材料许用值的路线图

确定材料许用值过程中，涉及的复合材料力学性能表征与测试工作主要包括试验标准、温度条件和吸湿方法、试验矩阵、数据处理方法、材料许用值统计分析方法等。

9.2　试验标准

随着复合材料及其结构研究的深入和应用范围的不断扩大，准确测试表征复合材料的力学性能，获取规范、统一的性能数据，显得尤为重要，这也进一步推动了复合材料力学性能测试标准化的进程。近些年，国内复合材料测试标准发展较快，参考国外相关标准，结合相关研究基础，推出了很多复合材料测试标准。但与美国 ASTM 标准相比，在标准体系的全面性和更新速度上还有一定差距。随着复合材料应用领域的不断扩大，便于国内外材料对比，尤其民机为满足要求，目前国内复合材料力学层板力学性能测试多参照 ASTM 系列标准。复合材料 ASTM 系列标准由 ASTM D30 委员会负责制定、审查、修订，代表了国际复合材料力学性能测试的先进性。比较常用的有如下标准：

1）拉伸试验：标准采用 ASTM D3039 试验方法，对于单向层合板 $0°$（或经向）方向拉伸试验测定拉伸弹性模量 E_{1t}、拉伸强度 X_t、拉伸破坏应变 e_{1t} 和泊松比 n_{12}，多向层合板纵向拉伸试验测定拉伸弹性模量 E_{xt}、拉伸强度 s_{xt}、拉伸破坏应变 e_{xt} 和泊松比 n_{xy}；单向层合板 $90°$方向拉伸试验测定拉伸弹性模量 E_{2t} 和拉伸强度 Y_t，多向层合板横向拉伸试验测定拉伸弹性模量 E_{yt} 和拉伸强度 s_{yt}。

2）压缩试验：标准采用 ASTM D6641 或 SACMA 1R 试验方法，单向层合板 $0°$（或经向）方向压缩试验测定压缩弹性模量 E_{1c}、压缩强度 X_c 和压缩破坏应变 e_{1c}，多向层合板纵向压缩试验测定压缩弹性模量 E_{xc}、压缩强度 s_{xc} 和压缩破坏应变 e_{xt}；单向层合板 $90°$方向压缩试验测定压缩弹性模量 E_{2c} 和压缩强度 Y_c，多向层合板横向压缩试验测定压缩弹性模量 E_{yc} 和压缩强度 s_{yc}。

3）面内剪切试验：标准采用 ASTM D3518 或 ASTM D5379 试验方法，用 $[\pm45°]_{ns}$ 或 $[90/0]_{ns}$ 层合板测定剪切弹性模量 G_{12}、偏移剪切强度 $S_{0.2}$、剪切强度 S 和剪切应变 g_{12}。其他层间剪切试验按 ASTM D5379 试验方法标准进行，测定 1-3 方向剪切弹性模量 G_{13}、1-2 方向剪切弹性模量 G_{23}、1-3 方向剪切强度 S_{13} 和 2-3 方向剪切强度 S_{23}。

4）短梁强度试验：标准采用 ASTM D2344 试验方法，试验测定短梁强度 τ_{sbs}。

5）开孔拉伸试验：标准采用 ASTM D5766 试验方法，试验测定开孔拉伸强度 s_{oht}。

6）开孔压缩试验：标准采用 ASTM D6484 试验方法，试验测定开孔压缩强度 s_{ohc}。

7）充填孔拉伸和压缩试验：标准采用 ASTM D6742 试验方法，试验测定充填孔拉伸强度 s_{fht}，充填孔压缩强度 s_{fhc}。

8）挤压性能试验：标准采用 ASTM D5961 试验方法，试验测定偏移挤压强度 $s_{bru2\%}$ 和挤压强度 s_{bru}。

9）冲击后压缩试验：标准采用 ASTM D7136/7137 试验方法，冲击能量根据试验需求和目的而定，试验测定冲击后压缩强度 s_{CAI}。

9.3　温度条件和吸湿方法

由于复合材料对环境条件比较敏感，在试验时需要考虑不同温度条件的影响。对于聚合物基复合材料通常进行低温干态 CTD、室温干态 RTD、高温干态 ETD 和高温湿态 ETW 四种状态的试验，对于不同复合材料体系推荐的试验温度见表 9-1。其中 ET2 为给定结构的最高使用温度；ET1 为高于室温但低于 ET2 的中等高温；ET3 为材料体系的最高使用温度（如 MOL）。

表 9-1　聚合物基复合材料体系推荐的试验温度　　单位为摄氏度（℃）

复合材料体系	CTD	RTD	ET1	ET2	ET3
120℃固化环氧树脂	−55	23	70	—	—
180℃固化环氧树脂	−55	23	70	100	120
200℃固化双马	−55	23	100	130	150
230℃固化双马	−55	23	120	180	200
315℃固化聚酰亚胺	−55	23	180	230	280

与金属材料高温试验单纯考虑温度条件不同，复合材料还需要同时考虑吸湿的影响。研究结果表明，吸湿通常会引起与树脂和界面相关性能的退化，因此在复合材料力学性能表征中必须同时考虑高温湿态对力学性能的影响。复合材料结构的吸湿是长期积累的过程，其吸湿量与材料或结构的表面状态、服役的温度、湿度条件、材料类型等因素有关。在材料研究和应用研究过程中，通常通过实验室加速吸湿方法获得材料最终的吸湿状态。国内外在很长一段时间内，不同的材料研制商和用户采用了不同的吸湿方法，常用的吸湿方法有 ASTM D5229、HB 7401、DOT/FAA/AR-03/19 等，不同的吸湿方法所采取的加速吸湿条件和平衡判据不尽相同，这也造成了试样的吸湿量有所差别，不利于材料的比较与鉴定。

目前对材料许用值较为常用的吸湿方法——固定时间吸湿法即在（70±3）℃蒸馏水中浸泡（14±0.5）d。对典型铺层的结构件试验及设计许用值试验通常采用平衡浸润吸湿法，即在（70±3）℃、相对湿度 85%±5% 条件下开展吸湿试验，对试样定期称重，直到试样的吸湿量在（7±0.5）d 间隔内的变化量小于 0.05%，可以认为试样达到吸湿平衡状态。吸湿试验完成后将试样从环境箱中取出，并连同一张潮湿的纸巾放入密封袋内，直到进行力学试验。为避免吸湿试样水分散失，吸湿后试样应在 14d 内完成相关试验。

9.4　试验矩阵

（1）单层级材料许用值包括多种环境条件下的下列性能：0°（或经向）和 90°（或纬向）拉伸弹性模量和强度；0°（或经向）和 90°（或纬向）压缩弹性模量和强度；主泊松比；纵横（面内）剪切弹性模量和强度。上述性能中 0°（或经向）与 90°（或纬向）拉伸、压缩强度、纵横剪切强度通常取 B-基准值，弹性模量和主泊松比取平均值。

复合材料单层级材料许用值通用矩阵见表 9-2。力学性能试验矩阵中每一个性能在每种试验条件下要求至少 30 个试验数据（至少 5 批次，每批次至少 6 个数据，采用 $l \times m \times n$ 的形式表示所需试样数，l 代表需要的批次数；m 代表每批次的试板数，试板应出自不同炉次；n 代表每个试板的试样数），以在确定 B-基准性能时进行统计分析。在材料筛选及材料验证初期，也可以采用至少 18 个试验数据（至少 3 批次，每批次至少 6 个数据）。

表 9-2　单层级力学性能试验矩阵

力学性能	试验条件和试样数量			试样合计
	CTD	RTD	ETW	
0°拉伸（经向）	5×2×3	5×2×3	5×2×3	90
90°拉伸（纬向）	5×2×3	5×2×3	5×2×3	90
0°压缩（经向）	5×2×3	5×2×3	5×2×3	90
90°压缩（纬向）	5×2×3	5×2×3	5×2×3	90
纵横（面内）剪切	5×2×3	5×2×3	5×2×3	90
试样总数				450

为节省试验成本、缩短周期，表 9-2 给出的试验矩阵可用表 9-3 所示的回归分析单层级力学性能试验矩阵代替。回归分析用单层级力学性能试验矩阵基本原则：回归分析允许共享不同环境参数（如温度和吸湿量）下获得的数据。对多批次的材料，可采用比其他情况下所需规模小的试验数据母体，计算出某种性能在每一种试验条件下的 B-基准值和 A-基准值；用 3 种高温试验条件代替"最高温度"条件，可根据具体使用情况采用不同温度与试样状态（干态或湿态）的组合。

表 9-3　回归分析用单层级力学性能试验矩阵

力学性能	试验条件和试样数量					试样合计
	CTD	RTD	ET1	ET2	ET3	
0°拉伸（经向）	5×1×3	5×1×4	5×1×3	5×1×4	5×1×4	90
90°拉伸（纬向）	5×1×3	5×1×4	5×1×3	5×1×4	5×1×4	90
0°压缩（经向）	5×1×3	5×1×4	5×1×3	5×1×4	5×1×4	90
90°压缩（纬向）	5×1×3	5×1×4	5×1×3	5×1×4	5×1×4	90
纵横（面内）剪切	5×1×3	5×1×4	5×1×3	5×1×4	5×1×4	90
试样总数						450

（2）反映结构性能的准各向同性层合板（$[45/0/-45/90]_{ns}$）力学性能应包括：开孔拉伸强度、开孔压缩强度、单钉双剪挤压强度、冲击后压缩强度、最大静压痕接触力。上述性能通常取 B-基准值。反映结构性能的准各向同性层合板力学性能试验矩阵见表 9-4。

表 9-4　反映结构性能的准各向同性层合板力学性能试验矩阵

力学性能	试验条件和试样数量			试样合计
	CTD	RTD	ETW	
开孔拉伸强度	3×2×3	3×2×3	—	36
开孔压缩强度	—	3×2×3	3×2×3	36
单钉双剪挤压强度	3×2×3	3×2×3		36

力学性能	试验条件和试样数量			试样合计
	CTD	RTD	ETW	
冲击后压缩强度	—	3×2×3	—	18
最大静压痕接触力	—	3×2×3	—	18
试样总数				144

（3）与结构设计有关的材料许用值主要包括典型铺层无缺口层合板力学性能、含缺口和充填孔典型铺层层合板拉伸和压缩性能、含冲击损伤典型铺层层合板压缩性能、典型铺层层合板挤压性能等几个方面，其主要用于验证和确定适用于材料体系的层合板失效准则，并建立弹性模量和强度毯式曲线。该部分工作为建立复合材料设计值的重要基础，一般由设计部门根据材料种类、环境条件、结构类型和研制阶段进行确定。

9.5 数据处理方法

1）异常数据的处理

对于试验获得的试验结果，在统计分析之间应进行异常数据检查。工程上一般采用最大赋范残差法（maximum normed residual）检测异常数据。工程判断或数据处理发现异常数据时，应首先查找物理原因。如果存在以下情况，可以作为异常数据进行舍弃：

（1）材料（或一个组分）不符合规范要求；

（2）试板或试验件制造参数超差，试验件尺寸或取向超差；

（3）含有非预期的缺陷；

（4）试验过程出现异常，例如安装不当、打滑、试验参数不符合要求、破坏模式异常等。

若没有找到物理原因，则应按下述原则进行处理：

（1）对高异常数据，应考虑该异常数据是否在材料的能力范围内。若其明显超出了材料的能力范围，则应从该数据集中删除；若在材料的能力范围内，则可保留。

（2）对低异常数据，通常应予保留。若发现该异常数据会大大降低基准值而需删除时，则应分析其可能原因，并做附加试验证实删除该异常数据的正确性。

2）正则化

为直接比较力学性能试验的结果，需要通过正则化处理将原始的力学性能试验测量值调整到一个规定的纤维体积含量对应的性能正则化值，该方法仅适用于由纤维控制的无缺口和含缺口层合板的性能，包括：

（1）0°（经向）拉伸弹性模量和强度（机织织物及单向带）；

（2）90°（纬向）拉伸弹性模量和强度（仅机织织物）；

（3）0°（经向）压缩弹性模量和强度（机织织物及单向带）；

（4）90°（纬向）压缩弹性模量和强度（仅机织织物）；

（5）典型层合板开孔拉伸强度；

（6）典型层合板开孔压缩强度。

正则化值按式（9-1）计算：

$$X_{\mathrm{N}} = \frac{v_{\mathrm{N}}}{v_{\mathrm{T}}} X_{\mathrm{T}} \tag{9-1}$$

式中　X_{N}——性能正则化值；

　　　v_{N}——纤维体积百分数名义值；

　　　v_{T}——纤维体积百分数测量值；

　　　X_{T}——力学性能试验测量值。

纤维体积百分数的名义值与测量值之比（$v_{\mathrm{N}}/v_{\mathrm{T}}$）可用试样厚度的测量值与名义值之比（$t_{\mathrm{T}}/t_{\mathrm{N}}$）近似。

9.6　材料许用值统计分析方法

材料许用值用于表征复合材料体系和结构设计与分析，所有试样应按经批准的材料规范和工艺规范制备，使获得的力学性能数据能代表用该复合材料体系制造的结构材料性能。材料许用值的建立过程应考虑材料和工艺的变异性，以便采用这些数据进行设计时，能保证用该材料体系所制造结构的使用安全。

材料许用值由以下两部分性能数据构成：

① 单层级材料许用值及反映结构应用的准各向同性层合板性能。主要用于表征复合材料体系及提供用于设计的基本力学性能数据。单层级材料许用值的确定原则为：对拉伸和压缩强度的材料许用值，工程上通常采用经统计处理后的强度 B-基准值。在方案设计、初步设计（含详细初步设计）阶段，若试验子样较小，数据分散性大，则材料许用值的数值取平均值的 85% 和 B-基准值中的较大值；对纵横（面内）剪切强度的材料许用值，工程上通常采用经统计处理后的强度或 1.5 倍屈服强度 B-基准值中的较小值。一般情况下，取极限剪切强度（即最大剪切强度与 5% 剪切应变对应的剪切应力中的较小值）B-基准值作为材料许用值；当纵横（面内）剪切强度为关键性能时，应取 1.5 倍屈服强度 B-基准值作为材料许用值；对模量的材料许用值，工程上通常采用每种环境条件下所有试验数据的平均值。

② 与设计有关的材料许用值。可用于由一材料体系在同一制造厂商制造的所有结构设计。

目前常用的复合材料 B-基准值统计方法主要有 MIL-HDBK-17F 的统计方法、DOT/FAA/AR-03/19 回归分析方法和 CMH-17 方法。

1）MIL-HDBK-17F 统计方法

MIL-HDBK-17F 统计方法过程如图 9-3 所示。首先根据要求对数据进行正则化处理，异常数据检查采用多批次数据，先进行多样本数据的相容性检验，若通过相容性检验则合并多样本数据，依次按照 Weibul 分布、正态分布、对数正态分布统计相应 B-基准值；若未通过相容性检验则进行方差相等的 Levene 检验。若通过 Levene 检验则采用 ANOVA 方法统计 B-基准值，若未通过则无法对该数据进行 B 基准值统计，统计结束。

MIL-HDBK-17F 统计方法中对于不足三批次数据也给出了相应的统计方法，但是由于数据量较少，一般只作为临时性 B-基准值采用。MIL-HDBK-17F 统计方法详细描述见 HB 7618—2013 附录 D。

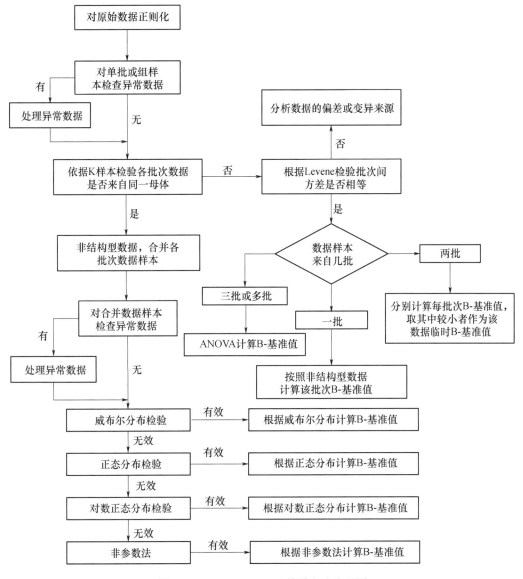

图 9-3　MIL-HDBK-17F 统计方法流程图

2）DOT/FAA/AR-03/19 回归分析方法

DOT/FAA/AR-03/19 回归分析方法，对于同一环境条件下样本量大于 18 而小于 30 的样本可以通过合并不同环境条件下的试验数据来增大样本量以获得较高的基准值。回归分析基于以下原则将不同环境条件下的试验数据合并：

（1）不同环境条件下的变异性是相当的；

（2）每个环境条件下失效模式不能有明显差异；

（3）不属于独立变量的参数保持不变。

若每个环境条件下的样本批次来自同一母体且它们的离散系数相等，那么用每种环境条件下的均值对当前环境下的样本数据归一化，然后计算出通过正态检验的集合样本的 K_B 容限系数和各环境条件下 B-基准值的折减系数 B_j，而后用 B_j 乘以各环境条件下的平均值即为 B-基准值。

DOT/FAA/AR-03/19 回归分析方法大致流程简述如下，具体详细描述见 HB 7618—2013（图 9-4）。

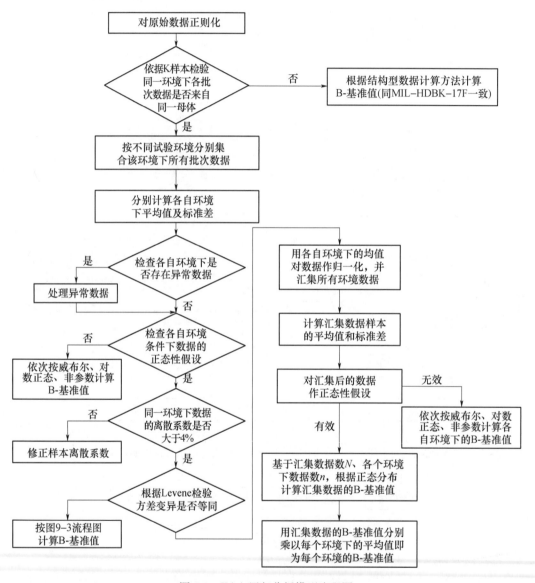

图 9-4　FAA 回归分析模型流程图

（1）根据要求，由纤维控制性能对原始数据进行正则化处理。

（2）采用 K 样本 Anderson-Darling 检验方法，检查每种环境条件下不同批次的数据（子母体）是否来自同一母体。如果不是同一母体，则参照 MIL-HDBK-17F 统计方法计算相应 B 基准值；如果来自同一母体，则收集每种试验环境条件下的数据，分别计算每种环境条件下的样本均值和样本标准差 s。

（3）按最大赋范残差方法，检查每个环境条件组是否存在异常数据，若存在异常数据，则应对各异常数据进行处置。

（4）采用正态性检验方法，检查每种环境条件下的正态性假设是否正确。检查母体的正态性时，应采用工程判断证实无严重违背正态性假设。若严重违背了正态性假设，则依次按照威布尔分布、对数正态分布、非参数法计算 B-基准值。

（5）检查同一环境下数据的离散系数是否大于 4%，如果小于 4%，则对离散系数进行修正。

（6）根据 Leneve 检验，检查方差变异是否等同。

（7）如果 Leneve 检验等同，则对各自环境下的样本进行归一化处理，汇集所有环境数据，对汇集数据采用正态性检验方法进行检查。如果满足正态性检验，则计算各环境条件下 B-基准值折减系数，得到各环境条件下 B-基准值；如果不满足正态性检验，则依次按照威布尔分布、对数正态分布、非参数法计算 B-基准值。

（8）如果 Leneve 检验不等同，则如图 9-5 所示，根据经验采用工程判断的方法评定不等同程度，去除某一环境条件下数据，计算 B-基准值。

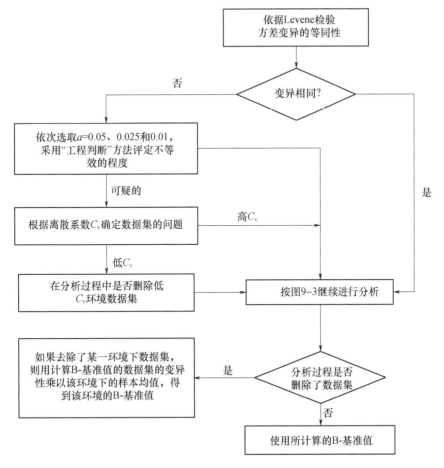

图 9-5　变异不等同时计算流程

3) CMH-17 方法

CMH-17 方法与 DOT/FAA/AR-03/19 回归分析方法流程基本相近，二者主要区别在于：

（1）CMH-17 方法对合并的数据提出了明确的要求。CMH-17 要求所合并样本应包含两种或两种以上环境条件，被合并的环境条件在试验温度范围内应是相邻的，并且应包括室温干态的环境条件；每种环境条件应至少包含 3 批次总数不少于 15 且破坏模式一致的数据。

（2）CMH-17 方法认为在材料鉴定阶段的变异性通常低于真实的材料变异性。用于鉴定计划的材料一般在短期内完成，这对于生产型材料而言不具代表性。修正离散系数 C_v 方法能够对鉴定试验中获得的过低的变异性进行补偿。与 DOT/FAA/AR-03/19 回归分析认为离散系数通常在 4% 以上不同，CMH-17 方法假设对于复合材料的所有被测性能，其离散系数至少在 6%。对于离散系数过低的环境数据，应按式（9-2）所述的规则，将离散系数 C_v 改为：

$$(C_{v^*}) = \begin{cases} 0.06 & C_v < 0.04 \\ \dfrac{C_v}{2} + 0.04 & 0.04 \leqslant C_v \leqslant 0.08 \\ C_v & 0.08 \leqslant C_v \end{cases} \quad (9\text{-}2)$$

（3）CMH-17 方法当未通过 ADK 检验时，可采用工程经验方法对批间变异性做进一步的评估，步骤如下：

① 如果绝大部分数据处于各批次数据的重叠范围内则认为各批数据可合并；

② 如果各批次数据的离散系数都很低（低于 4%），而且合并后数据的离散系数同样的低，那么可认为各批次数据来自同一母体；

③ 各批次数据合并后，如果离散系数小于试验方法的测量精度，那么可认为各批次数据来自同一母体；

④ 如果未通过 ADK 检验的环境样本的离散系数与那些通过检验的环境样本相当，那么可认为该环境样本的各批次数据来自同一母体；

⑤ 如果存在某批次数据的均值始终高于或低于大部分环境样本的均值这样的一种可辨认趋势，则该环境样本各批次数据不可合并。

从 MIL-HDBK-17F 统计方法、DOT/FAA/AR-03/19 回归分析方法和 CMH-17 方法 B-基准值的统计流程可知三种方法存在的主要相同点及差异有：

（1）MIL-HDBK-17F 的统计方法只适用于单环境数据的 B-基准值统计，DOT/FAA/AR-03/19 回归分析方法和 CMH-17 方法允许多种环境合并统计。

（2）在单环境数据的统计中，MIL-HDBK-17F 统计方法优先考虑威布尔分布，CMH-17 方法优先考虑正态分布。

（3）关于多环境数据的统计，与 FAA 方法相比，CMH-17 的统计程序在环境组内的批间相容性检验、环境组内的正态性检验、环境组间的方差等同性检验及汇集样本的正态性检验均增加了具有良好操作性的工程判断方法。

10　复合材料无损检测技术

10.1　概　　述

10.1.1　复合材料中的主要缺陷

复合材料制件按结构主要可分为层板结构、板板胶接结构和板芯胶接结构，层板结构中的缺陷以分层、夹杂和孔隙为主，如图 10-1 所示；板板胶接和板芯胶接结构中的缺陷包含蒙皮中的分层、夹杂、孔隙，以及板芯脱粘、胶膜孔隙、芯材变形、分裂和积水等缺陷，以蜂窝夹层结构为例，其中主要缺陷示意图如图 10-2 所示。

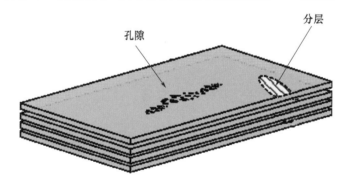

图 10-1　层合结构主要缺陷类型

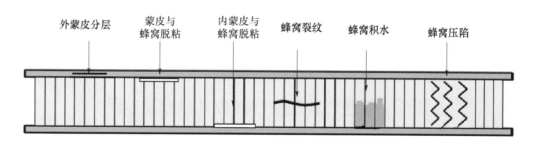

图 10-2　蜂窝夹层结构主要缺陷类型

10.1.2　复合材料无损检测方法

复合材料无损检测技术是采用一种或多种无损检测方法，在不损坏材料、制件性能和结构的前提下，检测出制件中分层、夹杂和孔隙等缺陷的技术。常用的检测方法有超声检测、射线检测、红外热像检测、激光散斑检测、敲击检测等。通常根据被检制件结构和缺陷特点，同时兼顾制件技术要求的规定，选择适合的检测方法实施检测。

复合材料制件在生产检测阶段和服役检测阶段采用的无损检测技术可参见图 10-3，生产检测阶段宜采用精细的无损检测技术对其内部质量（如孔隙、分层、夹杂等）进行全面检测，服役检测阶段宜采用便携、快速无损检测技术对制件服役过程中可能新出现的缺陷（如脱粘、蜂窝积水等）进行检测。

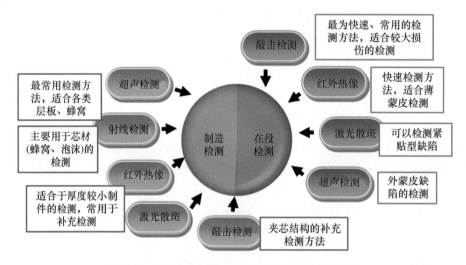

图 10-3　复合材料不同阶段宜采用的无损检测技术

10.1.3　复合材料无损检测技术的发展

随着我国国防工业的快速发展，复合材料在航空中的应用不断增加，结构形式与制作工艺越来越复杂多样，对航空用复合材料无损检测技术的可靠性和先进性的需求越来越迫切。为满足不断增长的航空用复合材料及制件高可靠性、高灵敏度的检测需求，其无损检测技术还应向以下方向继续发展：

（1）缺陷定量化评价技术；

（2）传统无损检测技术与现代多学科技术融合发展；

（3）无损检测新技术的成熟与工程化应用；

（4）无损检测标准体系的健全和完善。

10.2　复合材料超声检测技术原理及应用

10.2.1　检测方法原理

超声检测方法是利用超声波在介质中传播时，遇到障碍物会产生声波反射、散射等现象的原理，来检测材料中与被检测材料声阻抗不同的缺陷信号的。常用的复合材料超声检测方法有接触式脉冲反射法、水浸式反射板法和喷水式脉冲穿透法，检测示意图如图 10-4 所示。

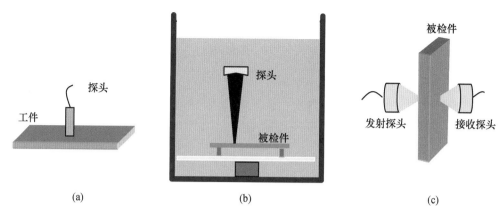

图 10-4 常用复合材料超声检测方法示意图

（a）接触式脉冲反射法；（b）水浸式反射板法；（c）喷水式脉冲穿透法

不同检测方式各有特点，可根据材料厚度、结构形式等特点选择不同的检测方式。一般来说，对面积相对较小的平面型层压板，宜采用水浸式反射板法检测；对于面积较小而且形状较复杂的复合材料层板制件，宜选用接触式脉冲反射法检测；对于大型复合材料层板制件，宜选用喷水式脉冲穿透法扫描检测；对于夹层结构制件，宜选用喷水式脉冲穿透法检测。

10.2.2 检测方法的适用性

超声检测方法是树脂基复合材料及制件最常用的无损检测方法，具有检测灵敏度高、操作简单、缺陷定位准确的优势。

超声检测方法适用的检测对象及可检缺陷类型可参考表 10-1。

表 10-1 复合材料及制件超声检测能力参考表

序号	检测对象		检测缺陷
1	层板类（含 R 角结构） （材料：碳纤维、玻璃纤维、芳纶纤维等） （制作工艺：热压罐、RTM、编织、模压等）	可检缺陷	分层、夹杂、空洞、孔隙、其他弥散缺陷等
		检测能力	可检测 ϕ3mm 分层、夹杂或空洞等缺陷，可检测 1% 孔隙率
2	A 型和 C 型蜂窝夹芯结构 （蒙皮材料：树脂基复合材料蒙皮、金属蒙皮） （蜂窝材料：纸蜂窝、金属蜂窝、吸波蜂窝）	可检缺陷	脱粘、分层、夹杂、空洞、蒙皮孔隙、胶膜孔隙、蜂窝缺陷、其他弥散缺陷等
		检测能力	可检测 ϕ3mm 蒙皮分层、夹杂或空洞等缺陷，ϕ6mm 板芯脱粘缺陷，C 夹层可检中间蒙皮分层、脱粘等缺陷，最大可检测 NOMEX 蜂窝厚度为 80mm

序号	检测对象		检测缺陷
3	泡沫夹芯结构 （蒙皮材料：树脂基复合材料蒙皮、金属蒙皮） （泡沫材料：普通泡沫、吸波泡沫）	可检缺陷	脱粘、分层、夹杂、空洞、蒙皮孔隙、胶膜孔隙、蜂窝缺陷、其他弥散缺陷等
		检测能力	可检测 $\phi3mm$ 蒙皮分层、夹杂或空洞等缺陷，$\phi6mm$ 板芯脱粘缺陷，最大可检测的泡沫厚度为 40mm
4	板板粘接结构（含多层层板粘接结构） （树脂基复材与树脂基复材粘接、 树脂基复材与金属材料粘接）	可检缺陷	脱粘、分层、夹杂、空洞、蒙皮孔隙、胶膜孔隙、其他弥散缺陷等
		检测能力	可检测 $\phi3mm$ 蒙皮分层、夹杂或空洞等缺陷，$\phi3mm$ 板板脱粘缺陷

10.2.3 检测方法的应用

10.2.3.1 夹层结构

夹层结构复合材料可采用的检测方法有脉冲反射法和脉冲穿透法。前者可以实现对蒙皮缺陷和蒙皮与芯材粘接缺陷的质量检测，不受芯材厚度影响，但不能实现对芯材质量的控制，如芯材开裂、蜂窝变形等，并且对胶膜与芯材脱粘缺陷不敏感；后者可以实现对夹层结构整体质量的检测，但由于芯材的声衰减一般较大，使得声波能够穿透的最大夹层制件厚度有限。通常情况下，夹层结构采用穿透法检测发现异常信号后，还需采用脉冲反射法对异常信号的位置和性质进行判定。图 10-5 所示为不同检测方法下探头与工件的相对位置示意图。

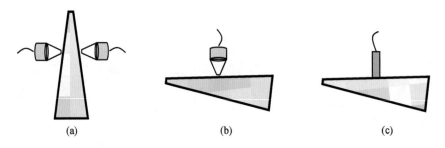

图 10-5　不同检测方法下探头与工件的相对位置
（a）喷水式脉冲穿透法；（b）喷水式脉冲反射法；（c）接触式脉冲反射法

10.2.3.2 空腔结构

空腔结构是复合材料制件中一种常见的复杂结构，如图 10-6 所示，这是由上下蒙皮和四根竖直肋板组成的四周封闭、内部空腔结构，腔体狭长，通过两侧开口与外界相通。下面以图 10-6 所示制件为例，说明空腔结构复合材料制件的检测方法。

图 10-6 所示空腔结构的复合材料制件可以采用以下几种方式进行检测：

（1）接触式脉冲反射法手动检测：可实现对制件外表面的上下蒙皮和最外侧两根肋板的检测，通过人工监测 A 扫描波形进行检测。

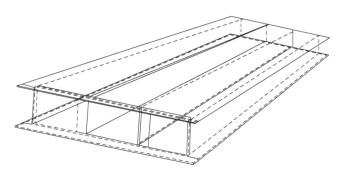

图 10-6 典型空腔结构制件示意图

（2）喷水式脉冲反射法自动检测：实现对制件上下蒙皮及各肋板的自动检测。这种检测方法在该结构中应用的优势是可以自动成像，通过图像检测、记录缺陷，结果直观，受人为因素影响小。检测主要采集底波信号进行成像，监控底波的作用一方面是实现对材料中孔隙的检测，另一方面可以实现对蒙皮内部分层、夹杂缺陷的检测。不足之处在于对埋深接近底波位置的分层或夹杂缺陷，受检测探头分辨力影响，有时不易区分，容易漏检。图 10-7 所示为对蒙皮进行喷水式脉冲反射法检测时的 C 扫描图像。

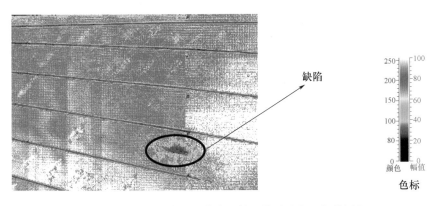

图 10-7 蒙皮部位喷水式脉冲反射法检测时的 C 扫描图像

（3）喷水式脉冲穿透法自动检测：可实现对制件上下蒙皮及各肋板的自动检测。这种检测方法在该结构中应用的优势是可以自动成像，通过图像检测、记录缺陷，结果直观，受人为因素影响小，不存在检测盲区，可以一次实现孔隙率和制件整个厚度缺陷的检测。不足之处是工装制作相对困难，且受探头水套尺寸影响存在侧边检测盲区。图 10-8 所示为对肋板进行喷水式脉冲穿透法检测时探头摆放位置示意图。

（4）喷水式脉冲反射法手动检测：可借助辅助工装实现空腔结构内部所有 R 角的检测。图 10-6 所示空腔结构中的 R 角基本为 T 形结构，无法采用穿透法进行检测，且对位于空腔内的 R 角也无法采用接触法检测，只有借助辅助工装，采用喷水式脉冲反射法实现其 R 角的检测。图 10-9 所示为 R 角结构检测探头摆放位置示意图。

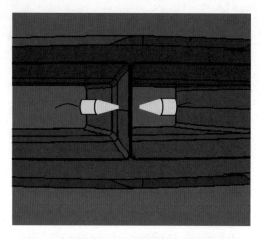

图 10-8　墙结构喷水式脉冲穿透法检测示意图

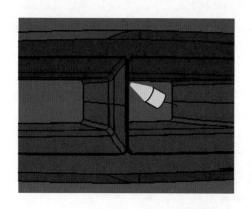

图 10-9　R 角结构检测探头摆放位置示意图

10.2.3.3　R 角结构

复合材料制件中的 R 角有 T 形结构、L 形结构、帽形结构等（图 10-10），根据复合材料的成型工艺特点，其 R 角部位主要有分层、孔隙和夹杂等类型的缺陷，缺陷取向多沿层间分布。

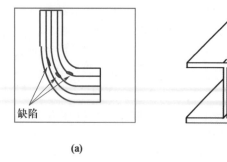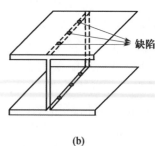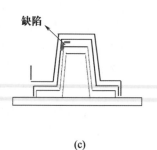

(a)　　　　　　　　　　(b)　　　　　　　　　　(c)

图 10-10　R 角结构及其缺陷分布
（a）L 形结构；（b）T 形结构；（c）帽形结构

由于形状和空间尺寸的影响，对 R 角部位进行超声检测存在许多困难，如 R 角部位曲率小、宽度窄，不利于超声探头的耦合；不能保证 R 角各部位的入射声束都与该部位表面垂直，影响检测灵敏度；不能准确地对缺陷大小进行评定。目前，国内外先进的 R 角超声检测技术主要有以下几种：

（1）接触式脉冲反射法

这种检测方法是通过加工特定形状的楔块或使用小直径探头与 R 角接触（图 10-11），保证声束有效进入被检件，解决探头与 R 角的耦合问题，从 R 角一侧（内 R 角或外 R 角）实施反射法检测。

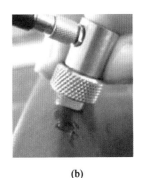

(a)　　　　　　　　　　　　　(b)

图 10-11　接触式脉冲反射法检测

(a) 内 R 角检测；(b) 外 R 角检测

（2）喷水式脉冲反射法

这种检测方法是通过设计加工特定形状的喷嘴楔块使探头与 R 角接触（图 10-12），通过喷水保证声束从 R 角一侧（通常为内 R 角）有效进入被检件实施反射法检测。

（3）喷水式穿透法

这种检测方法是通过设计加工两个特定的喷水探头（图 10-13），调整两个探头的位置，确保 R 角一侧探头发出的声波通过喷出的水柱穿透被检制件后被另一侧探头接收，通过监控接收信号的衰减程度来评价制件的好坏。

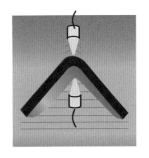

图 10-12　喷水式脉冲反射法　　　　　图 10-13　喷水式穿透法检测

（4）阵列探头超声检测

阵列探头超声检测是采用多个探头形成探头阵列，通过多通道超声仪器同时激发探头进行超声检测的方法。对于 R 角检测，可根据 R 角的尺寸特点，在 R 角截面的不同部位布置多个超声探头，形成与 R 角部位曲率相近的探头阵列，使各探头声束之间存在一定相互交叉覆盖，并保持 R 角各部位的声束垂直入射，通过水浸或喷水耦合，移动整个探头阵列一次扫查即可完成整个 R 角的检测，获得缺陷在 R 角的分布信息（图 10-14）。

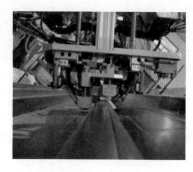

图 10-14 曲面阵列探头超声检测

（5）超声相控阵检测

超声相控阵检测技术是近年来为检测复杂形状制件，提高检测效果，而发展起来的一种新的超声无损检测方法。超声相控阵检测技术通过对一个换能器中多个晶片发射、接收声束时间延迟的控制，实现声束的偏转和聚焦。该检测技术可以较灵活地控制声束方向和聚焦方式，达到提高检测速度、简化机械装置的目的。

对于 R 角部位，同一个超声相控阵探头可以通过更换楔块实现对一定尺寸范围的 R 角的检测，包括内 R 角和外 R 角。如图 10-15 所示。

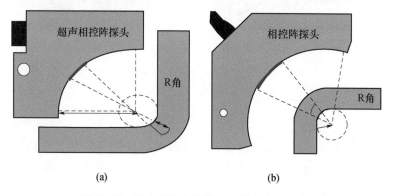

图 10-15 超声相控阵检测内、外 R 角示意图
（a）内 R 角检测；（b）外 R 角检测

10.2.3.4 铆接结构

两块复合材料层板通过铆接结合，也是常见的一种复合材料组装结构。如图 10-16 所示。铆接过程中容易引起分层、裂纹等缺陷，采用超声接触式脉冲反射法或 C 扫描法，可以有效检测出该类缺陷，典型缺陷显示信号如图 10-17 所示。

图 10-6 铆接结构

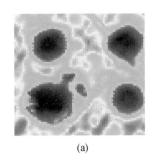
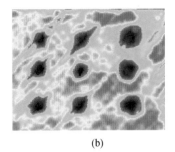
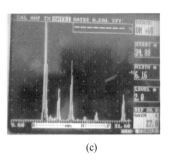

(a)	(b)	(c)

图 10-17　典型缺陷显示信号举例

（a）C 扫描图显示的分层缺陷；（b）C 扫描图显示的开裂缺陷；（c）A 扫描图显示的分层缺陷

10.2.3.5　结构隐身一体化结构

结构隐身一体化制件超声检测的难点在于，材料声衰减大、结构形式特别复杂、异常信号种类多且不易评判。对于这种结构，主要采用脉冲反射、脉冲穿透联合的方式进行检测，有时还需借助红外、敲击等方法进行辅助判断，通过多种方法联合实现制件的全尺寸检测。典型制件的超声检测结果举例如图 10-18 所示。

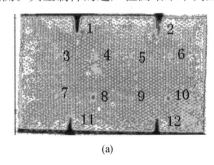
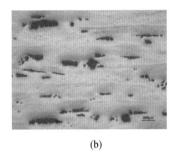

(a)	(b)

图 10-18　典型制件的超声检测结果举例

（a）吸波蜂窝检测 C 扫描图；（b）吸波蒙皮孔隙缺陷

10.2.3.6　孔隙率的超声检测

孔隙率是复合材料中的主要缺陷之一，对材料强度有较大影响。目前国内外普遍认为对孔隙率检测灵敏度高、可操作性强的方法是超声衰减法。图 10-19 给出了某一材料体系复合材料底波声衰减幅度与孔隙含量的对应关系曲线。

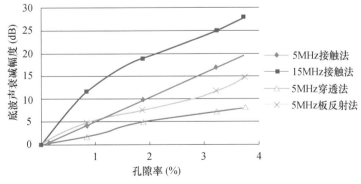

图 10-19　复合材料孔隙率层板试块的底波声衰减幅度
与孔隙率对应关系曲线

10.3　复合材料 X 射线检测技术

10.3.1　检测方法原理

　　射线检测的原理是利用不同物体对射线的衰减不同，在感光胶片或者其他感光元器件上呈现出不同影像，使人能够用肉眼识别物体内部的缺陷或者不连续性。随着数字射线的发展，近年来 DR、CR 等数字射线技术发展迅速，它使用感光电子元件代替原始的感光胶片，在检测灵敏度上日趋接近，有很广阔的发展前途，它使复合材料的射线检测实现了实时显示以及结果的数字化存储，达到了降低检测胶片成本和保护环境的效果。图 10-20 给出了蜂窝结构射线检测设备和底片图像，X 射线检测原理图见图 10-21。

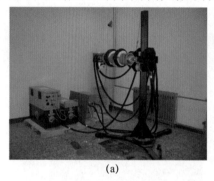
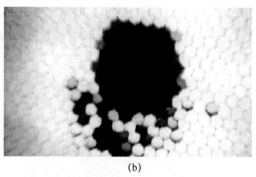

(a)　　　　　　　　　　　　　　　(b)

图 10-20　蜂窝结构的射线检测

(a) 射线设备；(b) 底片图像

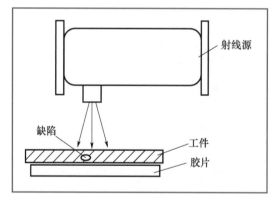

图 10-21　X 射线检测原理示意图

10.3.2　检测方法的特点

　　射线检测的特点是结果显示直观，容易实现。射线检测与超声检测具有互补作用，虽然对分层、脱粘类缺陷不敏感，但对发泡胶空洞、夹杂、芯格断裂、节点脱开、芯格压缩等缺陷具有较好的检测结果。对板芯结构，必须采用射线检测方法对芯材质量进行检测。飞机蜂窝结构在使用过程中，由于蒙皮结构破损和高空与地面温差较大，在蜂窝中容易产生积水，对这种积水的检测是射线检测很好的应用场景之一。

目前，射线检测中的胶片法射线照相技术仍然是广泛使用的方法之一。检测过程中对参数的选择，如电压、焦距等尤为重要，参数选择不当容易导致蜂窝变形严重，掩盖内部缺陷的存在，造成内部缺陷的漏检。实时成像检测方法使用射线探测器将透过被检物体的X射线转换为可见光图像，再由图像采集系统将可见光转换为数字图像信号，传输给计算机。其最大优势为不需要胶片等原材料和暗室处理，节约生产成本，同时通过机械系统控制射线源、工件和探测器的相对位置，无须多次进入机房进行零件透照布置，提高了检测效率。因此，实时成像检测方法对复合材料蜂窝夹层结构的检测具有很好的应用前景。

10.3.3 检测方法的应用

复合材料蜂窝夹层结构在加工和固化过程中可能会产生多种形式的内部缺陷，适用于射线检测的缺陷主要有空洞、发泡胶开裂、夹杂、芯格断裂、节点脱开等。

10.3.3.1 空洞

复合材料夹层结构中蒙皮与芯材的粘接通常使用胶膜或发泡胶，二者在固化成型过程中，内部气体不易排出，淤积在胶膜和发泡胶中形成空洞。典型空洞射线底片影像见图 10-22，在底片中空洞形态多呈椭圆形。

图 10-22　典型空洞射线底片影像

10.3.3.2 发泡胶开裂

对于大尺寸复合材料制件，一般是由多块蜂窝芯材拼接而成，拼缝均需用发泡胶填充，拼缝在固化中和固化后可能受到内应力或外力的作用，导致发泡胶开裂。典型发泡胶开裂射线底片影像见图 10-23。

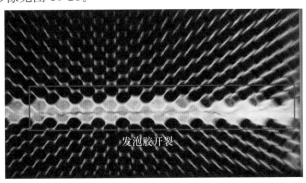

图 10-23　典型发泡胶开裂射线底片影像

10.3.3.3　夹杂

在固化成型过程中，外来物体不慎掉落在发泡胶、胶膜或蜂窝芯孔格中，最终遗留在制件中，夹杂射线底片影像与金属材料构件中的形态类似，在底片中多呈现片状或条状。典型夹杂射线底片影像见图10-24，由于复合材料密度较低，夹杂在底片中多为亮色。

图 10-24　典型夹杂射线底片影像

10.3.3.4　芯格断裂

蜂窝芯在加工或固化过程中，由于操作或工艺不当会导致芯格断裂。断裂分为横向断裂和纵向断裂，横向断裂为垂直于蜂窝芯壁的断裂，该种裂纹不适合于射线照相检测；纵向裂纹为平行于蜂窝芯壁的断裂，该裂纹很容易通过射线照相检测发现。典型芯格断裂底片影像见图10-25。

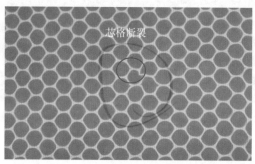

图 10-25　典型芯格断裂底片影像

10.3.3.5　节点脱开

节点脱开是指相邻两蜂窝孔格制件分离或脱粘，一般在蜂窝芯加工过程中产生。典型节点脱开见图10-26。

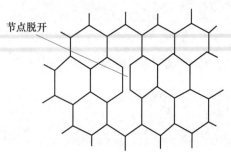

图 10-26　节点脱开示意图

10.4 复合材料红外热像检测技术

10.4.1 检测方法原理

红外热像无损检测技术针对被检制件的材质、结构和缺陷类型及检测条件，设计不同特性的热源（激励装置）并利用计算机和专用软件对被测制件进行周期、脉冲等函数形式的加热，采用红外成像技术对时序热像信号进行数据采集，使用专用软件对实时图像信号进行处理，最终将检测结果以图像形式显示出来，从而达到检测的目的。

目前，光学激励方式的应用较多。本节所介绍的技术是采用闪光灯阵列对被测制件表面进行脉冲加热，使用红外热像仪探测并记录被测制件在闪光灯激励前后的表面温度分布及其变化，并利用计算机和专用软件对采集到的红外图像进行数据分析和处理，最后获得被测制件内部的缺陷、损伤和非均匀信息。图 10-27 所示为闪光灯激励的红外热像检测技术原理。

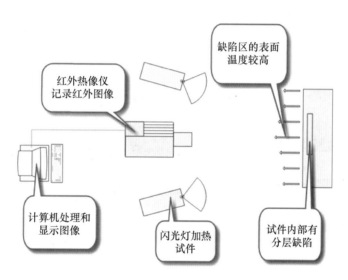

图 10-27 闪光灯激励的红外热像检测技术原理

10.4.2 检测方法的特点

红外检测技术具有非接触、无污染、快速、直观的特点，对曲面有一定的适应能力，适合于复合材料的检测，尤其适合于薄蒙皮夹层结构件的检测。例如，蜂窝夹层结构件和泡沫夹层结构件出厂、原位和修补后的分层缺陷、脱粘缺陷的检测，对蜂窝积水的检测也比较有效，但目前还难以定量。

红外热像检测技术的检测能力不仅与检测设备性能、具体检测方法有关，而且与缺陷识别技术关系密切，缺陷识别技术的提高会促进检测能力的提高。另外，人工缺陷与实际缺陷存在差别，其中之一就是，从检测结果上看，很多实际的脱粘缺陷上是能够看到蜂窝芯格的，而在人工缺陷上是看不到的。因此不能仅仅依据蜂窝芯格是否可见来判断是否为缺陷。如前所述，还可以借助温度曲线及其导出曲线做出判断。

10.4.3 检测方法的应用

10.4.3.1 泡沫夹层结构

对某 V 形泡沫夹层制件进行修补前及修补后检测。修补前在检测结果中可见脱粘缺陷，修补后又对修补质量进行检测。检测结果如图 10-28、图 10-29 所示。

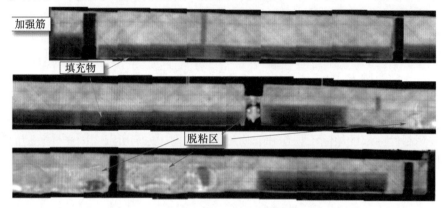

图 10-28　修补前的制件正面原始热像图

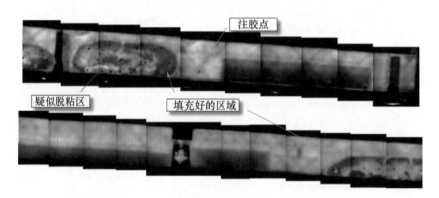

图 10-29　修补后的制件正面原始热像图

10.4.3.2 蜂窝夹层结构

对玻璃纤维蒙皮纸蜂窝制件进行检测，检测结果如图 10-30 所示。可以看到，对于蒙皮厚度为 1mm 的蜂窝夹芯结构件，应用红外热像检测技术可以检测出蒙皮与蜂窝芯间直径为 6mm 的脱粘缺陷；对于蒙皮厚度为 2mm 的蜂窝夹芯结构件，应用红外热像检测技术可以检测出蒙皮与蜂窝芯间直径为 10mm 的脱粘缺陷。

10.4.3.3 复合材料层合板

对某碳纤维层合板曲面件进行检测，检测到的分层缺陷如图 10-31 所示。

从图 10-31 中发现，两个分层缺陷中左侧实际上是一个小缺陷和一个大缺陷的叠加。当在构件内表面检测时，通过观察图像序列发现，最先出现的是小缺陷（蓝色文字标识处），然后出现的是相对较暗的大缺陷，即小缺陷叠在大缺陷的上面。从

图 10-31 可以看出，2 个大缺陷信号很强，说明它们距离外表面比距离内表面近。此外，图中未见小缺陷，进一步验证了小缺陷较大缺陷更接近内表面且被大缺陷遮挡。

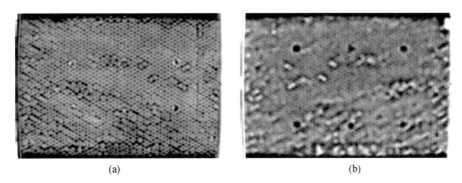

(a)　　　　　　　　　　　　　　　　　　(b)

图 10-30　玻璃纤维蒙皮纸蜂窝制件的试验结果

（a）蒙皮厚度 1mm $t=5.839s$ 一阶微分图；（b）蒙皮厚度 2mm $t=17.652s$ 一阶微分图

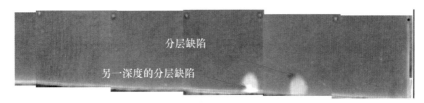

图 10-31　某碳纤维层合板制件一阶微分图 $t=10s$（内侧检测）

对玻璃纤维层板的检测结果如图 10-32 所示，红外热像检测技术可以检测出玻璃纤维层板内部埋深 2mm、直径 10mm 和直径 6mm 的分层缺陷。

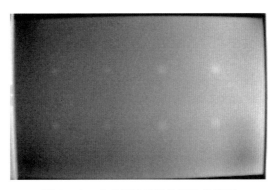

图 10-32　玻璃纤维层板的原始热像图

10.4.3.4　蜂窝积水

随着蜂窝结构复合材料的大量应用，世界各大航空公司开始关注在飞机服役期间产生的蜂窝积水问题。蜂窝积水不仅增加了飞机的起飞质量，而且积水会明显增加腐蚀的可能性，水结成冰后会产生额外的应力，从而引起脱粘。水会积留在副翼、机身、升降梯等飞机结构内，大量的积水严重影响飞行安全。空中客车和波音等公司均将红外热像检测技术应用于飞机蜂窝积水检测方面。波音公司应用红外热像技术进行蜂窝积水检测，可以检测出 1/10 "蜂窝格高"的积水。空中客车公司推荐使用红外热像法检测方向舵及升降舵中蜂窝积水问题，并向航空公司提供相应的人员培训和设备租用服务。该公司以"热毯"作为加热手段来检测蜂窝积水。由于水的热物理性能明显不同于周围的材料，所以在瞬态加热过程中就会被红外热像仪检测到。

在某飞机进行大修时，对其机头雷达罩进行了积水检测，结果发现了大面积的积水区和局部积水区，如图 10-33 和图 10-34 所示。

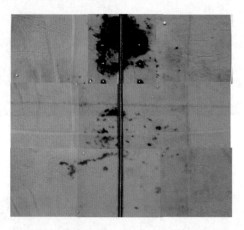

图 10-33　排水口附近区域拼接后红外热像图、大面积积水区

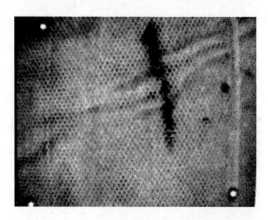

图 10-34　局部积水区的一阶微分图

对于蜂窝积水检测问题，红外热像法与 X 射线相比，具有操作简单、速度快、安全和灵敏度高等优点，但是 X 射线还能同时检测到蜂窝芯的变形、开裂和发泡胶发泡不足等缺陷。

10.5　激光错位散斑检测技术

10.5.1　检测方法原理

激光错位散斑技术是激光技术、视频技术、计算机图像处理技术和散斑干涉技术等相结合的一种现代光学测量技术，主要测量材料表面"离面"位移。其检测原理是对被测物体加载，利用激光扩束后照明物体，经错位镜形成被摄物体相互错位的散斑图，经电荷耦合器件（CCD）和图像采集卡输入到计算机图像系统中，再对变形前后的两个散斑场做相减模式处理，在监视器上得到表示物体位移导数的干涉条纹。由于物体结构损伤处的外表面在加载后会产生非均匀的表面位移或变形，在有规则的干涉条纹中会出现明显的异状，如不连续、突变的形状变化和间距变化等，通过测算这些微小的变化，便可查明物体内部缺陷及其位置。图 10-35 和图 10-36 分别为激光错位散斑检测的原理和蝶形图。

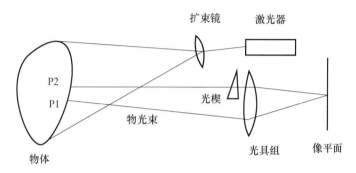

图 10-35　激光错位散斑干涉原理示意图

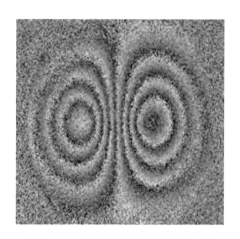

图 10-36　激光错位散斑检测蝶形图

10.5.2　检测方法的特点

激光错位散斑技术具有光路简单、对测量环境和光源要求低、全场测量和灵敏度可变等特点，已经在航空、航天、机械、船舶、石油、冶金等工业领域获得应用。在航空工业中较多的是用于金属材料胶接制件、复合材料胶接制件、橡胶制品缺陷的检测，包括面板与蜂窝之间的脱粘、面板内部分层开胶、蜂窝芯格变形、裂纹、气泡、冲击损伤、渗水、腐蚀等。

激光错位散斑检测系统的加载方法有热加载、真空压力差加载、振动加载、机械力加载、冲击加载、微波加载等，复合材料检测常用热、抽真空、振动、机械力四种加载方法。

激光错位散斑检测是基于被测制件表面所表现出的缺陷部位微小的相对变形，深层缺陷或坚硬层下的缺陷所产生的变形不容易传递到表面而导致无法检测。故材料内部缺陷部位在加载后产生的变形能否引起材料表面产生足够大的相应变形，是决定激光错位散斑技术适用与否的关键因素。因而，材料的不同材质、尺寸、加载方式以及它们之间的合理搭配选择都可能影响激光错位散斑技术的检测效果。

10.5.3 检测方法的应用

10.5.3.1 夹层结构制件

图 10-37～图 10-39 分别为碳纤维蒙皮/铝蜂窝、碳纤维蒙皮/泡沫夹芯材料和玻璃钢蒙皮/泡沫夹芯隔板的检测结果，表明激光错位散斑技术可用于各种不同蒙皮（金属、非金属）与复合材料芯材组合结构的检测。

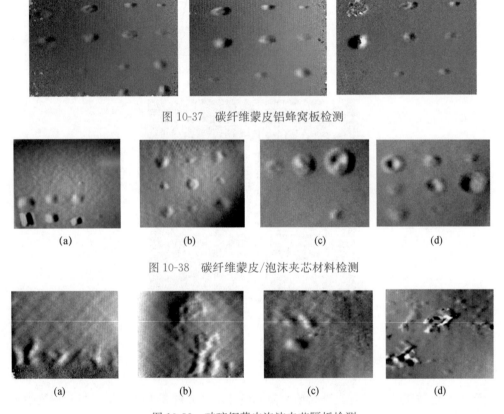

图 10-37 碳纤维蒙皮铝蜂窝板检测

(a)　　　　　(b)　　　　　(c)　　　　　(d)

图 10-38 碳纤维蒙皮/泡沫夹芯材料检测

(a)　　　　　(b)　　　　　(c)　　　　　(d)

图 10-39 玻璃钢蒙皮泡沫夹芯隔板检测

10.5.3.2 某泡沫夹芯桨叶粘接质量

利用抽真空作为加载手段。加载不久，一些区域的条纹增加的速度明显高于其他区域，如图 10-40（a）所示。条纹密处说明变形大，可能发生脱粘。增大真空度后，箭头所指的部位条纹更密，变形更大，说明有脱粘。

10.5.3.3 其他各类检测

激光错位散斑技术的适用范围是由一个先决条件决定的，就是被检制件表面在加载下要产生微小变形。换句话说，只要在加载下能产生微小变形的制件都可能适用于这项技术，因而激光错位散斑技术在航空航天领域的应用范围较广泛。除了各类粘接结构，任何有表面位移发生的场合都可使用激光错位散斑技术作为产品的检测手段。图 10-41 展示了激光错位散斑技术的一些其他应用。

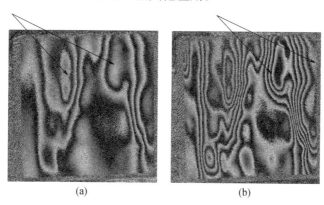

图 10-40　某复合材料桨叶的检测

（a）加载后条纹变化较快；（b）增大载荷，条纹密处可能发生脱粘图

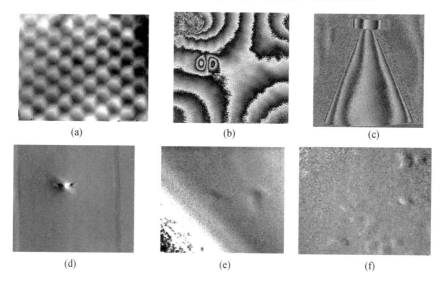

图 10-41　各类检测

（a）查看晶格；（b）真空加载下的缺陷；（c）复合材料锥体的检测；（d）冲击损伤检测；
（e）某方向舵蒙皮脱粘；（f）航空轮胎检测

10.6　复合材料敲击检测技术

10.6.1　检测方法原理

小锤敲击检测方法是由检测人员通过小锤敲击被检件发出声音的频率高低判断被检部位是否存在缺陷。声音频率较正常部位低（声音沉闷），认为对应部位存在粘接异常；声音频率较正常部位高（声音清脆），认为对应部位粘接良好。使用小锤敲击检测，要求检验人员具有较好的听力和一定的检测经验，且不允许工作场所有较大干扰噪声。

敲击检测仪是通过比较敲击探头与被检件表面的撞击持续时间来判断被检件的脱粘程度。如图 10-42 所示，所谓撞击持续时间，是指当小锤敲击在被检件上，记录起始时间，小锤弹起脱离表面，记录结束时间，这一过程为小锤工作的撞击持续时间。

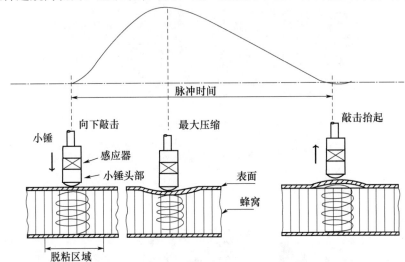

图 10-42　小锤动态行为与波形的对应关系

表 10-2 给出了仪器敲击和小锤敲击检测方法综合能力的比较。

表 10-2　仪器敲击检测法与小锤敲击检测法比较

敲击方法	相同点	不同点	
		优点	缺点
仪器敲击检测法	1. 对蒙皮厚度较大的制件检测能力下降； 2. 对不同类型、不同大小缺陷的识别能力相同	1. 可数字化显示缺陷的信号； 2. 可对检测数据进行存储和传输； 3. 可在噪声环境中使用； 4. 操作简单，人为因素影响小	1. 移动过程中探头角度变化可能使检测信号值产生波动； 2. 表面粗糙度可能使信号值波动； 3. 由于对外界干扰敏感而易导致检测效率降低
小锤敲击检测法		1. 检测用设备简单； 2. 检测中敲击响应基本不受表面粗糙度的影响	1. 检测环境不允许有较大噪声干扰； 2. 人为因素影响较大，操作者要求有一定敲击检测经验

综上所述：

（1）仪器敲击检测法与小锤敲击检测法具有相同的缺陷识别能力，能够识别明显的孔隙类缺陷，不能识别紧贴型缺陷；

（2）仪器敲击检测法与小锤敲击检测法各有优缺点，检测时可以互相补充，对表面状态较好、曲率不大的部位或检测环境噪声较大时，优先选用移动式仪器敲击检测方法；当制件表面状态较差或被检部位曲率较大时，优先选用小锤敲击检测方法。

10.7　空气耦合超声检测技术

10.7.1　检测方法原理

空气耦合超声检测是一种采用空气作为耦合剂的超声检测技术。目前，空气耦合检测主要采用一发一收的方式，根据探头位置又分为同侧式和对侧式，如图 10-43 所示。与传统超声采用自发自收模式相比，空气耦合超声检测能确定缺陷的二维位置，但难以对其埋深进行评价。

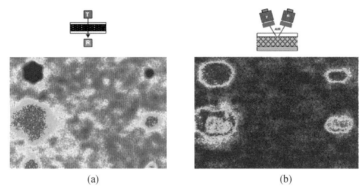

图 10-43　空气耦合检测的一发一收方式

(a) 对侧式；(b) 同侧式

空气耦合超声检测的主要难点在于空气与待检材料的阻抗差异大，使得空气中传播的超声波绝大部分被待检制件反射，只有很少一部分能量能够进入待检零件内部。为了提高空气耦合超声检测的能力，一方面可以采用特制的高能量超声换能器，增加发射超声波的能量，另一方面可采用低噪声的信号放大器，对接收到的微小超声信号进行放大。空气耦合超声换能器的外观及内部结构示意图如图 10-44 所示。可以看到，其内部采用大量的压电陶瓷柱作为压电元件，与传统超声采用晶体或陶瓷压电晶片相比有明显差别。因此，空气耦合换能器的直径通常较大，一般在 $\phi10\sim25mm$ 之间，一些高能量的空气耦合换能器的直径可达到 50mm，这使得空气耦合检测对缺陷的横向分辨能力与传统超声相比大大降低。

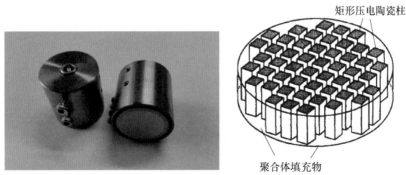

矩形压电陶瓷柱

聚合体填充物

图 10-44　空气耦合超声换能器外观及其内部结构示意图

由于超声波在空气中的衰减与频率有关，频率越高，衰减越大，为了尽量减小其衰减，空气耦合超声通常采用较低频率，一般在 50kHz～1MHz 之间，这使得其对缺陷的检测灵敏度与传统超声相比有明显降低。

同时，受目前的空气耦合换能器能力所限，激励一次超声信号后，压电陶瓷不能很快停止振动，使得其超声脉冲信号的拖尾较长，这是目前空气耦合超声难以实现自发自收的主要原因。典型空气耦合超声的接收信号波形如图 10-45 所示。

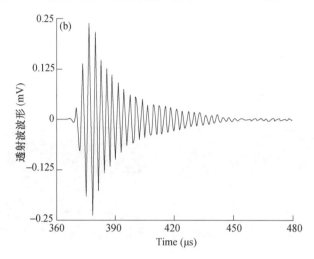

图 10-45　典型的空气耦合超声接收信号波形

10.7.2　检测方法的特点

与传统超声检测需要液体作为耦合剂不同，空气耦合超声检测利用空气作为超声换能器与待检零件的耦合介质，具有非接触、非入侵、完全无损等特点，可用于多孔材料、开口蜂窝、易吸水易溶解材料等无法采用液体耦合的材料，以及传统超声难以穿透的复杂结构复合材料的无损检测。同时，空气耦合因无须专门的耦合剂，有望实现复合材料的在线/原位无损检测。

10.7.3　检测方法的应用

虽然空气耦合超声的分辨力和灵敏度与传统超声相比仍有一定差距，但在一些传统超声不能使用的复合材料检测以及原位检测方面，空气耦合超声具有明显优势。适宜采用空气耦合检测的复合材料结构如图 10-46 所示，国外采用空气耦合超声实现原位检测的案例如图 10-47 所示。

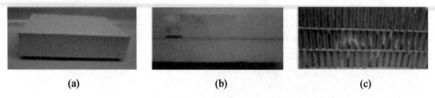

(a)　　　　　　　　　　(b)　　　　　　　　　　(c)

图 10-46　适宜采用空气耦合检测的复合材料结构
（a）泡沫夹层结构；（b）泡沫粘接结构；（c）单层/多层蒙皮蜂窝结构

图 10-47　采用空气耦合实现飞机后缘襟翼和直升机桨叶原位检测

一些典型结构/材料的空气耦合检测结果及检测能力如图 10-48 所示。

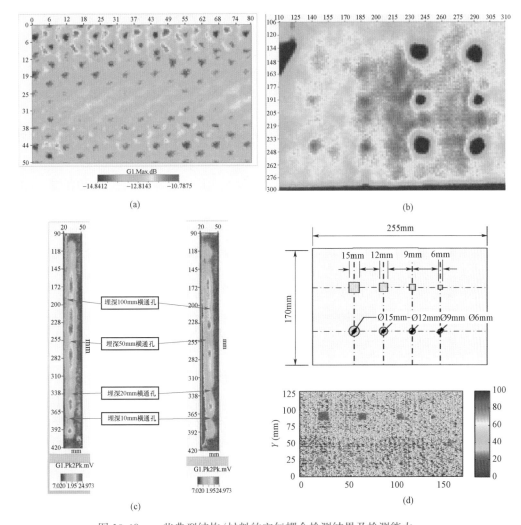

图 10-48　一些典型结构/材料的空气耦合检测结果及检测能力

（a）单层蜂窝夹层中的蜂窝格子（约 6mm×6mm）；（b）层板泡沫夹芯结构发现 $\phi12$、$\phi24$mm 缺陷；
（c）两组固体火药中发现的 $\phi2$mm 横通孔；（d）层板蜂窝结构中的多尺寸脱粘缺陷

　　虽然空气耦合的灵敏度低于传统超声，但在某些试验中，该劣势反而能获得更好的检测效果。图 10-49 给出了带有 $\phi6$mm、$\phi12$mm、$\phi25$mm 脱粘缺陷的三层蜂窝蒙皮结构的传统喷水穿透式超声检测结果和空气耦合超声检测结果对比。可以看到，在无预埋缺陷区域，喷水穿透式超声检测结果存在不同的彩色区域，说明超声衰减程度不同，当超声衰减较大时，难以区分该衰减是由于结构造成的还是由于缺陷造成的，而空气耦合检测由于超声波的频率低、波长长，对于较小的结构变化并不敏感，反而能更好地区分出真实缺陷。

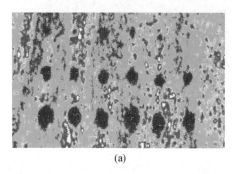 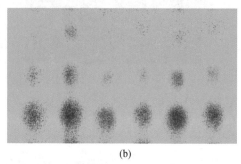

(a) (b)

图 10-49   三层蜂窝蒙皮结构喷水式超声检测
(a) 和空气耦合超声检测；(b) 试验对比

10.8   激光超声检测技术

10.8.1   激光超声检测的原理

（1）激光超声的产生

根据激光与被测材料的表面是否直接作用，激光超声的激励方式可分为直接方式和间接方式。直接方式是脉冲激光直接照射被测材料，其所激励超声波的频带和中心频率等特征不仅与激光束的时间或空间分布特性有关，还与材料特性及表面状态有关；间接方式则是利用被检材料周围的其他物质作为中介产生超声波，通过介质将振动传入被检材料。直接方式依据入射激光功率密度值和材料表面条件的不同，分为热弹机制和烧蚀机制；间接方式则包括热栅法、电子应变法等方法。

当入射激光功率密度低于材料表面的损伤阈值（金属材料的损伤阈值一般是$10MW/cm^2$）时，产生的热能不足以使材料熔化，激光一部分能量被材料表面反射，另一部分能量被材料表面吸收引起其局部温度的急剧升高，同时材料内部的晶格动能也随之增加，使表面达到几百度的高温并膨胀，进而产生表面切向应力，同时激发出横波、纵波和表面波。由于激光是脉冲式的，所以材料的热弹性膨胀也是周期性的，即产生了周期变化的脉冲超声波。

当入射激光功率密度大于材料的损伤阈值时，入射激光使材料表面温度急速升高，表面熔化、汽化，甚至产生等离子体，并且以很快的速度离开材料表面，对表面产生一个反作用力，从而产生超声波，此机制称为烧蚀机制。热弹机制和烧蚀机制的示意图如图 10-50 所示。

（2）激光超声的接收

激光激发的超声波信号需要用一定的方法进行接收，通常采用电学接收法和光学接收法两类。

电学接收法利用换能器接收超声信号，包括压电陶瓷换能器（PZT）、电磁换能器（EMAT）、电容换能器（ESAT）等。光学接收法包括零差干涉、外差干涉、差分干涉、共焦法布里-珀罗（Fabry-Perot）干涉等方法。光学检测法接收超声信号可以远距离检测，实现了真正意义上的非接触检测，克服了传统超声检测需要耦合剂的缺点。典型的电学接收法和光学接收法原理示意如图 10-51 所示。

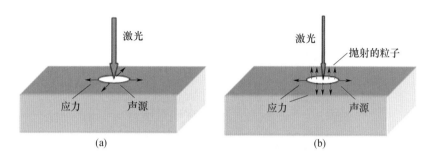

图 10-50 激光激励超声的热弹机制和烧蚀机制示意图

（a）热弹机制；（b）烧蚀机制

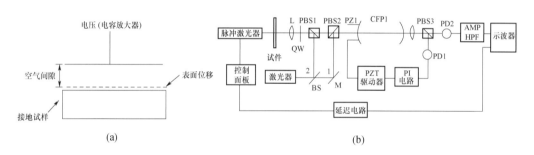

图 10-51 典型的激光超声接收原理示意图

（a）电学接收法；（b）光学接收法

目前，激光超声检测的主要技术难题是如何提高其灵敏度，尤其是在被检表面较为粗糙时，如何利用光学的方法接收超声波在表面引起的微小振动而不被干扰。解决方法：一是采用更高功率的激光器和有强集光能力的干涉仪，提高实际可利用的激光能量；二是采用信号平均技术，抑制噪声，提高信噪比。

10.8.2 检测方法的特点

激光超声检测技术是融合激光技术与声学技术的新领域，涉及声学、光学、力学、材料学等多个学科，是一种新兴的无损检测方法。激光超声检测具有超宽带、多模式、非接触、远距离等优点，但同时存在表面粗糙度要求高、易受外界信号干扰、可能破坏材料表面、技术成熟度较低等问题。

10.8.3 复合材料激光超声检测的应用

国外从 20 世纪 90 年代开始研究激光超声复合材料及结构的检测技术。最先由 GE 公司制造了实验室验证机，此后与洛克希德·马丁公司（以下简称洛马公司）联合开发了 Alpha

Laser UT 设备。2004 年第二代系统 Gamma Laser UT 开始投产，2008 年 Thomas Drake 和 Marc Dubois 创办了 iPhonton 公司，目前该公司已研发了 iPlusⅡ和 iPlus Ⅲ型激光超声设备。

Laser UT 系统最初是洛马公司为 F35 战机复合材料检测需求而研发，如图 10-52 所示。其检测场深度大，探头与试件距离可达 1.5～2.5m。采用五轴龙门架携带探头，使用 50mm 光圈高速双反射镜式检流计扫描仪进行激光束扫描。检测过程中探头固定，通过反射镜控制激光位置，最大扫描区域 1.3m×1.3m，重复频率 400Hz，采用 2mm 步进时，每小时可扫查 5.8m^2，检测效率极高。2000—2006 年，洛马公司用 Laser UT 系统检测 1.3 万个部件，虽产量增加 10 倍，并未增加检测人员。

图 10-52　洛马公司的 Laser UT 激光超声系统检测大型复合材料

Laser UT 激光超声系统的可靠性和稳定性高，自动化程度非常高，在检测所有相似部件的时候，检测流程可以精确地重现，并且对待检工件的定位容限高达 20mm，被测件不需要精确装卡定位。图 10-53 展示了 Laser UT 系统检测 44mm 厚碳纤维复合板的结果，经过系统处理，可探测到样品底面反射，并对内部缺陷进行检测和定位。

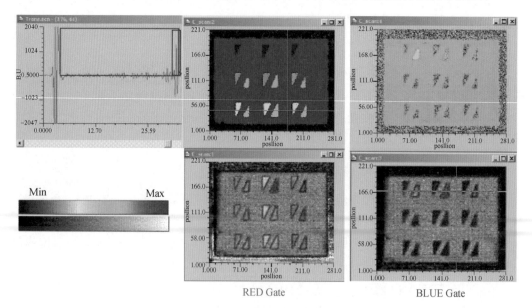

图 10-53　Laser UT 对 44mm 厚碳纤维复合检测结果

空客公司于 2011 年购置了 iPhoton 公司的 iPlus Ⅲ 型激光超声检测系统，用于检测
A380、A350 等新型客机的复合材料构件，法国 AMDA 公司生产的 LUIS 系统也已应
用于幻影 2000 战机的部分零件原位检测，如图 10-54 所示。

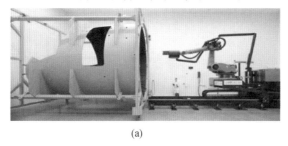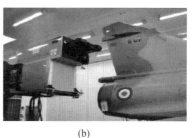

(a)   (b)

图 10-54　iPlus Ⅲ 和 LUIS 对民机和军机进行检测
(a) iPlus Ⅲ 检测；(b) LUIS 检测

iPlus Ⅲ 系统对变厚度碳纤维复合材料双曲结构件进行扫查并测绘出其三维形貌，
如图 10-55 所示。该双曲结构的尺寸为 1200mm×1000mm，厚度从 1.6mm 渐变
至 15mm。

图 10-55　iPlus Ⅲ 检测碳纤维复合材料双曲结构

图 10-56 是 iPlus Ⅲ 基于光折射 GaAs 晶体的双波混合干涉仪对蜂窝结构缺陷的检
测结果。蜂窝结构厚 14mm，缺陷尺寸 φ25mm、φ50mm。可以看到，位于上、中、下
三层的缺陷均可检出。

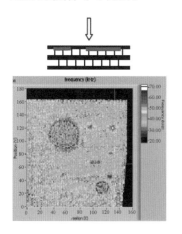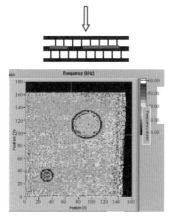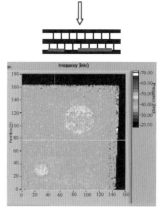

图 10-56　iPlus Ⅲ 检测蜂窝结构不同埋深脱粘

　　日本先进工业与技术研究所、国内的西安金波检测仪器公司开发了激光超声视觉成像技术，利用激光脉冲对试件进行扫描，逐点产生超声波，再由一个固定的传感器进行接收，经过处理后可对传播中的波进行成像，其设备结构和结果如图 10-57 所示。激光超声波成像技术可以显示出一个区域的波场以及波传播的过程，从而观察出损伤的位置。

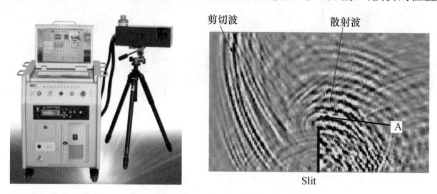

图 10-57　激光超声视觉成像设备和可视化的超声波

　　德国不来梅光纤应用技术研究所利用激光超声对热塑性复合材料结构件的脱层缺陷进行检测，如图 10-58 所示，试验最小可检测出 $\phi 2mm$ 脱层缺陷。

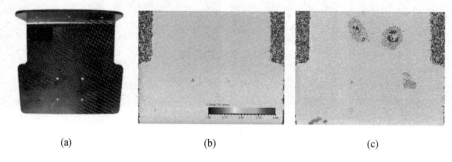

(a)　　　　　　　　　　　(b)　　　　　　　　　　　(c)

图 10-58　激光超声检测热塑性复合材料结构件中的脱层缺陷
（a）热塑性材料结构件；（b）无缺陷时检测结果；（c）有缺陷时检测结果

11 复合材料构件失效分析

11.1 复合材料失效分析程序与方法

1. 失效分析的概念和意义

失效具有广泛的含义，行业标准 HB 7739—2004 中定义："失效分析（failure analysis）是对失效件的宏观特征与微观特征、材质、工艺、理化性能、规定功能、受力状态及环境因素等进行综合分析，判明失效模式与原因，提出预防与纠正措施的技术与管理活动"。因此，失效分析的主要内容包括：明确分析对象、确定失效模式、研究失效机理、判定失效原因、提出预防措施（包括设计改进）。

失效分为部分失效和完全失效。

（1）部分失效指构件丧失一部分功能，仍具有使用寿命。例如，发挥材料构件产生局部分层，座舱玻璃产生银纹或裂纹后，其某些性能下降，但在很多情况下仍可继续使用或控制使用，或进行复效。

（2）完全失效指构件完全丧失功能而不能使用。如坠毁的飞机、爆炸的油罐、爆破的轮胎、断裂的复合材料旋翼等，在完全失效后就不能继续使用。

失效分析工作的意义在于通过失效分析找到产生事故的原因，采取相应的改进和预防措施，减少或杜绝同类事故的发生。因此失效分析工作具有很好的经济效益和社会效益。同时，实行分析得到的信息业是改进产品设计、合理选材和更新构件的重要依据。

失效分析技术涉及多方面的知识和学科。由于构件种类繁多，使用情况复杂，失效的形式也是多种多样的，因此失效分析不但要有适当的分析设备和仪器，而且要求从事失效分析的工程技术人员对有关材料的性质、加工工艺过程、装配工艺过程和使用环境具有丰富的知识与经验，并具有善于观察失效现象、分析和判断失效原因的能力。

2. 复合材料制件失效的情况

过去人们对金属制件的失效分析比较重视，而对非金属制件的失效却不以为然。然而实践逐渐改变了人们的认识。1986 年年初，美国航天飞机"挑战者"号发生升空爆炸的灾难性事故，就是因密封橡胶圈失效引起燃油泄漏而造成的。还有很多实例也证明，非金属制件的失效完全可能导致不同程度的事故，因此必须予以重视。

复合材料在航空、航天、舰船等国防工业上得到广泛的应用，不仅用复合材料制造次受力构件，而且发展到制造主承力构件，例如直升机的旋翼、星形件等。

复合材料制件在外场使用中大多产生局部失效，主要的失效形式为：分层、损伤、表面树脂脱落、吸湿和连接部位刚性下降等。复合材料制件发生完全失效非常少见，即使出现，大多是受到突然的超大应力产生的意外事故。复合材料制件局部失效可以修复后继续使用。因此，发展了复合材料修补技术。

复合材料制件在外场使用产生的局部失效，通常是由外来物造成的。例如，维修员不慎将金属工具落在了复合材料制件上，或是其他外来物的撞击。如 1979 年两架 J6 飞机在飞行中遇到一片冰云，雷达罩被打破。

3. 判断复合材料制件失效的依据

判断一个制件是否失效，最主要的依据应该是设计规范。一般来讲，制件失去设计规范要求的功能都被判断为失效。例如，橡胶薄膜使用一定时间后，其伸长率和定伸长率已降低到设计规范要求之下，则可判断为失效。又如，复合材料制造的垂直尾翼，经使用 13 年后进行无损检测，其内部分层没有明显扩大，因此可以判定为没有失效，可以继续使用。

有一些复合材料制件连接部位的螺栓孔处，经使用，后期产生变形超过设计规定值，则断定为局部失效。胶接连接部位若经无损检测，其脱胶面积超过设计规定亦为局部失效。

研究复合材料失效，通常用性能保持率或下降率来表示，即使用一段时间或试验一段时间以后，测定其剩余强度。

4. 复合材料失效分析方法

复合材料失效类型与金属材料和高分子材料不同。由于复合材料的可设计性，在设计中已考虑到受力状态，因此，复合材料制件突然断裂的现象极少出现，其分析过程和方法与金属材料和高分子材料略有不同。

（1）现场调查。调查事故现场时分析原因的第一手资料，应做详细的观察、记录、照相和录像等。现场调查内容包括：

① 查明发生事故的时间、地点、气候、产品型号、使用历史、飞行科目和操作、指挥过程等。

② 寻找残骸，测量残骸分布与状态，了解飞行轨迹。对存在疑点的残骸进行现场观察、记录和初步分析。不应遗漏事故的任何证据。

③ 向有关人员（包括飞行员、指挥员、机务人员和目击者）调查询问现场情况。

④ 提出现场调查报告。现场调查报告应包括①②③中规定的内容，同时还应包括现场分析中的各方意见、问题和应进行的试验验证工作、参加单位和人员等。

（2）残骸分析。拼凑残骸，画出残骸图和分层断裂情况，注明残骸各碎片位置；找出断裂源、裂纹源和缺陷存在的部位；编制残骸现场初步分析报告。

（3）断口分析。根据现场调查报告和现场残骸初步分析报告，对造成事故的主要断口进行观察分析和照相。现场调查结论往往带有主观性和片面性，生产方和使用方的结论可能有差距，而断口是事故原因的客观证据。断口分析是判据事故原因的主要手段之一，应认真进行。对断口观察和照相，通常是先在低倍显微镜下进行宏观分析确定可疑断口，在高倍显微镜下（例如扫描电子显微镜）观察断口，找出其特征。提供断口的宏观和裂纹形貌照片。提出断口分析报告。

（4）材料质量检验。复合材料制件发生失效后，仍有较大面积的完整部分，对其取样测定力学性能和树脂的固化程度的检验、树脂含量和纤维体及含量的测定、用 C 扫描图检测分层状态等。提出材料质量检验报告。

（5）失效分析报告。根据现场调查报告、现场残骸初步分析报告、断口分析报告和材料质量检测报告，编写失效分析报告。分析报告应包括：事故发生过程描述和现场调查分析意见；材料质量检测结果；断口分析结果；分析意见；结论和建议。

11.2　复合材料失效分析的要点

尽管损伤机制和损伤累积是近年来研究的主题，但在文献中很难发现为失效分析而做的研究，特别是案例分析。前面的讨论证明通过分析损伤特征来确定失效原因和失效模式是非常复杂的，也许这是一个棘手的问题。但是，尽管层合板的失效是复杂的，通过分析损伤特征和断裂表面，失效分析还是可以揭示断裂特征和相关的影响因素，显示材料缺陷，并且帮助判断失效原因。

由于从微观上来说，不同载荷下的失效模式相对来说是类似的，因此，复合材料的失效分析更应着重于宏观的分析。

1. 表面保护

复合材料的表面保护，主要是防止机械的和化学的损伤。一般地，聚合物基体复合材料都相对较软并且倾向溶解于有机溶剂中，因此在发生断裂的复合材料层合板的运输过程和试样切割中必须小心移动，并且防止与有机溶剂接触。

通过罐封损伤区以防止二次损伤，然后剖开进行金相观察，整个损伤可以得到保存和检查。

2. 损伤特征分析

已经证实，多向层合板中各层的断面特征与相同方向的单向层合板中的断面特征是极其相似的。

（1）损伤起始区和扩展方向

尽管在微观上微裂纹起始于多处，但在宏观上，通常只有可数几个宏观裂纹。通过对接匹配的两个断面，可以用来确定裂纹起始区和扩展方向。也就是说，裂纹起始区裂纹张开较大，而从宽到窄就是裂纹扩展方向，如图 11-1 所示。

当载荷施加于复合材料时，裂纹起始和扩展将会受到纤维的阻止，并且裂纹倾向于沿纤维-基体界面发展，因而形成了很多分叉的微裂纹。因此，损伤起始区存在于裂纹起始区并体现出不同的颜色。图 11-2 给出了玻璃纤维/环氧树脂试样在拉伸载荷下的损伤起始和扩展方向。

图 11-1　准各向同性
玻璃纤维/环氧树脂

图 11-2　$[0/30/90]_{2s}$铺层
玻璃纤维/环氧树脂

微观上，局部的裂纹起始位置和扩展方向可由放射棱线来确定。图 11-3 给出了通过纤维断裂面上的特征确定的局部源区和局部扩展方向。

（2）材料缺陷与制造质量检查

复合材料层合板由具有高度各向异性的材料层组成，因此缺陷最可能发生在平行于或者垂直于纤维的方向上。严重的缺陷会成为断裂源，SEM 观察可以提供有关缺陷对裂纹起始影响的信息，采用截面金相观察也可了解缺陷的分布情况。

图 11-3　碳纤维/环氧树脂单向板在拉伸下断裂纤维中的局部裂纹源和方向

（3）主要失效模式

通过宏微观分析，依据前面讨论的基本失效模式，可以确定出复合材料层合板的主要失效模式。

3. 理论分析

利用理论来分析层合板中层的失效并预测层合板的最终失效是非常吸引人的。尽管经典的层合板理论存在着一些不足，但它简单易行，而且能给出一个定量的了解。理论分析可提供另外一种确定失效原因和失效模式的方法。

4. 分析思路与方法

复合材料的失效分析应采取宏微观相结合的方法，进行综合的分析。

宏观分析方法是用肉眼和体视显微镜来确定损伤的大小和分布，以及失效模式。

微观分析方法是利用电子显微镜，特别是扫描电镜来观察分析断裂表面，从而印证宏观的初步判断。

由于失效和相关因素的复杂性，综合分析是必需的。

断口分析人员应该依赖于破坏性方法来观察分层的范围以及其他有关损伤。尽管 NDE 方法如超声、X 射线拓谱仪能用来确定损伤位置，但这些技术目前尚不能揭示损伤的细节特征。

11.3　复合材料失效基本类型与特征

（1）分层失效

复合材料分层失效是常见的一种失效形式。由于复合材料铺层的设计大多在经向和纬向用纤维增强，而在层间仅靠树脂的粘接，因此，层间强度相对低。大多数复合材料制件要求的经向和纬向强度高，层间强度要求不太高。若要求层间强度高时可采用缝合和三维增强的方式解决。但不管采用什么方式，总是存在层间分层的现象，只是出现概率的大小不同。

产生分层失效的原因主要分为基体材料、工艺及外力。基体材料不同，复合材料的层间剪切强度不相同。同时，形成工艺条件与层间性能关系很大，因此，通常用层间剪切强度作为控制复合材料工艺质量的主要指标。成型工艺条件使基体树脂达到最佳固化度，树脂与纤维的粘接强度达到最佳值，其制造出的复合材料层合板的层间剪切强度可达到最大值；反之，即会出现层间剪切强度低的现象。

复合材料层压板在外力作用下，特别是横向（弯曲）载荷作用下产生分层失效，或层压板受到扭转应力时亦产生分层失效。

（2）基体失效

复合材料基体的失效，通常是树脂固化不弯曲、树脂吸湿后强度的降低、树脂老化后强度的降低而产生的层压板整体强度的下降，特别是层间强度下降，因此层间失效与基体失效是相关的。

树脂饱和吸湿量通常是基体体重的 2.5% 左右，树脂吸湿后力学性能明显下降，例如层间剪切强度、压缩强度下降。而与纤维相关的强度下降很少或不下降，例如拉伸强度等。

复合材料吸湿量取决于环境条件的相对湿度，而传播速度主要取决于温度，提高温度和湿度以加快吸湿进程。复合材料制件在使用环境条件，通常在 3～5 年或更长一些时间达到最大吸湿量。在使用环境中，复合材料既有吸湿过程，又存在脱湿条件和过程，要达到饱和吸湿量是很困难的。

格鲁门飞机公司研究认为：环境引起复合材料变化只是出现在基体材料、基体与纤维的界面上，而没有发现任何纤维（玻璃纤维、碳纤维、硼纤维、石墨纤维）本身有损坏。用单向和正交铺层制成蒙皮和蜂窝夹层结构试板，再嵌装在 DC-10 飞机的机翼下部整流罩上，经过 5 年和 10590 飞行小时后，取下制成试件，测得含湿量 0.44%；E-2A 旋转雷达罩（玻璃布/828/MNA/BDMA）使用 16 年后取样测得吸湿量为 1.46%；A-6A 雷达罩（缠绕玻璃纤维/828/MNA/BDMA）使用 11 年后测得吸湿量为 0.25%。在实验室模拟 20 年的结果：夹层结构梁（带孔）（硼/环氧-AVCO/5505），吸湿量为 1%；B-1 水平安定面结构梁（石墨/环氧-AS/35015），吸湿量为 1.5%。

碳纤维复合材料经湿热处理后，其吸湿量在 0.50%～1.0%，处理条件一般规定为：60～70℃、85%～100%RH，时间按平衡吸湿量和饱和吸湿量而有所区别。T300/双马、T300/QY8911 和 T300/环氧在 60℃、100%RH 下 2 周，吸湿量约为 1%。关于复合材料吸热条件，目前尚无统一标准，因此，各种复合材料的吸热性能值都只说明了吸湿条件。同时也造成了材料之间的不可比性。

复合材料长期吸湿后的性能，是表征复合材料失效的特征之一，是设计和使用中必须要考虑到的重要问题。

（3）纤维断裂失效

复合材料断裂失效会造成突发性事故，纤维增强方向具有最大的拉伸强度，若达到使纤维增强方向断裂，需要非常大的外力。正常使用条件纤维不会发生纤维增强方向的突然断裂，而是先出现分层失效，脱胶失效到一定面积后，产生部分纤维断裂。只有在非常大的外力作用下（这种外力要超过复合材料经向方向的最大强度）才可能使纤维完全断裂开。

（4）挤压失效

复合材料螺栓连接孔的失效，主要是挤压载荷造成的失效，其失效形式多为孔变形，孔变形处分层（剪切）或在拉伸载荷作用下产生拉劈破坏。拉劈破坏，实际上也是挤压变形和分层失效的形式。

复合材料螺栓连接孔的挤压强度分为极限挤压强度和孔变形达到 4％孔径时的强度（也称为条件挤压强度），根据设计要求选用不同的挤压强度。制件在使用中达到失效判据时，即定为失效，例如，孔变形达到 4％孔径时。

挤压失效通常不好检查，因为连接孔被螺栓挡住，工程上采用连接部位以外的某个区域进行检测。

挤压强度受层合板铺层方式、载荷偏心等因素的影响很大。在 0°铺层时，一般为纯挤压破坏。在 0°铺层低于 40％的层压板，其破坏模式通常不是纯挤压破坏，同时材料的挤压强度降低。0°铺层比例高时一般导致剪切破坏模式。挤压强度与剪切面积有关。

在使用复合材料螺栓连接时，大多经受疲劳载荷的作用。复合材料连接孔在疲劳过程中逐渐产生局部损伤，这种损伤可以是微小分层，纤维和树脂被压缩产生永久变形，逐渐发展到较大的分层和损伤的积累，达到挤压疲劳极限，发生挤压疲劳破坏。挤压疲劳破坏通常包括挤压损伤、层压板分层剪切破坏、纤维破坏和孔永久变形等模式。

（5）胶层失效

复合材料制件在应用中常采用胶接连接的最大好处是无钻孔引起的应力集中，因而抗疲劳性能好，有阻止裂纹扩展功能、破损安全性能好、能获得光滑的外型、不存在电偶腐蚀等。其缺点是胶接连接部位受环境条件中的湿热影响较大，同时，受固化工艺影响胶层强度分散性较大，不能传递大的载荷，胶层亦存在老化问题。

胶层失效一般的表现形式是脱胶、局部分层、胶层吸湿老化等。脱胶的原因一是在固化成形过程中，由于被粘接表面处理不好，局部没有粘上或没有粘牢，在使用中脱胶处会不断增大而失效。局部分层，通常是在使用过程中在层间产生裂纹，在应力作用下逐渐使分层面积扩大而影响使用性能。胶层吸湿老化，是树脂材料的特点，特别是未改性的环氧树脂吸湿后，塑性增大，并在水的长期作用下，使树脂中的范德华力降低，其材料强度相应降低。以环氧为例，当吸湿达到饱和或最大吸湿量时，力学性能下降30％左右。

（6）混合失效

复合材料制件在使用中常常出现的失效形式是混合失效模式，即有分层、脱胶-吸湿老化等两个或两个以上失效类型。同时，在受力过程中既有静力作用，也有疲劳载荷作用。因此，首先出现的应该是分层，因为复合材料最薄弱的是层间。产生层间分层也是由于在制造过程中存在层间缺陷。复合材料的强度主要取决于纤维及纤维与树脂粘接，然而总是有一小部分的纤维，由于在铺层过程中方向发生偏差，在受力过程中亦有一小部分纤维发生断裂，特别是在弯曲载荷或拉扭载荷作用下产生这种现象。

11.4 复合材料的失效预测与预防

复合材料具有可设计性和在正常使用载荷下不会发生突然断裂失效的两大优点，决定了复合材料构件失效预测和预防的可靠度高于金属材料和其他均匀材料。可设计性已经考虑到了使用中的受力状态而设计铺层方向、角度和纤维的数量。根据产品使用环境选择树脂，并规定了成型工艺过程中的质量控制，以达到产品与设计要求相吻合。由于复合材料构件在正常使用载荷下不会发生突然断裂的优点，有充分的时间进行失效预测和预防。

无损检测技术的发展为复合材料缺陷的检查提供了有效的工具，使得复合材料失效预测和预防成为可能。复合材料的失效通常是由于缺陷的累积引起的，因此，定期用无损检测的方法检查复合材料的分层、脱胶等缺陷，可达到控制和预防失效的目的。现在已有定性的仪器检查复合材料的缺陷，例如射频超声检测仪可以检查分层、脱胶的面积。目前，民用飞机最常用的无损检测方法是超声和声振法，这些方法可以检查脱胶、孔隙率和空穴；红外热像仪可以进行大面积的无损检测，以发现分层和脱胶。

复合材料除了制造工艺过程产生的缺陷外，在使用的损失是离散源，如冲击、雷击和装卸等造成的。飞机复合材料构件损伤最常见的原因见表 11-1。

表 11-1 飞机复合材料构件损伤最常见的原因

破坏原因	故障百分数（％）
潮湿和化学液体的侵蚀	30
其他（热损伤、疲劳、擦伤、磨损）	11
鸟撞和冰雹损伤	8
跑道石子和外来物损伤	8
雷击	7

我们知道了复合材料制造过程中产生的缺陷，并有无损检测手段，测出缺陷的面积和位置。同时，我们也知道了外场使用中复合材料常见的损伤及产生损伤的原因，用无损检测的方法定量地测出损伤区域和面积，制定复合材料失效预测和预防规程，定期进行检查。当缺陷或损伤没有达到设计规定的指标时，复合材料构件可以安全地继续使用。当检测结果显示出缺陷或损伤已达到设计规定值时，则判定该复合材料产品失效，不能继续使用。

目前，发展了光纤测量技术，在关键受力部件中埋入光纤，定期跟踪检测，也是一种控制失效的好方法。

11.5 复合材料构件典型案例分析

（1）某型飞机进气道调节板壁板前缘断裂分析

某型飞机在空中飞行时进气道调节板壁板前缘断裂。壁板前缘铺层结构示意图如

图 11-4 所示。整个结构铺层共 32 层，其中主铺层组为 12 层，主要为 0° 与 90° 方向铺层。弯曲铺层组为 20 层，在主铺层与两个弯曲铺层结合处存在凹陷。壁板由树脂基复合材料压制而成，增强纤维为 T300，基体树脂为双马来酰亚胺 QY8911-Ⅱ。工作过程中受沿气流表面方向的高速气流作用。

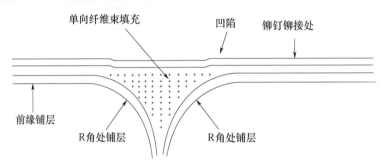

图 11-4　壁板前缘铺层结构示意图

　　失效的进气道后调节板外观见图 11-5。外观检查与断口观察可以看出，断口 1 部分为 45° 的斜断口，说明其受到了较大的弯曲力的作用，另外，断口上局部纤维存在由壁板上表面向壁板气流表面方向弯曲的现象，说明此处受到了由壁板上表面方向向壁板气流表面方向力的作用。断口 2 上靠近断口 1 的横向单向纤维束区域存在纤维间裂纹，此处可能受到了弯曲力的作用，结合断口 1 的受力状态推断，后调节板壁板前缘是由于受到了由壁板上表面方向向壁板气流表面方向的力的作用而发生了断裂，该断面是首先破坏的位置。调节板壁板前缘的断裂过程为：调节板壁板前缘受到了较大的由壁板上表面向壁板气流表面方向的力的作用，在前缘根部区域即横梁和壁板气流表面的结合处发生断裂，然后发生层间剥离，最后剥离的 11 层在壁板气流表面和金属的铆接处发生弯曲断裂。

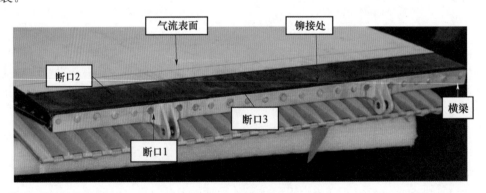

图 11-5　进气道调节板外观

　　壁板表面无明显的损伤痕迹，可排除受到外物撞击导致破坏的可能。现场检测中虽发现其他壁板前缘存在原始加工缺陷，但从结合层间的断口特征看，由于气流冲刷首先产生的大面积层面开裂并导致从位于金属铆接与壁板气流表面交界处发生断裂的可能性不大。

　　为查找失效的原因，对同批的复合材料壁板进行了静力试验考核与有限元计算分析。100％与150％设计载荷的静力试验表明，试验过程平稳，载荷协调，试验过程中无异常响声，卸载后检查试验件正常，无破坏。而有限元分析时发现在给定应力设计条件和制件完好的情况下，结构满足强度要求，不会发生破坏。当制件在前缘拐角处存在缺陷和损伤时，结构存在破坏的可能。失效壁板的无损检测表明"R角单向带填充区有分层"，在完好的三个壁板制造过程的无损检测记录中，也发现存在"8mm×6mm大小的内表面分层"与"R角填料处有多处孔隙"，说明该位置很难避免缺陷，对工艺要求难度很大。

结论与启示：较金属而言，复合材料的拉伸强度高、比刚度大，但延伸率等塑性值低，因此当构件中存在分层且承受弯曲载荷作用时，由于可能存在的缺陷，使得该部位发生破坏。因此在复合材料结构设计过程中应充分考虑工艺是否能满足结构完整性的要求及可能出现的瞬间突然气动载荷，对发生断裂的部位进行适当的加强，使其能够包容工艺难度带来的薄弱环节。

（2）某型飞机右平尾后缘断裂分析

某型飞机进行试飞后着陆，发现飞机右平尾后缘内侧断裂、掉块。掉块长度约为1380mm，宽度约为360mm。对飞参数据进行了判读，飞机飞行正常，无异常现象。

平尾为复合材料结构，后隔板和后缘线之间为蜂窝后段。蜂窝后段主要用来维持复材平尾的气动外形，并将所承受的气动载荷以蒙皮的拉压载荷和蜂窝芯的剪切载荷形式传至辅助合段。蒙皮由QY8911/T300单向带铺叠而成，基本铺层为3层，厚度约0.36mm，靠近隔板的根部逐渐过渡为11层。

断裂平尾后缘外观见图11-6。后缘上下表面均存在大面积蒙皮鼓包现象。检查发现，蒙皮与芯子界面发生了脱粘，如图11-6所示的原始脱粘区域。平尾后缘断裂区域未见明显的外物冲击损伤，外场检查飞机机身及其他部位也未见明显的撞击、损伤等痕迹，说明平尾后缘断裂与外物冲击关系不大。

图11-6　平尾损坏区域上表面

为检查蒙皮与蜂窝的结合情况，人为在平尾下表面蒙皮与蜂窝夹芯剥离区域，沿着垂直于断口的方向取样，将未剥离的区拉开（图11-7）。对比发现，蒙皮下表面原始区主要为胶膜特征，未见蒙皮表面粘有碳纤维与蜂窝芯子，即原始脱粘区胶膜与蜂窝之间的黏结强度较低，发现原始脱粘区域的边缘恰好位于蒙皮厚度过渡区域增加铺层的边缘。人工拉开区起始区域是蜂窝与胶膜界面失效，后部分区域是蒙皮内部分层失效，两部分的分解位于蒙皮铺层过渡的边界。可见，蒙皮厚度过度导致局部平尾后缘部分区域蒙皮与蜂窝发生了弱黏结。

由于蒙皮与蜂窝之间存在弱黏结区域，使平尾在承受弯曲载荷作用时首先在蒙皮与蜂窝界面发生分离，平尾后缘由蒙皮与蜂窝芯子整体承载变为蒙皮或蜂窝芯子单独承载，而平尾后缘自身的蒙皮与蜂窝均较薄，实际承载面积将大大减小，载荷不能传递，在飞行载荷作用下，发生断裂。这种较弱的结合强度可能与铺层厚度过度造成工艺性不好或某种偶然因素造成此区域黏结不好有关。

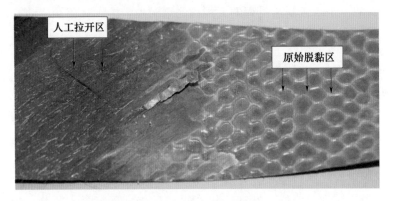

图 11-7　蒙皮与蜂窝芯子剥离界面形貌

标准索引
（以章节为顺序）

HB 7614—1998 复合材料树脂基体固化度的差示扫描量热法（DSC）试验方法

ASTM D3418-08 Standard Test Method for Transition Temperatures of Polymers By Differential Scanning Calorimetry 用热分析法测定聚合物的热变温度的试验方法

GB/T 19466.2—2004 塑料 差示扫描量热法（DSC）第 2 部分：玻璃化转变温度的测定

ASTM D4065-12 Standard Practice for Plastics：Dynamic Mechanical Properties：Determination and Report of Procedures 塑料动态机械特性的标准实施规程：程序报告及测定法

SACMA SRM 18R-94 Glass Transition Temperature（Tg）Determination by DMA of Oriented Fiber-Resin Composites DMA 法测量纤维增强树脂基复合材料的玻璃化转变温度

GB/T 1634.1—2019 塑料 负荷变形温度的测定 第 1 部分：通用试验方法

GB/T 1633—2000 热塑性塑料维卡软化温度（VST）的测定

ASTM D1525-17e1 Standard Test Method for Vicat Softening Temperature of Plastics 塑料维卡（Vicat）软化温度的测试方法

ASTM E1269-05 Standard Test Method for Determining Specific Heat Capacity by Differential Scanning Calorimetry 用示差扫描量热仪测定比热的试验方法

ASTM D696-08 Standard Test Method for Coefficient of Linear Thermal Expansion of Plastics Between −30℃ and 30℃ With a Vitreous Silica Dilatometer 从−30℃到30℃的塑料线性热膨胀系数试验方法

HB 5367.8—1986 碳石墨密封材料热膨胀系数试验方法

ASTM D4672-00（2006）e1 Standard Test Methods for Polyurethane Raw Materials Determination of Water Content of Polyols 聚氨基甲酸乙酯原材料：多元醇中含水量的测定

ASTM D4019-03 Standard Test Method for Moisture in Plastics by Coulometric Regeneration of Phosphorus Pentoxide 用五氧化二磷的电量再生测定塑料中水分的方法

ASTM D570-98（2018）Standard Test Method for Water Absorption of Plastics 塑料吸水率的试验方法

GB/T 1409—2006 测量电气绝缘材料在工频、音频、高频（包括米波波长在内）下电容率和介质损耗因数的推荐方法

GB/T 1410—2006 固体绝缘材料体积电阻率和表面电阻率试验方法

GB/T 1408.1—2016 绝缘材料电气强度试验方法 第 1 部分：工频下试验

GB/T 2408—2008 塑料 燃烧性能的测定 水平法和垂直法

GB/T 2406.2—2009 塑料 用氧指数法测定燃烧行为 第 2 部分：室温试验

GB/T 6011—2005 纤维增强塑料燃烧性能试验方法 炽热棒法

HB 5469—2014 民用飞机机舱内部非金属材料燃烧试验方法

ASTM D2863-17 Standard Test Method for Measuring the Minimum Oxygen Concentration to Support Candle-Like Combustion of Plastics（Oxygen Index）塑料蜡烛状燃烧最低氧浓度测定的标准试验方法（氧指数）

GB/T 16825.1—2008 静力单轴试验机的检验 第 1 部分：拉力和（或）压力试验机测力系统的检验与校准

GB/T 12160—2019 金属材料 单轴试验用引伸计系统的标定

GB/T 1040.3—2006 塑料 拉伸性能的测定 第 3 部分：薄膜和薄片的试验条件

ASTM D638 Standard Test Method for Tensile Properties of Plastics 塑料拉伸性能试验方法

ISO 527-1—2019 Plastics-Determination of tensile properties-Part 1：General principles 塑料 拉伸性能的测定 第 1 部分：总则

GB/T 2918—2018 塑料 试样状态调节和试验的标准环境

GB/T 17200—2008 橡胶塑料拉力、压力和弯曲试验机（恒速驱动）技术规范

GB/T 1041—2008 塑料 压缩性能的测定

ASTM D695-15 Standard Test Method for Compressive Properties of Rigid Plastics 硬质塑料压缩性能试验方法

ISO 604—2002 Plastics-Determination of compressive properties 塑料-压缩性能的测定

GB/T 9341—2008 塑料 弯曲性能的测定

ASTM D790 Standard Test Methods for Flexural Properties of Unreinforced and Reinforced Plastics and Electrical Insulating Materials 未增强和增强塑料及电绝缘材料的弯曲性能试验方法

ISO178—2010 Plastics-Determination of flexural properties 塑料-弯曲性能的测定

ASTM D732—2002 Standard Test Method for Shear Strength of Plastics by Punch Tool 用穿孔工具测量塑料剪切强度的试验方法

GB/T 15598—1995 塑料剪切强度试验方法 穿孔法

GB/T 1039—1992 塑料力学性能试验方法总则

GB/T 2918—2018 塑料 试样状态调节和试验的标准环境

GB/T 21189—2007 塑料简支梁、悬臂梁和拉伸冲击试验用摆锤冲击试验机的检验

GB/T 1043.1—2008 塑料 简支梁冲击性能的测定 第 1 部分：非仪器化冲击试验

GB/T 1843—2008 塑料 悬臂梁冲击强度的测定

第 3 章

ASTM C169—2016 Standard Test Methods for Chemical Analysis of Soda-Lime and Borosilicate Glass 碱石灰和硼硅酸盐玻璃的化学分析的标准试验方法

ASTM D3174—2012 Standard Test Method for Ash in the Analysis Sample of Coal and Coke from Coal 煤和焦炭分析样品中灰分的标准试验方法

ASTM C613-19 Standard Test Methods for Constituent Content of Composite Prepreg by Soxhlet Extraction 用索氏萃取法测定复合预浸料成分含量的标准试验方法

DACMA SRM 14-90：

ASTM D4102 Standard Test Method for Thermal Oxidative Resistance of Carbon Fibers 碳纤维耐热氧化性的标准试验方法

ASTM D2734-16 Standard Test Methods for Void Content of Reinforced Plastics 增强塑料空隙率的标准试验方法

MIL-HDBK-17 复合材料手册

ASTM D3800-99 Standard Test Method for Density of High-Modulus Fibers 高模量纤维密度的标准试验方法

ASTM D792—2020 Standard Test Methods for Density and Specific Gravity (Relative Density) of Plastics by Displacement 塑料密度和相对密度的标准试验方法

ASTM D1505-03 Standard Test Method for Density of Plastics by the Density-Gradient Technique 用密度梯度法测量塑料密度的标准试验方法

ASTM D2766-95 (2005) Standard Test Method for Specific Heat of Liquids and Solids 液体和固体比热的标准试验方法

ASTM D3417-99 Standard Test Method for Enthalpies of Fusion and Crystallization of Polymers by Differential Scanning Calorimetry (DSC) 通过热分析测定聚合物熔化及结晶热的标准试验方法

ASTM D3418-08 Standard Test Method for Transition Temperatures and Enthalpies of Fusion and Crystallization of Polymers by Differential Scanning Calorimetry 热分析聚合物转变温度的标准试验方法

ASTM D1423-15 Standard Test Method for Twist in Yarns by Direct-Counting 用直接计数法测定纱线捻度的标准试验方法

ASTM D3773/D3773M-10：Standard Test Methods for Length of Woven Fabric 纺织织物长度的标准试验方法

ASTM D3774-18 Standard Test Method for Width of Textile Fabric 纺织织物宽度的标准试验方法

ASTM D3775-17e1 Standard Test Method for End (Warp) and Pick (Filling) Count of Woven Fabrics 纺织品织物结构计算的试验方法

ASTM D3776/D3776M-20 Standard Test Methods for Mass Per Unit Area (Weight) of Fabric 织物单位面积（重量）质量的标准试验方法

ASTM D3379-75 (1989) e1 Standard Test Method for Tensile Strength and Young's Modulus for High-Modulus Single-Filament Materials 高弹性模数单丝材料的抗拉强度和杨氏模量的标准试验方法

ASTM D4018—2017 Standard Test Methods for Properties of Continuous Filament Carbon and Graphite Fiber Tows 连续长丝碳和石墨纤维束性能的标准试验方法

ASTM D3039/D3039M—2017 Standard Test Method for Tensile Properties of Polymer Matrix Composite Materials 聚合物基复合材料拉伸性能标准试验方法

ASTM E70—2019 Standard Test Method for pH of Aqueous Solutions With the Glass Electrode 玻璃电极测定水溶液中 pH 值的标准试验方法

第 4 章

ASTM D3776/D3776M-09a (2013) Standard Test Methods for Mas Per Unit Area

(Weight) of Fabric 织物单位面积质量（重量）测试的试验方法

HB 7736.2—2004 复合材料预浸料物理性能试验方法 第 2 部分：面密度的测定

ASTM D3171-15 Standard Test Methods for Constituent Content of Composite Materials 复合材料组分含量的标准试验方法

ASTM D3529-16 Standard Test Methods for Constituent Content of Composite Prepreg 复合材料预浸料基体固体含量和基体含量的试验方法

HB 7736.4 复合材料预浸料物理性能试验方法 第 4 部分：挥发分含量的测定

HB 7736.5 复合材料预浸料物理性能试验方法 第 5 部分：树脂含量的测定

ASTM D3530-97（2008）e2 Standard Test Method for Volatiles Content of Composite Material Prepreg 复合材料预浸料挥发分含量的标准试验方法

ASTM D3531/D3531M—2016 Standard Test Method for Resin Flow of Carbon Fiber-Epoxy Prepreg 碳纤维/环氧树脂预浸料树脂流动性的标准试验方法

ASTM D3532-19 Standard Test Method for Gel Time of Carbon Fiber－Epoxy Prepreg 碳纤维/环氧树脂预浸料树脂凝胶时间的标准试验方法

JC/T 775—2004 预浸料树脂流动度试验方法

JC/T 774—2004 预浸料凝胶时间试验方法

SRM 10R-94 Fiber Volume，Percent Resin Volume and Calculated Average Cured Ply Thickness of Plied Laminates 纤维体积，树脂体积含量和层合板平均固化厚度的测量

ASTM E797/E797M-21 Practice for Measuring Thickness by Manual Ultrasonic Pulse-Echo Contact Method 用手动超声脉冲回波接触法测量厚度

GB/T 3855—2005 碳纤维增强塑料脂含量试验方法

ASTM D3171 Standard Test Methods for Constituent Contet of Composite Materials 复合材料组分含量的标准试验方法

ASTM D2584-08 Standard Test Method for Ignition Loss of Cured Reinforced Resins 固化的增强树脂燃烧损失的测试方法

GB/T 2577—2005 玻璃纤维增强塑料树脂含量试验方法

ASTM D2734-16 Standard Test Methods for Void Content of Reinforced Plastics 增强塑料的空隙含量的测试方法

GB/T 3365—2005 碳纤维增强塑料孔隙含量和纤维体积含量试验方法

ASTM C177-13 Standard Test Method for Steady-State Heat Flux Measurements and Thermal Transmission Properties by Means of the Guarded-Hot-Plate Apparatus 用保护式热板装置测量稳态热流和热传输性能的标准试验方法

ASTM E1225-04 Standard Test Method for Thermal Conductivity of Solids by Means of the Guarded-Comparative-Longitudinal Heat Flow Technique 隔绝-比较-轴向热流技术对固体导热性的测试方法

ASTM C518-15 Standard Test Method for Steady-State Thermal Transmission Properties by Means of the Heat Flow Meter Apparatus 使用热流计测定稳态热传导特性的标准试验方法

ASTM E1269-11 Standard Test Method for Determining Specific Heat Capacity by Differential Scanning Calorimetry 用示差扫描量热法测定比热容的标准试验方法

GB/T 8924—2005 纤维增强塑料燃烧性能试验方法氧指数法

GB/T 6011—2005 纤维增强塑料燃烧性能试验方法炽热棒法

ASTM E662-15 Standard Test Method for Specific Optical Density of Smoke Generated by Solid Material 固体材料产生的烟雾的比光密度的标准试验方法

HB 7066—1994 民机机舱内部非金属材料燃烧产生毒性气体的测定方法

BSS 7239 Test method for toxic gas generation by materials on combustion 飞机材料阻燃防火试验-毒性测试

第 5 章

GB/T 1446—2005 纤维增强塑料性能试验方法总则

HB 7401—1996 树脂基复合材料层合板湿热环境吸湿试验方法

ASTM D5229—2020 Standard test method for moisture absorption properties and equilibrium conditioning of polymer matrix composites materials 聚合物基复合材料吸湿性能和吸湿平衡标准试验方法

DOT/FAA/AR-03/19 Material Qualification and Equivalency for Polymer Matrix Composite Material Systems：Updated Procedure 聚合物基复合材料体系取证和等效替代：新版

GB/T 3354—1999 定向纤维增强塑料拉伸性能试验方法

GB/T 1447—2005 纤维增强塑料拉伸性能试验方法

ASTM D3039-17 Standard Test Method for Tensile Properties of Polymer Matrix Composite Materials 聚合物基复合材料拉伸性能标准试验方法

ISO 527-4—1997 Plastic—Determination of tensile properties—Part 4：Test conditions for isotropic and orthotropic fibre-reinforced plastic composites 塑料拉伸性能的测定——第 4 部分：各向同性和正交各向异性纤维增强塑料复合材料试验条件

ISO 527-5—2009 Plastic—Determination of tensile properties—Part 5：Test conditions for unidirectional fibre-reinforced plastic composites 塑料拉伸性能的测定——第 5 部分：单向纤维增强塑料复合材料试验条件

GB/T 3856—2005 单向纤维增强塑料平板压缩试验方法

GB/T 5258—2008 纤维增强塑料面内压缩性能试验方法

Q/AVIC 06083—2015 芳纶纤维增强聚合物基复合材料层合板压缩性能试验方法

ASTM D 695—2008 Standard Test Method for Compressive Properties of Rigid Plastics 硬质塑料压缩性能标准试验方法

ASTM D 3410—2008 Standard Test Method for Compressive Properties of Polymer Matrix Composite Materials with Unsupported Gage Section by Shear Loading 用剪切加载方式引入压缩应力进行工作段无扶持的聚合物基复合材料试样压缩性能标准试验方法

ASTM D 6641—2016 Standard Test Method for Determining the Compressive Properties of Polymer Matrix Composite Laminates Using a Combined Loading Com pression（CLC）Test Fixture 用混合加载压缩夹具测定聚合物基复合材料压缩性能的标准试验方法

SACMA SRM 1R—1994 Compressive Properties of Oriented Fiber-Resin Composites 定向纤维增强树脂基复合材料压缩性能试验方法

SACMA SRM 6—1994 Compressive Properties of OrientedCross-Plied Fiber-Resin Composites 定向正交铺层纤维增强树脂基复合材料压缩性能试验方法

ISO 14126—1999 Fibre-reinforced plastic composites—Determination of compressive properties in the in-plane direction 纤维增强塑料复合材料——面内压缩性能试验方法

GB/T 1449—2005 纤维增强塑料弯曲性能试验方法

GB/T 3356—1999 单向纤维增强塑料弯曲性能试验方法

Q/6S 2708—2016 高强高韧性纤维增强聚合物基复合材料弯曲性能试验方法

ASTM D790—2015 Standard Test Methods for Flexural Properties of Unreinforced and Reinforced Plastics and Electrical Insulating Materials 非增强和增强塑料及电绝缘材料弯曲性能标准试验方法

ASTM D7264—2015 Standard Test Method for Flexural Properties of Polymer Matrix Composite Materials 聚合物基复合材料弯曲性能标准试验方法

ISO 14125—1998 Fibre-reinforced plastic composites-Determination of flexural properties 纤维增强塑料复合材弯曲性能试验方法

GB/T 3355—2005 纤维增强塑料纵横剪切试验方法

ASTM D 3518—2018 Standard Test Method for In-Plane Shear Response of Polymer Matrix Composite Materials by Tensile Test of a ±45° Laminate 通过±45°层合板拉伸方法测定聚合物基复合材料面内剪切性能标准试验方法

ASTM D 5379—2019 Standard Test Method for Shear Properties of Composite Materials by the V-Notched Beam Method 通过 V 型槽梁方法测定复合材料剪切性能标准试验方法

Q/AVIC 06082—2014 芳纶纤维增强聚合物基复合材料层合板层间剪切强度试验方法

ASTM D2344—2016 Standard Test Method for Short-Beam Strength of Polymer Matrix Composite Materials and Their Laminates 聚合物复合材料层合板短梁强度标准试验方法

ISO 14130—1997 Fibre-reinforced plastic composites—Determination of apparent interlaminar shear strength by short-beam method 纤维增强塑料复合材料——通过短梁法测定纤维增强塑料复合材料表观层间剪切强度标准试验方法

ASTM D5766—2007 Standard Test Method for Open-Hole Tensile Strength of Polymer Matrix Composite Laminates 聚合物基复合材料层合板开孔拉伸强度标准试验方法

GB/T 30968.3—2014 聚合物基复合材料层合板开孔/受载孔性能试验方法 第 3 部分：开孔拉伸强度试验方法

GB/T 30968.4—2014 聚合物基复合材料层合板开孔/受载孔性能试验方法 第 4 部

分：开孔压缩强度试验方法

ASTM D6484—2020 Standard Test Method for Open-hole Compressive Strength of Polymer Matrix Composite Laminates 聚合物基复合材料开孔压缩强度标准试验方法

ISO 12817—2013 Fibre-reinforced plastic composites—Determination of open-hole compression strength 纤维增强塑料复合材料开孔压缩强度试验方法

GB/T 21239—2007 纤维增强塑料层合板冲击后压缩性能试验方法

ASTM D7136—2020 Standard Test Method for Measuring the Damage Resistance of a Fiber-Reinforced Polymer Matrix Composite to a Drop-Weight Impact Event 自由落锤法测定纤维增强聚合物基复合材料损伤阻抗标准试验方法

ASTM D7137—2017 Standard Test Method for Compressive Residual Strength Properties of Damaged Polymer Matrix Composite Plates 冲击后聚合物基复合材料压缩剩余强度标准试验方法

第6章

ASTM C363/C363M—2016 standard test method for node tensile strength of honeycomb core materials 蜂窝芯子材料节点拉伸强度标准试验方法

JC/T 781—2006 蜂窝型芯子胶条分离强度试验方法

GJB 130.3—1986 胶接铝蜂窝芯子节点强度试验方法

ASTM D638/D638M-14 Standard Test Method for Tensile Properties of Plastics 塑料拉伸性能标准试验方法

ISO 1926—2009 Rigid cellular plastics—Determination of tensile properties 硬质泡沫塑料 拉伸性能的测定

GB 9641—1988 硬质泡沫塑料拉伸性能试验方法

ASTM D1621-16 Standard Test Method for Compressive Properties of Rigid Cellular Plastics 硬质泡沫塑料压缩性能的标准试验方法

ISO 844—2014 Rigid cellular plastics—Determination of compression properties 硬质泡沫塑料 压缩性能测定

DIN 53421—1984 Testing of rigid cellular plastics：Compressive Test 硬泡沫塑料试验 抗压试验

GB/T 8813—2020 硬质泡沫塑料 压缩性能测定

ISO 7616—1986 Cellular plastics，rigid-Determination of compressive creep under load 硬质泡沫塑料 在特定的载荷下的压缩蠕变测定

DIN 53424—1978 Testing of rigid cellular materials：Determination of Dimensional Stability an elevated Temperatures with Flexural Load and with compressive Load 硬质泡沫塑料试验 弯曲和压缩载荷下高温尺寸稳定性的测定

DIN 53425—1965 Testing of rigid cellular materials：Time-depending Creep Compression Test under Heat 硬泡沫塑料的试验 受热条件下的压缩蠕变

GB/T 20672—2006 硬质泡沫塑料 在规定负荷和温度条件下压缩蠕变的测定

GB/T 15048—1994 硬质泡沫塑料压缩蠕变试验方法

ASTM C297/C297M—2016 Standard Test Method for Flatwise Tensile Strength of Sandwich Constructions 夹层结构平面拉伸强度标准试验方法

GB/T 1452—2005 夹层结构强度试验方法

GJB 130.4—1984 胶接铝蜂窝夹层结构平面拉伸试验方法

ASTM C365/C365M—2016 Standard Test Method for Flatwise Compressive Properties of Sandwich Cores 夹层结构平面压缩性能标准试验方法

GB/T 1453—2005 夹层结构或芯子平压性能试验方法

GJB 130.5—1986 胶接铝蜂窝夹层结构和芯子平面压缩性能试验方法

ASTM C364/C364M-07 (2012) Standard Test Method for Edgewise Compressive Strength of Sandwich Constructions 夹层结构侧压强度标准试验方法

GB/T 1454—2005 夹层结构侧压性能试验方法

GJB 130.10—1986 胶接铝蜂窝夹层结构侧压性能试验方法

ASTM C273/C273M—2020 夹层结构芯子材料剪切性能标准试验方法

GB/T 1455—2005 夹层结构或芯子剪切性能试验方法

GJB 130.6—1986 胶接铝蜂窝夹层结构和芯子平面剪切性能试验方法

ASTM C393/C393M—2020 Standard Test Method for Core Shear Properties of Sandwich Constructions by Beam Flexure 采用梁弯曲法测定夹层结构芯子剪切性能的标准试验方法

GB/T 1456—2005 夹层结构弯曲性能试验方法

GJB 130.9—1986 胶接铝蜂窝夹层结构弯曲性能试验方法

ASTM D7249/D7249M-06 Standard Test Method for Facing Properties of Sandwich Constructions by Long Beam Flexure 采用长梁弯曲法测定夹层结构面板性能的标准试验方法

GB/T 1456—2005 夹层结构弯曲性能试验方法

GJB 130.9—1986 胶接铝蜂窝夹层结构弯曲性能试验方法

ASTM D1781-98 (2021) Standard Test Method for Climbing Drum Peel for Adhesives 胶粘剂滚筒剥离的试验方法

GB/T 1457—2005 夹层结构滚筒剥离强度试验方法

GJB 130.7—1986 胶接铝蜂窝夹层结构滚筒剥离试验方法

第 7 章

GB/T 7141—2008 塑料热老化试验方法

ASTM D5510-94 (2001) Standard practice for heat aging of oxidatively degradable plastics 氧化降解塑料的热老化标准规范

ASTM D3045-92 (2003) Standard Practice for Heat Aging of Plastics Without Load 无加载条件下塑料热老化标准规范

SACMA SRM 11R-94 Environment conditioning of composites test laminates 复合材料试样环境调节试验方法

GB/T 14522—2008 机械工业产品用塑料、涂料、橡胶材料人工气候老化试验方法

荧光紫外灯

ASTM C581-03e1 Standard Practice for Determining Chemical Resistance of Thermosetting Resins Used in Glass-Fiber-Reinforced Structures Intended for Liquid Service 测定液体设备用玻璃纤维增强结构的热固性树脂耐化学腐蚀性的标准实施规程 [2] GB/T 3857—2017 玻璃纤维增强热固性塑料耐化学介质性能试验方法

GB/T 3857—2017 玻璃纤维增强热固性塑料耐化学介质性能试验方法

GB/T 10125—2021 人造气氛腐蚀试验 盐雾试验

GJB 150.11A—2009 军用装备实验室环境试验方法 第 11 部分：盐雾试验

GB/T 20853—2007 金属和合金的腐蚀 人造大气中的腐蚀暴露于间歇喷洒盐溶液和潮湿循环受控条件下的加速腐蚀试验

GB/T 20854—2007 金属和合金的腐蚀 循环暴露在盐雾、"干"和"湿"条件下的加速试验

ISO 16701：2003 Corrosion of metals and alloys—Corrosion in artificial atmosphere—Accelerated corrosion test involving exposure under controlled conditions of humidity cycling and intermittent spraying of a salt solution 金属和合金的腐蚀——人工气候条件下的腐蚀——控制在湿度循环和间歇性喷射盐溶液条件下的加速腐蚀试验方法

ISO 14993：2001 Corrosion of metals and alloys—Accelerated testing involving cyclic exposure to salt mist，dry and wet conditions 金属和合金的腐蚀——盐雾，干燥和湿气氛条件下循环曝露的加速试验方法

ASTM G85-11 Standard Practice for Modified Salt Spray（Fog）Testing 改良后盐雾（雾化）试验标准

ASTM G21-15 Standard Practice for Determining Resistance of Synthetic Polymeric Materials to Fungi 合成聚合材料防霉性的测定

GB/T 24128—2009 塑料防霉性能试验方法

GJB 150.10A—2009 军用装备实验室环境试验方法 第 10 部分：霉菌试验

第 9 章

ASTM D3039/D3039M—2017　Standard Test Method for Tensile Properties of Polymer Matrix Composite Materials　聚合物基复合材料拉伸性能标准试验方法

ASTM D6641/D6641M—2016e2 Standard Test Method for Compressive Properties of Polymer Matrix Composite Materials Using a Combined Loading Compression（CLC）Test Fixture　采用组合载荷压缩夹具测定的聚合物基复合材料压缩性能标准试验方法

SACMA 1R—1994 SACMA recommended test method for compressive properties of Oriented fiber-resin composites 定向纤维增强树脂基复合材料压缩性能试验方法

ASTM D3518/D3518M—2018 Standard Test Method for In-Plane Shear Response of Polymer Matrix Composite Materials by Tensile Test of a ±45° Laminate 采用±45°层压板拉伸试验测量聚合物基复合材料面内剪切响应的标准试验方法

ASTM D5379/D5379M—2019e1 Standard Test Method for Shear Properties of Composite Materials by the V-Notched Beam Method 采用 V 形缺口梁方法测量复合材

料剪切性能标准试验方法

ASTM D2344/D2344M-16 Standard Test Method for Short-Beam Strength of Polymer Matrix Composite Materials and Their Laminates；聚合物基复合材料及其层压板短梁强度标准试验方法

ASTM D5766/D5766M—2011（2018）Standard Test Method for Open-Hole Tensile Strength of Polymer Matrix Composite Laminates 聚合物基复合材料层压板开孔拉伸强度的标准试验方法

ASTM D6484/D6484M—2020 Standard Test Method for Open-Hole Compressive Strength of Polymer Matrix Composite Laminates 聚合物基复合材料层压板开孔压缩强度标准试验方法

ASTM D6742/D6742M—2017 Standard Practice for Filled-Hole Tension and Compression Testing of Polymer Matrix Composite Laminates 聚合物基复合材料层压板充填孔拉伸和压缩试验方法

ASTM D5961/D5961M—2017 Standard Test Method for Bearing Response of Polymer Matrix Composite Laminates 聚合物基复合材料层压板挤压响应的试验方法

ASTM D7136/D7136M—2020 Standard Test Method for Measuring the Damage Resistance of a Fiber-Reinforced Polymer Matrix Composite to a Drop-Weight Impact Event 测量纤维增强聚合物基复合材料对落锤冲击事件的损伤阻抗的标准试验方法

ASTM D7137/D7137M—2017 Standard Test Method for Compressive Residual Strength Properties of Damaged Polymer Matrix Composite Plates 含损伤聚合物基复合材料压缩剩余强度性能标准试验方法

ASTM D5229/D5229M—2020 Standard Test Method for Moisture Absorption Properties and Equilibrium Conditioning of Polymer Matrix Composite Materials 聚合物基复合材料吸湿性能和状态调节试验方法

HB 7401—1996　树脂基复合材料层合板湿热环境吸湿试验方法；

HB 7618—2013　聚合物基复合材料力学性能数据表达准则。

CMH-17-G，2012 Composite Materials Handbook Volume 1：Guidelines for Characterization of Structural Materials　复合材料手册，第一卷：结构材料表征指南

MIL-HDBK-17-1F，2002 Composite Materials Handbook Volume 1：Polymer Matrix Composites Guidelines for Characterization of Structural Materials 复合材料手册，第一卷：聚合物基复合材料结构材料表征指南

参考文献

[1] 中国航空研究院. 复合材料飞机结构耐久性/损失容限设计指南 [M]. 北京：航空工业出版社，1995：67.

[2] 航空航天工业部科学技术研究院. 复合材料设计手册 [M]. 北京：航空工业出版社，1990：446.

[3] 张栋，钟培道，陶春虎，等. 失效分析 [M]. 北京：国防工业出版社，2004.

[4] 赵渠森. 先进复合材料手册 [M]. 北京：机械工业出版社，2003.

[5] 习年生，于志成，陶春虎. 纤维增强复合材料的损伤特征及失效分析方法 [J]. 航空材料学报，2000，20（2）：55-63.

[6] L. Shikhmanter, B. Cina, I. Eldror. "Fractography of multidirectional CFRP Composites Tested Statically" [J]. Composites, 1991, 22（6）：437-444.

[7] Hedrick, Whieeside. Effects of environment on advanced composites structures [M]. New York：Grumman Aerospace Corporation Bethpage, 11714. 1-17. AIAA77-436.

[8] K. Chandrashekhara. Advanced Moisture Modeling of Polymer Composites, Bell Helicopter Textron, MISSOURI S&T-NATIONAL UNIVERSITY TRANSPORTATION CENTERADVANCED MATERIALS AND NON-DESTRUCTIVE TESTING TECHNOLOGIES, R296, April 2014.

[9] APICELLA A, NICOLAIS L. Environmental aging of epoxy resins：synergisitie effect of sorbed moisture, temperature and applied stress [J]. Industrial&Eng Chem Product Res Development, 2001, 20（1）：138.

[10] APICELLA A, NICOLAIS L, ASTARITA G, et al. Hygrothermal history dependence of equilibrium moisture sorption in epoxy resins [J]. Polymer, 1998, 22（8）：1064.

[11] G. S., Springer, Editor. Environmental effects on composite materials, Vol. 1, 2 and 3, Technomic Publishing Co. Westport, CT, 1981, 1984, 1988.

[12] Boniau, P., Bunsell, A. R.. A comparative study of water absorption theories applied to glass epoxy composites [J]. Journal of Composites Materials, 1981, 15（3）：272.

[13] Carter, H. G., Kibler, et al. Langmuir-type model for anomalous moisture diffusion in composite resines [J]. Journal of Composites Materials, 1978, 12（3）：118.

[14] Curtin, M. E., Yatomi C.. On a model for two phase diffusion in composits materials [J]. Journal of Composits Materials, 1979, 13：126.

[15] Ciriscioli, P. R., Lee, W. I., Peterson D. G., Springer, G. S. and Tang J., Accelerated environment testing of composites [J]. Journal of Composits Materials, 1987, 21（3）：225.

[16] Collings, T. A., Copley, et al. On the accelerated ageing of CFRP [J]. Composites, 1983, 14（3）：180.

[17] 乔海霞，顾东雅，曾竟成. 聚合物基复合材料加速老化方法研究进展 [J]. 材料导报，2007（4）：48.

[18] 杨美华，海洋环境下碳纤维环氧复合材料加速老化试验研究 [D]. 沈阳：沈阳航空航天大

学，2010.

[19] 朱坤坤，倪爱清，王继辉. 苎麻/玻璃纤维混杂复合材料的老化研究及寿命预测 [J]. 玻璃钢/复合材料，2016（5）：48.

[20] 陈新文，李晓俊，许凤和，等. 碳纤维/树脂复合材料加速老化吸湿特性研究 [C]. 复合材料：生命、环境与高技术——第十二届全国复合材料学术会议论文集，天津：王玉林，2002. 75-80.

[21] 王刚. 加速湿热老化后玻纤/环氧复合材料疲劳性能及寿命预测 [D]. 哈尔滨：哈尔滨工业大学，2012.

[22] 谢可勇，李晖，孙岩，等. 纤维增强树脂基复合材料吸湿特性试验方法 [J]. 合成材料老化与应用，2014，42（4）.

[23] 张立鹏，沈真. 复合材料吸湿试验的若干问题 [J]. 检测技术，2009（S1）.

[24] 魏景超. 真菌鉴定手册 [M]. 北京：科学出版社，1979.

[25] 陈德富，陈喜文. 现代分子生物学实验技术 [M]. 北京：科学出版社，2006.

[26] JIN H，SCIAMMARELLA C，YOSHIDA S，et al. Advancement of Optical Methods in Experimental Mechanics，Volume 3：Proceedings of the 2014 Annual Conference on Experimental and Applied Mechanics [M]. Springer，2014.

[27] GRéDIAC M. Identification from full-field measurements：a promising perspective in experimental mechanics [M]. Application of Imaging Techniques to Mechanics of Materials and Structures，Volume 4. Springer. 2013：1-6.

[28] BING P，HUI-MIN X，BO-QIN X，et al. Performance of sub-pixel registration algorithms in digital image correlation [J]. 2006，17（6）：1615.

[29] PAN B，QIAN K，XIE H，et al. Two-dimensional digital image correlation for in-plane displacement and strain measurement：a review [J]. 2009，20（6）：062001.

[30] PARKS A K，EASON T G，ABANTO-BUENO J. Dynamic response of curved beams using 3D digital image correlation [M]. Application of Imaging Techniques to Mechanics of Materials and Structures，Volume 4. Springer. 2013：283-290.

[31] MAKKI M M，CHOKRI B. Determination of stress concentration for orthotropic and isotropic materials using digital image correlation (DIC)；proceedings of the Conference on Multiphysics Modelling and Simulation for Systems Design，F，2014 [C]. Springer.

[32] PAN B J E M. Recent progress in digital image correlation [J]. Experimental mechanics，2011，51（7）：1223-1235.

[33] ISKANDER M. Digital image correlation [M]. Modelling with Transparent soils. Springer. 2010：137-164.

[34] HAMMER J，SEIDT J，GILAT A. Strain measurement at temperatures up to 800 C utilizing digital image correlation [M]. Advancement of Optical Methods in Experimental Mechanics，Volume 3. Springer. 2014：167-170.

[35] HAO W，GE D，MA Y，et al. Experimental investigation on deformation and strength of carbon/epoxy laminated curved beams [J]. 2012，31（4）：520-526.

[36] ZHU J，XIE H，HU Z，et al. Residual stress in thermal spray coatings measured by curvature based on 3D digital image correlation technique [J]. 2011，206（6）：1396-1402.

[37] PAN B，XIE H，GUO Z，et al. Full-field strain measurement using a two-dimensional Savitzky-Golay digital differentiator in digital image correlation [J]. 2007，46（3）：033601.

[38] ABANTO-BUENO J，LAMBROS J J E F M. Investigation of crack growth in functionally graded materials using digital image correlation [J]. 2002，69（14-16）：1695-1711.

［39］POST D，HAN B，IFJU P G J P. Moiré methods for engineering and science—Moiré interferometry and shadow moiré ［J］. 2000：151-196.

［40］POST D，HAN B，IFJU P. Moiré interferometry ［M］. High Sensitivity Moiré. Springer. 1994：135-226.

［41］KOBAYASHI A S. Moiré interferometry analysis of fracture；proceedings of the IUTAM Symposium on Advanced Optical Methods and Applications in Solid Mechanics，F，2000 ［C］. Springer.

［42］RIBEIRO J E，LOPES H，CARMO J P J O，et al. Characterization of coating processes in Moiré Diffraction Gratings for strain measurements ［J］. 2013，47：159-65.

［43］DRESCHER A，DE JONG G D J. Photoelastic verification of a mechanical model for the flow of a granular material ［M］. Soil Mechanics and Transport in Porous Media. Springer. 2006：28-43.

［44］SIEGMANN P，COLOMBO C，DíAZ-GARRIDO F，et al. Determination of the isoclinic map for complex photoelastic fringe patterns ［M］. Experimental and Applied Mechanics，Volume 6. Springer. 2011：79-85.

［45］ZENINA A，DUPRé J，LAGARDE A. Optical approaches of a photoelastic medium for theoretical and experimental study of the stresses in a three-dimensional specimen；proceedings of the IUTAM Symposium on Advanced Optical Methods and Applications in Solid Mechanics，F，2000 ［C］. Springer.

［46］ESIRGEMEZ E，GERBER D R，HUBNER J P. Investigation of the Coating Parameters for the Luminescent Photoelastic Coating Technique ［M］. Application of Imaging Techniques to Mechanics of Materials and Structures，Volume 4. Springer. 2013：371-384.

［47］FRANZ T J C S. Photoelastic study of the mechanic behaviour of orthotropic composite plates subjected to impact ［J］. 2001，54（2-3）：169-178.

［48］NOWAK T，JANKOWSKI L，JASIE KO J J A O C，et al. Application of photoelastic coating technique in tests of solid wooden beams reinforced with CFRP strips ［J］. 2010，10（2）：53-66.

［49］YAN P，WANG K，GAO J J O，et al. Polarization phase-shifting interferometer by rotating azo-polymer film with photo-induced optical anisotropy ［J］. 2015，64：12-16.

［50］OGIEGLO W，WORMEESTER H，EICHHORN K-J，et al. In situ ellipsometry studies on swelling of thin polymer films：A review ［J］. 2015，42：42-78.

［51］ZERVAS M，FURLONG C，HARRINGTON E，et al. 3D shape measurements with high-speed fringe projection and temporal phase unwrapping ［M］. Optical Measurements，Modeling，and Metrology，Volume 5. Springer. 2011：235-241.

［52］NGUYEN D A. Novel approach to 3D imaging based on fringe projection technique ［M］. Experimental and Applied Mechanics，Volume 6. Springer. 2011：133-134.

［53］BALDJIEV A G，SAINOV V C. Fault detection by shearography and fringes projection techniques ［M］. Fringe 2013. Springer. 2014：519-522.

［54］MARES C，BARRIENTOS B，BLANCO A J O E. Measurement of transient deformation by color encoding ［J］. 2011，19（25）：25712-25722.

［55］FELIPE-SESE L，SIEGMANN P，DIAZ F A，et al. Simultaneous in-and-out-of-plane displacement measurements using fringe projection and digital image correlation ［J］. 2014，52：66-74.

［56］SHI H，JI H，YANG G，et al. Shape and deformation measurement system by combining fringe projection and digital image correlation ［J］. 2013，51（1）：47-53.

［57］PAPADOPOULOS G，SIDERIDIS E. Experimental study of cracked laminate plates by caustics ［M］. Fracture of Nano and Engineering Materials and Structures. Springer. 2006：303-304.

［58］ PAPADOPOULOS G A. Study of dynamic crack propagation in polystyrene by the method of dynamic caustics ［M］. Dynamic Failure of Materials. Springer. 1991：248-259.

［59］ SPITAS V，SPITAS C，PAPADOPOULOS G，et al. Derivation of the equation of caustics for the experimental assessment of distributed contact loads with friction in two dimensions ［M］. Recent Advances in Contact Mechanics. Springer. 2013：337-350.

［60］ PAPADOPOULOS G. Study the Caustics，Isochromatic and Isopachic Fringes at a Bi-Material Interface Crack-Tip ［M］. Experimental Analysis of Nano and Engineering Materials and Structures. Springer. 2007：271-272.

［61］ ROSAKIS A J，FREUND L. Optical measurement of the plastic strain concentration at a crack tip in a ductile steel plate ［J］. 1982：115-125.

［62］ ROSAKIS A，MA C-C，FREUND L. Analysis of the optical shadow spot method for a tensile crack in a power-law hardening material ［J］. 1983：777-782.

［63］ THEOCARIS P，PETROU L J E F M. Inside and outside bounds of validity of the method of caustics in elasticity ［J］. 1986，23（4）：681-693.

［64］ BEINERT J，KALTHOFF J. Experimental determination of dynamic stress intensity factors by shadow patterns ［M］. Experimental evaluation of stress concentration and intensity factors. Springer. 1981：281-330.

［65］ YAO X，CHEN J，JIN G，et al. Caustic analysis of stress singularities in orthotropic composite materials with mode-I crack ［J］. 2004，64（7-8）：917-924.

［66］ HAO W，YAO X，MA Y，et al. Experimental study on interaction between matrix crack and fiber bundles using optical caustic method ［J］. 2015，134：354-367.

［67］ THEOCARIS P J I J O F. Stress intensity factors in yielding materials by the method of caustics ［J］. 1973，9（2）：185-197.

［68］ THEOTOKOGLOU E J E F M. Mixed-mode caustics for the cracked infinite plate using the exact solution ［J］. 1995，51（2）：193-203.

［69］ THEOCARIS P S J E F M. The axisymmetric buckling parameters in flexed plates as determined by caustics ［J］. 1995，52（4）：583-597.

［70］ KRAMER S. Fracture studies combining photoelasticity and coherent gradient sensing for stress determination ［M］. Experimental and Applied Mechanics，Volume 6. Springer. 2011：655-676.

［71］ BUDYANSKY M，MADORMO C，LYKOTRAFITIS G. Coherent gradient sensing microscopy：microinterferometric technique for quantitative cell detection ［M］. Experimental and Applied Mechanics，Volume 6. Springer. 2011：311-316.

［72］ ROSAKIS A J，KRISHNASWAMY S，TIPPUR H V. Measurement of transient crack tip fields using the coherent gradient sensor ［M］. Dynamic Failure of Materials. Springer. 1991：182-203.

［73］ YAO X，YEH H，XU W J I J O S，et al. Fracture investigation at V-notch tip using coherent gradient sensing (CGS) ［J］. 2006，43（5）：1189-1200.

［74］ XU W，YAO X，YEH H，et al. Fracture investigation of PMMA specimen using coherent gradient sensing (CGS) technology ［J］. 2005，24（7）：900-908.

［75］ LEE Y J，LAMBROS J，ROSAKIS A J J O，et al. Analysis of coherent gradient sensing (CGS) by Fourier optics ［J］. 1996，25（1）：25-53.

［76］ SONG B，CASEM D，KIMBERLEY J. ［Conference Proceedings of the Society for Experimental Mechanics Series］ Dynamic Behavior of Materials，Volume 1 ｜｜ Dynamic Crack Propagation in Layered Transparent Materials Studied Using Digital Gradient Sensing Method ［J］. 2015，

10. 1007/978-3-319-06995-1（Chapter 30）：197-205.

[77] JAIN A S，TIPPUR H V J J O D B O M. Mapping Static and Dynamic Crack-Tip Deformations Using Reflection-Mode Digital Gradient Sensing：Applications to Mode-I and Mixed-Mode Fracture [J]．2015，1（3）：315-329.

[78] SUNDARAM B，TIPPUR H J E M. Dynamic crack growth normal to an interface in bi-layered materials：an experimental study using digital gradient sensing technique [J]．2016，56（1）：37-57.

[79] PERIASAMY C，TIPPUR H V J E F M. Measurement of crack-tip and punch-tip transient deformations and stress intensity factors using digital gradient sensing technique [J]．2013，98：185-199.

[80] PERIASAMY C，TIPPUR H J E M. Measurement of orthogonal stress gradients due to impact load on a transparent sheet using digital gradient sensing method [J]．2013，53（1）：97-111.

[81] PERIASAMY C，TIPPUR H V J N，INTERNATIONAL E. Nondestructive evaluation of transparent sheets using a full-field digital gradient sensor [J]．2013，54：103-106.

[82] HAO W，TANG C，YUAN Y，et al. Experimental study on the fiber pull-out of composites using digital gradient sensing technique [J]．2015，41：239-244.

[83] HAO W，TANG C，YUAN Y，et al. Study on the effect of inclusion shape on crack-inclusion interaction using digital gradient sensing method [J]．2015，29（19）：2021 2034.

[84] HAO W，TANG C，MA Y J M O A M，et al. Study on crack-inclusion interaction using digital gradient sensing method [J]．2016，23（8）：845-852.

[85] 孟利波. 数字散斑相关方法的研究和应用 [D]．北京：清华大学，2005.

[86] 潘兵，谢惠民，续伯钦，等. 数字图像相关中的亚像素位移定位算法进展 [J]．2005，35（3）：345-352.

[87] 吉建民，陈金龙，郭广平，等. 应用数字图像相关方法测试航空复合材料的弹性常数 [J]．2013，（10）：80-85.

[88] 吉建民，陈金龙，郭广平，等. 应用数字图像相关方法测量不同温度下复合材料的弹性模量；proceedings of the 第十三届全国实验力学学术会议论文摘要集，F，2012 [C]．

[89] GOIDESCU C，WELEMANE H，GARNIER C，et al. Damage investigation in CFRP composites using full-field measurement techniques：Combination of digital image stereo-correlation, infrared thermography and X-ray tomography [J]．2013，48：95-105.

[90] ARELLANO M T，CROUZEIX L，DOUCHIN B，et al. Strain field measurement of filament-wound composites at±55 using digital image correlation：an approach for unit cells employing flat specimens [J]．2010，92（10）：2457-2464.

[91] DE VERDIERE M C，PICKETT A，SKORDOS A，et al. Evaluation of the mechanical and damage behaviour of tufted non crimped fabric composites using full field measurements [J]．2009，69（2）：131-138.

[92] LOMOV S V，IVANOV D S，VERPOEST I，et al. Full-field strain measurements for validation of meso-FE analysis of textile composites [J]．2008，39（8）：1218-1231.

[93] LOMOV S V，BOISSE P，DELUYCKER E，et al. Full-field strain measurements in textile deformability studies [J]．2008，39（8）：1232-1244.

[94] FEISSEL P，SCHNEIDER J，ABOURA Z，et al. Use of diffuse approximation on DIC for early damage detection in 3D carbon/epoxy composites [J]．2013，88：16-25.

[95] JOHANSON K，HARPER L，JOHNSON M S，et al. Heterogeneity of discontinuous carbon fi-

bre composites：Damage initiation captured by Digital Image Correlation ［J］．2015，68：304-312.

［96］PéRIé J，LECLERC H，ROUX S，et al. Digital Image Correlation and biaxial test on composite material for anisotropic damage law identification ［J］．2009，46（11-12）：2388-2396.

［97］LECOMPTE D，SMITS A，SOL H，et al. Mixed numerical-experimental technique for orthotropic parameter identification using biaxial tensile tests on cruciform specimens ［J］．2007，44（5）：1643-1656.

［98］王翔，郭广平，赵澎涛，等．数字图像相关方法在航空材料高温变形测量中的应用研究；proceedings of the 中国力学大会，F，2015 ［C］．

［99］吕永敏．层合板弯曲层间变形与应力的两尺度耦合实验分析 ［D］．天津：天津大学，2009.

［100］SCALICI T，FIORE V，ORLANDO G，et al. A DIC-based study of flexural behaviour of roving/mat/roving pultruded composites ［J］．2015，131：82-89.

［101］GONG W，CHEN J，PATTERSON E A J C S. An experimental study of the behaviour of delaminations in composite panels subjected to bending ［J］．2015，123：9-18.

［102］HE Y，MAKEEV A，SHONKWILER B J C S，et al. Characterization of nonlinear shear properties for composite materials using digital image correlation and finite element analysis ［J］．2012，73：64-71.

［103］郝文峰，郭广平，陈新文，等．基于数字图像相关方法的复合材料层间剪切性能研究 ［J］．2016，（1）：29.

［104］郝文峰，原亚南，姚学锋，等．基于数字图像相关方法的纤维-基体界面疲劳力学性能实验研究 ［J］．2015，43（3）：123-126.

［105］郝文峰，陈新文，邓立伟，等．数字图像相关方法测量芳纶纤维复合材料Ⅰ型裂纹应力强度因子 ［J］．2015，35（2）：90-95.

［106］郝文峰，原亚南，姚学锋，等．基于数字图像相关方法的含双裂纹复合材料薄板应力强度因子测量 ［J］．2015，4：22-26.

［107］LEE D，TIPPUR H，BOGERT P J C P B E. Quasi-static and dynamic fracture of graphite/epoxy composites：An optical study of loading-rate effects ［J］．2010，41（6）：462-474.

［108］YAN Y D，YAO X F，LI J，et al. Optical measurement of shape distortion for the co-cured composite T section structures ［J］．2009，43（11）：1285-1295.

［109］COMER A，KATNAM K-B，STANLEY W，et al. Characterising the behaviour of composite single lap bonded joints using digital image correlation ［J］．2013，40：215-223.

［110］CRAMMOND G，BOYD S W，DULIEU-BARTON J J C P A A S，et al. Evaluating the localised through-thickness load transfer and damage initiation in a composite joint using digital image correlation ［J］．2014，61：224-234.

［111］PIERRON F，GREEN B，WISNOM M R，et al. Full-field assessment of the damage process of laminated composite open-hole tensile specimens. Part Ⅱ：Experimental results ［J］．2007，38（11）：2321-2332.

［112］PIERRON F，GREEN B，WISNOM M R J C P A A S，et al. Full-field assessment of the damage process of laminated composite open-hole tensile specimens. Part I：Methodology ［J］．2007，38（11）：2307-2320.

［113］CAMINERO M A，LOPEZ-PEDROSA M，PINNA C，et al. Damage monitoring and analysis of composite laminates with an open hole and adhesively bonded repairs using digital image correlation ［J］．2013，53：76-91.

[114] MENG L，JIN G，YAO X，et al. 3D full-field deformation monitoring of fiber composite pressure vessel using 3D digital speckle correlation method ［J］. 2006，25（1）：42-48.

[115] YAO X，MENG L，JIN J，et al. Full-field deformation measurement of fiber composite pressure vessel using digital speckle correlation method ［J］. 2005，24（2）：245-251.

[116] FAA AC 20-107B. Composite Aircraft Structure ［S］. Change：1，2010：8-24.

[117] Composite Materials Handbook ［S］，Volume 1：Polymer Matrix Composites Guidelines for Characterization of Structural Materials，MIL-HDBK-17-1F，2002.

[118] 沈真. 复合材料飞机结构耐久性损伤容限设计指南 ［M］. 北京：航空工业出版社，1995.

[119] 杨乃宾，章怡宁. 复合材料飞机结构设计 ［M］. 北京：航空工业出版社，2002.

[120] 中国航空研究院. 复合材料飞机结构耐久性/损失容限设计指南 ［M］. 北京：航空工业出版社，1995.

[121] 航空航天工业部科学技术研究院. 复合材料设计手册 ［M］. 北京：航空工业出版社，1990.

[122] 张栋，钟培道，陶春虎，等. 失效分析 ［M］. 北京：国防工业出版社，2004.

[123] 赵渠森. 先进复合材料手册 ［M］. 北京：机械工业出版社，2003.

[124] 习年生，于志成，陶春虎. 纤维增强复合材料的损伤特征及失效分析方法 ［J］. 航空材料学报，2000，20（2）：55-63.

[125] L. Shikhmanter，B. Cina，I. Eldror，Fractography of multidirectional CFRP Composites Tested Statically ［J］. Composites，1991，22（6）：437-444.

[126] Hedrick，Whieeside. Effects of environment on advanced composites structures. Grumman Aerospace Corporation Bethpage，New York 11714. 1-17. AIAA77-436.